普通高等学校"十二五"规划教材

材料科学基础

吴 伟 主编

车 欣 杨 林 参编

陈立佳 主审

U0261384

中国铁道出版社有限公司
CHINA RAILWAY PUBLISHING HOUSE CO., LTD.

内 容 简 介

本书以金属材料为主线阐述材料的成分、组织结构与性能之间的相互关系。全书共分6章,主要介绍材料的晶体结构、晶体缺陷、固体中的扩散、材料的凝固、相图、材料的塑性变形与再结晶等。

本书适合作为普通高等院校材料科学与工程专业或相关专业本科生及研究生的教材,也可作为从事材料工作的科研人员和工程技术人员的参考书。

图书在版编目(CIP)数据

材料科学基础/吴伟主编 . —北京:
中国铁道出版社,2015.1(2020.1重印)
普通高等学校"十二五"规划教材
ISBN 978 - 7 - 113 - 19743 - 8

Ⅰ.①材… Ⅱ.①吴… Ⅲ.①材料科学—高等学校—
教材 Ⅳ.①TB3

中国版本图书馆 CIP 数据核字(2014)第 292799 号

书　　名:	材料科学基础	
作　　者:	吴　伟　主编	
策　　划:	李志国	读者热线：(010)63550836
责任编辑:	马洪霞	
编辑助理:	雷晓玲	
封面设计:	付　巍	
封面制作:	白　雪	
责任校对:	汤淑梅	
责任印制:	郭向伟	

出版发行: 中国铁道出版社有限公司 (100054,北京市西城区右安门西街8号)
网　　址: http://www.tdpress.com/51eds/
印　　刷: 北京柏力行彩印有限公司
版　　次: 2015 年 1 月第 1 版　　　2020 年 1 月第 3 次印刷
开　　本: 787 mm×1 092 mm　1/16　印张:12.75　字数:300 千
书　　号: ISBN 978 - 7 - 113 - 19743 - 8
定　　价: 29.00 元

前　言

　　材料科学基础是材料科学与工程学科各专业的一门重要专业基础课。材料科学是关于材料成分、组织结构与材料性能之间关系及其变化规律的科学。本书内容力求满足材料成型与控制工程、金属材料工程、无机非金属材料工程和焊接科学与技术等各专业的需求，作为材料科学与工程学科各专业的平台课教材，全面阐述了各种工程材料的共性及个性特征。由于金属材料的理论体系相对于其他材料来说更为成熟和严密，其理论和研究方法也正在向其他材料学科移植和渗透，因此本教材的主体仍是金属材料，同时兼顾无机非金属材料等其他材料。

　　本书共分6章，第1章为材料中的晶体结构，第2章为晶体缺陷，第3章为固体中的扩散，第4章为材料的凝固，第5章为相图，第6章为材料的塑性变形与再结晶。

　　本书由吴伟任主编，车欣、杨林参编，陈立佳教授担任全书的主审。其中，第1、4、5章由吴伟老师编写；第2、3章由车欣老师编写；第6章由杨林老师编写。在编写过程中，刘丽荣教授、乔瑞庆副教授等对本书提出了许多宝贵意见，在此一并表示衷心感谢。

　　由于编者水平所限，书中难免疏漏和不足之处，恳请读者批评指正。

编　者

2014 年 11 月

目　　录

第1章 材料的晶体结构

材料在国民经济及日常生活中得到广泛应用,其原因在于它们具有可满足不同使用要求的优良性能。长期以来,人们在使用材料的同时一直在不断地探讨影响材料性能的各种因素,以及提高材料性能的途径。通过实践和研究表明,尽管影响材料性能的因素很多,但决定材料性能的最本质的内在因素是组成材料的各元素的原子间的相互作用、相互结合,原子或分子在空间的分布、排列规律(晶体结构),以及原子集合体(相和组织)的形貌特征等。为此,我们首先讨论材料的晶体结构。

1.1 晶 体

自然界的物质通常有三种聚集状态:气态、液态和固态。而按照原子(或分子)排列的规律性又可把固态物质分为两大类:晶体和非晶体。与非晶体相比,晶体具有一些明显不同的特征和性质。

1.1.1 晶体及其性质

晶体一般都具有规则、对称的外形,例如食盐(NaCl)晶体为立方体,明矾[$KAl(SO_4)_2$ · $12H_2O$]晶体为八面体。晶体在发生液-固态转变时有固定的熔点和凝固点。在一定压力下,将一种晶体加热到一定温度,晶体开始熔化,如果继续加热,晶体继续不断地熔化直至全部为液态。在晶体未全部熔化之前,温度保持恒定不变,如果这时停止加热并保持温度不变,则出现液、固二相平衡,此时熔化速度等于凝固速度,该温度即为熔点或凝固点。晶体具有各向异性,其许多性质是随晶体位向而变的。非晶体(如玻璃、松香、沥青等)没有一定的几何外形,也没有固定的熔点。例如将固态玻璃加热时,它会慢慢地变软,逐渐成为具有一定黏滞性的流体。非晶体是各向同性的。

晶体和非晶体的最本质区别在于组成它们的粒子(原子、离子、分子、原子集团)在三维空间的分布状态或排列规律不同。组成晶体的各种粒子在空间上呈有规律的周期性排列,而非晶体内部的粒子排列则是无规律的,或者说不具备长程有序地排列,所以非晶体又称“过冷液体”。

在晶体中,如果某一小区域内原子排列的规律相同,位向一致,则称该小区域为一个晶粒。一块晶体仅由一个晶粒组成者,为单晶体,否则为多晶体。

需要指出的是,一种物质是以晶体还是非晶体形式出现,还需视外部环境条件和加工制备方法而定,晶态与非晶态往往是可以相互转化的。晶体中的粒子均处于平衡位置上,所以在相同的热力学条件下晶态比非晶态稳定,非晶态处于热力学的亚稳定状态,因此在一定条件下,非晶态可自发转变为晶态。例如,光学显微镜的镜头玻璃使用时间久了,受潮后会产生一些擦不掉的“霉斑”,这些“霉斑”实际上就是玻璃局部向晶态转化而成的“小雏晶”,这个过程称为晶化。反之,在一定外界条件下,如果晶态中原子排列规则受到破坏亦可变为非晶态,这个过程称为玻璃化。

1.1.2 晶体中的结合键

当两个或多个原子形成分子或固体时,它们是依靠什么样的结合力聚集在一起的,这就是原子间的键合问题。原子通过结合键可构成分子,原子之间或分子之间也可借助结合键聚结成固体。材料中常见的结合键包括金属键、共价键、离子键、分子键和氢键。

1.1.2.1 金属键

在化学元素周期表中,金属元素约占 4/5,金属中原子大多以金属键相结合。典型金属原子结构的特点是其最外层电子数很少,当金属原子互相靠近产生相互作用时,各金属原子都易失去最外层电子而成为正离子。这些脱离了原子的电子为相互结合的原子所共有,成为自由的、共有化的电子云(或称电子气)而在整个金属中运动。电子云的分布可看作是球形对称的。这种由金属中的自由电子与金属正离子之间产生强烈的静电相互作用所构成的键合称为金属键,如图 1-1 所示。

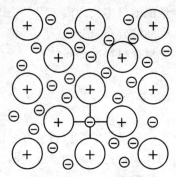

图 1-1 金属键示意图

金属键既无饱和性又无方向性,因而每个原子有可能同更多的原子相结合,形成的金属晶体大多为具有高对称性的紧密排列结构。当金属受力变形而改变原子之间的相互位置时,不至于使金属键破坏,这就使金属具有良好的延展性,并且由于自由电子的存在,金属一般都具有良好的导电性、导热性以及正的电阻温度系数等一系列特性。

1.1.2.2 共价键

亚金属(例如ⅣA族元素 C、Si、Ge 以及ⅥA 族的 Se、Te 等)、无机非金属材料和聚合物大多以共价键相结合。当两个或多个电负性相差不大的原子结合时,相邻原子各给出一个电子作为二者共有,原子借共用电子对所产生的力而结合。图 1-2 所示为 SiO_2 中硅和氧原子间的共价键示意图。

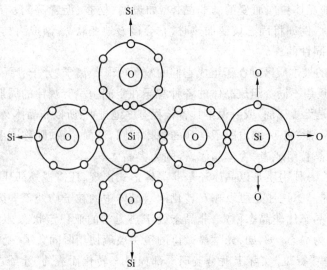

图 1-2 SiO_2 中硅和氧原子间的共价键示意图

　　原子结构理论表明,除 s 亚层的电子云呈球形对称外,其他亚层如 p、d 亚层等的电子云都有一定的方向性,在形成共价键时,为使电子云达到最大限度的重叠,共价键就有方向性,键的分布严格服从键的方向性。为了使原子的外层填满 8 个电子以满足原子稳定性的要求,电子必须由($8-N$)个邻近原子所共有(N 为原子的价电子数),因而共价键结合具有饱和性。另外,共价键晶体中各个键之间都有确定的方位,配位数比较小。

　　共价键的结合极为牢固,故共价晶体具有结构稳定、熔点高、质硬脆等特点。例如,金刚石具有最高的莫氏硬度,且熔点高达 3 750 ℃。由于束缚在相邻原子间的"共用电子对"不能自由地运动,共价结合形成的材料一般是绝缘体,其导电能力差。

1.1.2.3　离子键

　　大多数盐类、碱类和金属氧化物主要以离子键的方式结合。离子键结合即为失掉电子的正离子和得到电子的负离子依靠静电引力而结合在一起。例如 Na 失掉一个电子成为 Na^+,Cl 得到一个电子成为 Cl^-,Na^+ 和 Cl^- 由于静电引力相互靠拢,当它们接近到一定距离时,二者的电子云之间以及原子核之间将产生排斥力,当斥力和引力达到平衡时,正负离子处于相对稳定位置上,形成 NaCl 晶体(见图 1-3)。

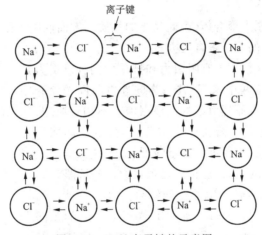

图 1-3　NaCl 离子键的示意图

　　离子键是没有方向性的,因离子周围的电子云是以原子核为中心球对称分布的,它在各个方向上与异性离子的作用力都是相同的。一般离子键结合力也较强,结合能很高,所以离子晶体大多具有高熔点、高硬度、低的热膨胀系数。而且由于不存在自由电子,所以离子晶体是不导电的,但在熔融状态下可以依靠离子的定向运动来导电。

1.1.2.4　分子键(范德华键)

　　组成晶体的原子或分子,当它们互相靠近时,出现电子的不均匀分布,从而使正、负电荷的中心发生偏离,形成电偶极子,电偶极子的异极相吸,使原子(分子)结合在一起,称为分子键或范德华键(见图 1-4)。

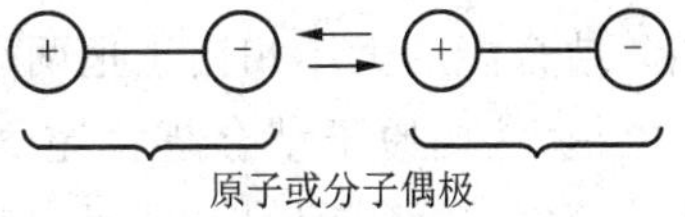

原子或分子偶极

图 1-4　极性分子间的范德华力示意图

　　分子键没有方向性和饱和性。这种结合键键能很低,所以分子晶体的熔点很低。分子键也能在很大程度上改变材料的性质。例如,不同的高分子聚合物之所以具有不同的性能,分子间的范德华键不同是一个重要的因素。

1.1.2.5 氢键

氢键是一种特殊的分子间作用力。它是由氢原子同时与两个电负性很大而原子半径较小的原子(O、F、N 等)相结合而产生的结合键,又称氢桥(见图 1-5)。

氢键具有饱和性和方向性。氢键可以存在于分子内或分子间。氢键在高分子材料中特别重要,纤维素、尼龙和蛋白质等分子有很强的氢键,并显示出非常特殊的结晶结构和性能。

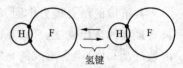

图 1-5 HF 氢键示意图

需要指出的是,金属与合金中原子主要是靠金属键结合,它对金属材料的结构和性能起决定性作用,其次是共价键、离子键、分子键,有时也出现综合的结合键,即几种结合键同时存在。例如,在钢中常出现的渗碳体相 Fe_3C,其中铁原子之间为纯粹的金属键结合,铁原子和碳原子之间则可同时存在金属键和离子键。

1.1.3 晶体中原子间作用力及结合能

晶体是规则排列的原子聚合体,因此晶体的性质一方面取决于原子的本性,另一方面取决于由结合力、结合键决定的原子聚合的方式。

晶体中原子间的相互作用力有吸引力和排斥力两种。引力是一种长程力,它来源于异性电荷间的库仑力。斥力有两个来源,其一为同性电荷间的库仑力,其二是由于泡利不相容原理引起的。根据泡利不相容原理,当两个原子相互接近时,电子云要产生重叠,部分电子动能增加,而使总能量升高。为了使系统总能量降低,电子应占据更大的空间,从而产生电子间的斥力,这种力是短程力。分析图 1-6 所示的双原子模型,可以清晰了解原子间结合力及结合能。当两个原子相距无限远时,即 $r \to \infty$ 时,如图 1-6(b)所示,原子间的作用力 $f(r)$ 为 0,可以令此时的位能值 E 为参考值,取其为 0。当两个原子逐渐靠近时,吸引力首先变为主要因素,且随 r 的减小,吸引力越来越强。$r > r_0$ 时,吸引力大于斥力,$f(r) < 0$;当两原子的距离接近 r_0 时,斥力成为主要的;$r < r_0$ 时,斥力大于吸引力,$f(r) > 0$。当 $r = r_0$ 时,吸引力和斥力平衡,$f(r) = 0$。相应的能量变化如图 1-6(a)所示,对应 $r = r_0$ 处总能量值最低,故 r_0 为两原子间的平衡距离。

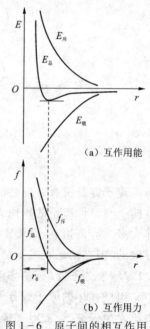

(a) 互作用能

(b) 互作用力

图 1-6 原子间的相互作用

通常把平衡距离下的原子间相互作用能定义为原子的结合能。结合能的大小相当于把两个原子完全分开所需做的功。结合能越大,则原子结合越稳定。结合能数据一般是通过测定固体的蒸发热而得到的,故又称结合键能。原子间结合方式(结合键)不同,结合键能也不同。离子键、共价键的结合键能最大,金属键次之,其次为氢键,分子键的结合键能最低。

1.2　晶体学基础

晶体的基本特征是原子(分子、离子)在三维空间呈周期性重复排列,即存在长程有序。为了便于了解晶体中原子(离子、分子或原子团等)在空间的排列规律,以便能更好地进行晶体结构分析,下面首先介绍有关晶体学的基础知识。

1.2.1　空间点阵和晶胞

实际晶体中的质点(原子、分子、离子或原子团等)在三维空间可以有无限多种排列形式。为了便于分析研究晶体中质点的排列规律性,可先将实际晶体结构看成完整无缺的理想晶体,并将其中每个质点抽象为规则排列于空间的几何点,称为阵点。这些阵点在空间呈周期性规则排列,并具有完全相同的周围环境,这种由阵点在三维空间规则排列的阵列称为空间点阵,简称点阵。为了便于描述空间点阵的图形,可用许多平行的直线将所有阵点连接起来,于是就构成一个三维几何格架,称为晶格(见图 1-7)。

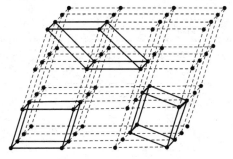

为说明点阵排列的规律和特点,可在点阵中取出一个具有代表性的基本单元(最小平行六面体)作为点阵的组成单元,称为晶胞。将晶胞作三维的重复堆砌就构成了空间点阵。同一空间点阵可因选取方式不同而得到不相同的晶胞,如图 1-7 所示。

为了统一起见,规定了选取晶胞应遵循以下原则:

图 1-7　空间点阵及晶胞的不同取法

(1)选取的平行六面体应反映出点阵的最高对称性。

(2)平行六面体内的棱和角相等的数目应最多。

(3)当平行六面体的棱边夹角存在直角时,直角数目应最多。

(4)在满足上述条件的情况下,晶胞应具有最小的体积。

根据以上原则,所选出的晶胞可以分为两大类。一类为简单晶胞,即只在平行六面体的 8 个顶角上有阵点;另一类为复合晶胞(或称复杂晶胞),除在平行六面体顶角位置含有阵点之外,尚在体心、面心、底心等位置上存在阵点。

为了描述晶胞的形状和大小,通常采用平行六面体中交于一点的三条棱边的边长 a、b、c(称为点阵常数或晶格常数)及棱间夹角 α、β、γ 等 6 个点阵参数来表达,如图 1-8 所示。根据 6 个点阵参数间的相互关系,可将全部空间点阵归属于 7 种类型,即 7 个晶系,如表 1-1 所示。

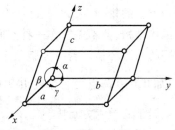

图 1-8　晶胞和点阵参数

表 1-1　晶　系

晶　系	棱边长度及夹角关系	举　例
三　斜	$a \neq b \neq c, \alpha \neq \beta \neq \gamma \neq 90°$	K_2CrO_7
单　斜	$a \neq b \neq c, \alpha = \gamma = 90° \neq \beta$	$\beta - S, CaSO_4 \cdot 2H_2O$
正　交	$a \neq b \neq c, \alpha = \beta = \gamma = 90°$	$\alpha - S, Ga, Fe_3C$
六　方	$a = b \neq c, \alpha = \beta = 90°, \gamma = 120°$	$Zn, Cd, Mg, NiAs$
菱　方	$a = b = c, \alpha = \beta = \gamma \neq 90°$	As, Sb, Bi
四　方	$a = b \neq c, \alpha = \beta = \gamma = 90°$	$\beta - Sn, TiO_2$
立　方	$a = b = c, \alpha = \beta = \gamma = 90°$	Fe, Cr, Cu, Ag, Au

　　按照"每个阵点的周围环境相同"的要求,布拉菲用数学方法推导出能够反映空间点阵全部特征的单位平行六面体只有 14 种,这 14 种空间点阵也称布拉菲点阵,如表 1-2 所示。14种布拉菲点阵的晶胞如图 1-9 所示。

表 1-2　布拉菲点阵

布拉菲点阵	晶　系	布拉菲点阵	晶　系
简单三斜	三　斜	简单六方	六　方
简单单斜 底心单斜	单　斜	简单菱方	菱　方
简单正交 底心正交 体心正交 面心正交	正　交	简单四方 体心四方	四　方
		简单立方 体心立方 面心立方	立　方

　　同一空间点阵可因选取晶胞的方式不同而得出不同的晶胞。如图 1-10 所示,体心立方布拉菲点阵晶胞可用简单三斜晶胞来表示,面心立方点阵晶胞也可用简单菱方来表示。显而易见,新晶胞不能充分反映立方晶系的对称性,故不能这样选取晶胞。

　　必须注意,晶体结构与空间点阵是有区别的。空间点阵是晶体中质点排列的几何学抽象,用以描述和分析晶体结构的周期性和对称性,由于各阵点的周围环境相同,它只可能有 14 种类型;而晶体结构则是指晶体中实际质点(原子、离子或分子)的具体排列情况,它们能组成各种类型的排列,因此,实际存在的晶体结构是无限的。图 1-11 所示为金属中常见的密排六方晶体结构,但不能看作一种空间点阵。这是因为位于晶胞内的原子与晶胞角上的原子具有不同的周围环境。若将晶胞角上的一个原子与相应的晶胞之内的一个原子共同组成一个阵点(如 0,0,0 阵点可看作是由 0,0,0 和 $\frac{2}{3}, \frac{1}{3}, \frac{1}{2}$ 这一对原子所组成的),这样得出密排六方结构应属于简单六方点阵。

　　图 1-12 所示为 Cu、NaCl 和 CaF_2 三种晶体结构。显然,这三种结构有着很大的差异,属于不同的晶体结构类型,然而它们却同属于面心立方点阵。又如图 1-13 所示为 Cr 和 CsCl 的晶体结构,它们都是体心立方结构,但 Cr 属体心立方点阵,而 CsCl 则属简单立方点阵。

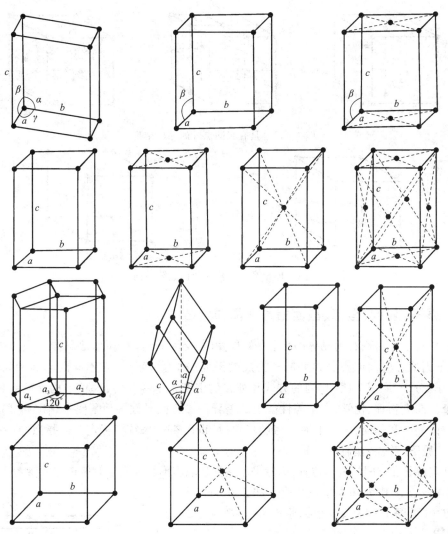

图 1-9 14 种布拉菲点阵的晶胞

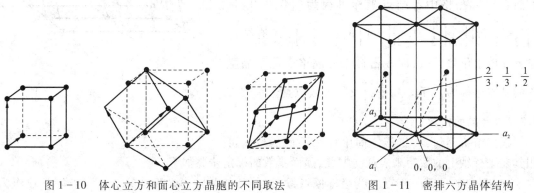

图 1-10 体心立方和面心立方晶胞的不同取法

图 1-11 密排六方晶体结构

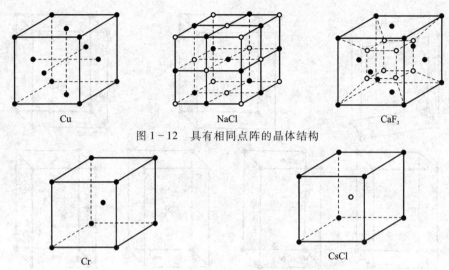

图 1-12 具有相同点阵的晶体结构

Cu   NaCl   CaF₂

Cr   CsCl

图 1-13 晶体结构相似而点阵不同

1.2.2 原子(阵点)坐标、晶面指数和晶向指数

在材料科学中讨论有关晶体的生长、变形、相变及性能等问题时,常需涉及晶体中原子的位置、原子列的方向(称为晶向)和原子构成的平面(称为晶面)。在不同的晶面和晶向上,原子(或离子、分子、原子集团)排列的方式和分布的密度是不一样的,这种结构上的差异引起晶体在各个方向上物理、化学、力学等性能上的差异——各向异性。为了便于确定和区别晶体中不同方位的晶向和晶面,国际上通用密勒指数(MillerIndex)来统一标定晶向指数与晶面指数。

1.2.2.1 原子(阵点)坐标

为确定原子在空间的具体位置,仍然采用在描述晶胞形状和大小时所选定的参考坐标系,并将点阵常数 a、b、c 作为基本单位长度。如果在晶格中有一阵点 P(见图 1-14),自坐标原点 O 至 P 点的点阵矢量 OP 为

$$OP = x\boldsymbol{a} + y\boldsymbol{b} + z\boldsymbol{c} \qquad (1-1)$$

则 P 点坐标可表示为 $[[x,y,z]]$ 或 $[[x\ y\ z]]$。例如,在面心立方晶格中各结点坐标可视为 $[[0,0,0]]$、$\left[\left[\frac{1}{2},\frac{1}{2},0\right]\right]$、$\left[\left[\frac{1}{2},0,\frac{1}{2}\right]\right]$、$\left[\left[0,\frac{1}{2},\frac{1}{2}\right]\right]$,其他结点位置和以上位置等效,而在密排六方晶格中位于晶胞内的结点坐标为 $\left[\left[\frac{2}{3},\frac{1}{3},\frac{1}{2}\right]\right]$ 及其等效位置。

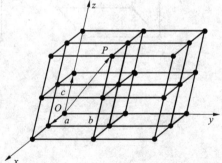

图 1-14 点阵矢量

1.2.2.2 晶面指数

根据解析几何,在三维空间中任一平面的位向可用其在坐标轴上的截距来表征。据此,晶面指数的标定步骤如下:

(1)以晶胞的某一阵点 O 为坐标原点,过原点 O 的晶轴为坐标轴 x、y、z,以点阵常数作为坐标轴的长度单位。注意,不能将坐标原点选在待定指数的晶面上,以免出现零截距。

（2）求得待定指数晶面在三个坐标轴上的截距，若该晶面与某坐标轴平行，则在此轴上的截距为∞；若该晶面与某坐标轴负方向相截，则在此轴上的截距为一负值。

（3）取各截距的倒数。

（4）将三倒数化为互质的整数，并加上圆括号，即表示该晶面的指数，记为（hkl）。

如图 1-15 所示，待定指数晶面 $a_1b_1c_1$ 在三个坐标轴 x、y、z 上相应的截距为 $\frac{1}{2}$、$\frac{1}{3}$、$\frac{2}{3}$，其倒数为 2、3、$\frac{3}{2}$，化为简单整数为 4、6、3，故晶面 $a_1b_1c_1$ 的晶面指数为（463）。如果所标定晶面在晶轴上的截距为负数，则在相应的指数上方加一负号，如（$\bar{1}$10）、（11$\bar{2}$）等。

图 1-16 中列举了正交点阵中一些晶面的晶面指数。

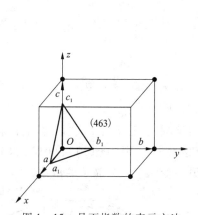

图 1-15　晶面指数的表示方法

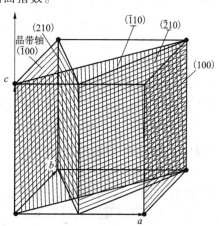

图 1-16　正交点阵中一些晶面的面指数

显然，晶面指数所代表的不仅是某一晶面，而是代表着一组相互平行的晶面。另外，在晶体内凡晶面上原子的分布状况完全相同，只是空间位向不同的晶面可以归为同一晶面族，以 $\{hkl\}$ 表示，它代表由对称性相联系的若干组等效晶面的总和。例如，在立方晶系中

$$\{110\} = (110) + (101) + (011) + (\bar{1}10) + (\bar{1}01) + (0\bar{1}1) + (1\bar{1}0) + (\overline{1}0\bar{1}) + (01\bar{1}) + (1\bar{1}0) + (10\bar{1}) + (01\bar{1})$$

其中前 6 个晶面与后 6 个晶面两两相互平行，共同构成一个十二面体。所以，晶面族（110）又称十二面体的面。

$$\{111\} = (111) + (\bar{1}11) + (1\bar{1}1) + (11\bar{1}) + (\overline{11}1) + (1\overline{11}) + (\overline{1}1\bar{1}) + (\overline{111})$$

其中前 4 个晶面和后 4 个晶面两两平行，共同构成一个八面体。因此，晶面族 $\{111\}$ 又称八面体的面。

1.2.2.3　晶向指数

晶向指数的确定步骤如下：

（1）在点阵中设定参考坐标系，方法与确定晶面指数时相同。

（2）过原点 O 作一直线 OP，使其平行于待定指数晶向。

（3）在直线 OP 上选取距原点 O 最近的一个阵点 P，确定 P 点的三个坐标值。

（4）将这三个坐标值化为最小整数 u、v、w，加以方括号，[uvw] 即为待定指数晶向的晶向

指数。若坐标中某一数值为负,则在相应的指数上方加一负号,如 $[1\bar{1}0]$、$[\bar{1}00]$ 等。

图 1-17 中列举了正交晶系的一些重要晶向的晶向指数。

同样,晶向指数表示着所有相互平行、方向一致的晶向。若所指的方向相反,则晶向指数的数字构成和排列顺序相同,但符号相反。同样,晶体中原子排列状况等同的各组晶向可归并为一个晶向族,用 $<uvw>$ 表示。例如,立方晶系的体对角线所代表的晶向 $[111]$、$[\bar{1}11]$、$[1\bar{1}1]$、$[11\bar{1}]$ 和 $[\bar{1}\bar{1}1]$、$[\bar{1}1\bar{1}]$、$[1\bar{1}\bar{1}]$、$[\bar{1}\bar{1}\bar{1}]$ 就可用符号 $<111>$ 表示。

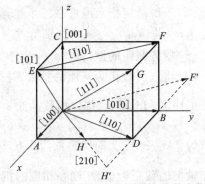

图 1-17 正交晶系一些重要晶向的晶向指数

此外,在立方晶系中,具有相同指数的晶向和晶面必定是互相垂直的。例如 $[110]$ 晶向垂直于 (110) 晶面,$[111]$ 晶向垂直于 (111) 晶面,等等。

1.2.2.4 六方晶系的晶面指数和晶向指数

六方晶系的晶面指数和晶向指数同样可以应用上述方法标定,这时取 a_1、a_2、c 为坐标轴,其中 a_1 轴与 a_2 轴的夹角为 $120°$,c 轴与 a_1、a_2 轴垂直,如图 1-18 所示。但按这种方法标定晶面指数和晶向指数时,同类型的晶面和晶向指数却不相类同,往往看不出它们之间的等同关系。例如,六方晶胞的 6 个柱面是等同的,但其晶面指数却分别为 (100)、(010)、$(\bar{1}10)$、$(\bar{1}00)$、$(0\bar{1}0)$ 和 $(1\bar{1}0)$。为了克服这一缺点,通常采用另一专用于六方晶系的指数。

根据六方晶系的对称特点,对六方晶系采用 a_1、a_2、a_3 及 c 四个坐标轴,a_1、a_2、a_3 轴之间的夹角均为 $120°$,这样,其晶面指数就以 $(hkil)$ 四个指数来表示。根据几何学可知,三维空间独立的坐标轴最多不超过三个。因此,前三个指数只有两个是独立的,它们之间存在以下关系:$i = -(h+k)$,晶面指数的具体标定方法如前所述。

图 1-18 中列举了六方晶系的一些晶面的指数。显然,采用这种标定方式,等同的晶面可以从晶面指数上直接反映出来。例如,上述 6 个柱面的晶面指数分别为 $(10\bar{1}0)$、$(0\bar{1}10)$、$(\bar{1}100)$、$(\bar{1}010)$、$(01\bar{1}0)$ 和 $(1\bar{1}00)$,这 6 个晶面可归并为 $\{10\bar{1}0\}$ 晶面族。

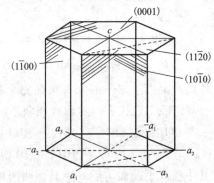

图 1-18 六方晶系一些晶面的晶面指数

采用四轴坐标时,晶向指数的确定原则仍同前述(见图 1-19),晶向指数可以用 $[uvtw]$ 来表示,这里要求 $t = -(u+v)$,以能保持唯一性。

六方晶系按三轴和四轴两种坐标系所得的晶面指数和晶向指数之间可分别相互转换:对晶面指数而言,从四轴指数 $(hkil)$ 转换成三轴指数 (hkl) 时,只要去掉 i 即可,反之,则直接加上 $i = -(h+k)$;对晶向指数而言,三轴指数 $[UVW]$ 与四轴指数 $[uvtw]$ 之间的互换关系为

$$U = u - t, V = v - t, W = w \tag{1-2}$$

$$u = \frac{1}{3}(2U - V), v = \frac{1}{3}(2V - U), t = -(u+v), w = W \tag{1-3}$$

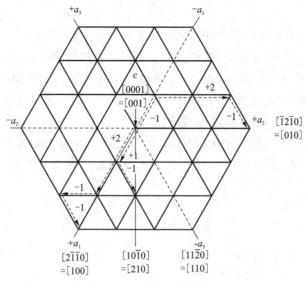

图 1-19　六方晶系晶向指数的表示方法(c 轴与图面垂直)

1.2.2.5　晶带

所有平行或相交于同一直线的晶面构成一个晶带,此直线称为晶带轴。属于此晶带的各个晶面称为晶带面。

晶带轴 $[uvw]$ 与该晶带的晶面 (hkl) 之间存在以下关系

$$hu + kv + lw = 0 \tag{1-4}$$

凡满足此关系的晶面都属于以 $[uvw]$ 为轴的晶带,故此关系式也称作晶带定律。

根据这个基本公式,若已知两个不平行的晶面 $(h_1k_1l_1)$ 和 $(h_2k_2l_2)$,则其所属晶带轴 $[uvw]$ 可以从下式求得

$$u : v : w = \begin{vmatrix} k_1 & l_1 \\ k_2 & l_2 \end{vmatrix} : \begin{vmatrix} l_1 & h_1 \\ l_2 & h_2 \end{vmatrix} : \begin{vmatrix} h_1 & k_1 \\ h_2 & k_2 \end{vmatrix} \tag{1-5}$$

同样,已知二晶向 $[u_1v_1w_1]$ 和 $[u_2v_2w_2]$,由此二晶向所决定的晶面指数则为

$$h : k : l = \begin{vmatrix} v_1 & w_1 \\ v_2 & w_2 \end{vmatrix} : \begin{vmatrix} w_1 & u_1 \\ w_2 & u_2 \end{vmatrix} : \begin{vmatrix} u_1 & v_1 \\ u_2 & v_2 \end{vmatrix} \tag{1-6}$$

而已知三个晶面 $(h_1k_1l_1)$、$(h_2k_2l_2)$ 和 $(h_3k_3l_3)$,若 $\begin{vmatrix} h_1 & k_1 & l_1 \\ h_2 & k_2 & l_2 \\ h_3 & k_3 & l_3 \end{vmatrix} = 0$,则此三个晶面同属一个晶带。

已知三个晶轴 $[u_1v_1w_1]$、$[u_2v_2w_2]$ 和 $[u_3v_3w_3]$,若 $\begin{vmatrix} u_1 & v_1 & w_1 \\ u_2 & v_2 & w_2 \\ u_3 & v_3 & w_3 \end{vmatrix} = 0$,则三个晶轴在同一个晶面上。

1.2.2.6 晶面间距

一组平行晶面中,最近邻的两个晶面间的距离称为晶面间距。

各组晶面上原子排列密度不同,晶面间距也不同。低指数的晶面间距通常较大,而高指数的晶面间距则较小。图 1-20 所示的简单立方点阵不同晶面的面间距的平面图中,{100} 晶面族的面间距最大,而 {320} 晶面族的面间距最小。此外,晶面间距越大,则该晶面上原子排列越密集,晶面间距越小,则原子排列越稀疏。

设有一晶面族 {hkl},自原点 O 作 (hkl) 晶面的法线 N,法线与距原点最近的 (hkl) 面所交截的距离即为晶面间距,记为 d_{hkl}。设法线 N 与坐标轴单位基矢 $\boldsymbol{a}$、$\boldsymbol{b}$、$\boldsymbol{c}$ 的夹角分别为 α、β、γ(见图 1-21),则有

$$d_{hkl} = \frac{a}{h}\cos\alpha = \frac{b}{k}\cos\beta = \frac{c}{l}\cos\gamma \tag{1-7}$$

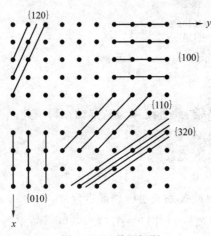

图 1-20 晶面间距

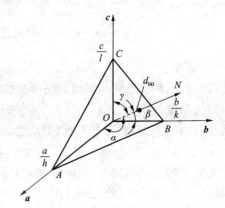

图 1-21 晶面间距计算公式的推导

由式(1-7)可得

$$\cos\alpha = d_{hkl} \cdot \frac{h}{a}$$

$$\cos\beta = d_{hkl} \cdot \frac{k}{b}$$

$$\cos\gamma = d_{hkl} \cdot \frac{l}{c}$$

$$d_{hkl}^2 \left[\left(\frac{h}{a}\right)^2 + \left(\frac{k}{b}\right)^2 + \left(\frac{l}{c}\right)^2 \right] = \cos^2\alpha + \cos^2\beta + \cos^2\gamma$$

因此,只要计算出 $\cos^2\alpha + \cos^2\beta + \cos^2\gamma$ 之值,就可求得 d_{hkl}。

对于直角坐标系,$\cos^2\alpha + \cos^2\beta + \cos^2\gamma = 1$,因此,正交晶系的晶面间距计算公式为

$$d_{hkl} = \frac{1}{\sqrt{\left(\frac{h}{a}\right)^2 + \left(\frac{k}{b}\right)^2 + \left(\frac{l}{c}\right)^2}} \tag{1-8}$$

对于立方晶系,由于 $a = b = c$,故上式可简化为

$$d_{hkl} = \frac{a}{\sqrt{h^2 + k^2 + l^2}} \tag{1-9}$$

对于六方晶系，其晶面间距的计算公式为

$$d_{hkl} = \frac{1}{\sqrt{\dfrac{4}{3}\dfrac{(h^2 + hk + k^2)}{a^2} + \left(\dfrac{l}{c}\right)^2}} \tag{1-10}$$

值得注意的是，上述晶面间距计算公式仅适用于简单晶胞。对于复杂晶胞，要考虑单纯由体心、面心、底心原子组成的附加原子面。当一晶面族 $\{hkl\}$ 中包含有这种附加原子面时，其面间距缩小一半。对于面心立方，当 h、k、l 不全为奇数或不全为偶数时；对于体心立方，当 $h + k + l =$ 奇数时；对于密排六方，当 $h + k + l = 3n(n = 1,2,3,\cdots)$ 且 l 为奇数时，均有附加面，故实际的晶面间距应为 $d_{hkl}/2$。

1.3　常见的晶体结构

决定晶体结构的内在因素是原子、离子或分子间结合键的类型及键的强弱。金属晶体的结合键主要是金属键，由于金属键具有无饱和性和无方向性的特点，从而使金属晶体内部的原子趋于紧密排列，构成高度对称性的简单晶体结构。共价晶体（包括亚金属晶体和许多无机非金属晶体）都是通过共价键结合，由于共价键具有方向性，从而使其具有较复杂的晶体结构。而离子晶体（如陶瓷材料）是由金属与非金属元素通过离子键或兼有离子键和共价键的方式结合起来的，它既可呈现简单的晶体结构，亦可具有复杂的晶体结构。下面将针对金属晶体、离子晶体以及共价晶体的常见结构分别加以讨论。

1.3.1　金属晶体结构

最常见的金属晶体结构有面心立方结构（A1 或 fcc）、体心立方结构（A2 或 bcc）和密排六方结构（A3 或 hcp）三种。若将金属原子看作刚性球，这三种晶体结构的晶胞和晶体学特点分别如图 1-22、图 1-23、图 1-24 和表 1-3 所示。下面就三种典型金属晶体结构的单胞原子数、点阵常数、原子半径、配位数、致密度、原子面密度、原子堆垛方式和间隙大小几个方面作进一步分析。

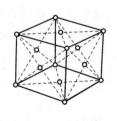
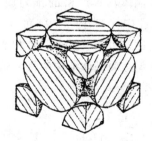

（a）刚球模型　　　　　　　（b）晶胞模型　　　　　　（c）单胞原子数（示意图）

图 1-22　面心立方结构

 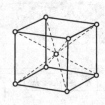 

（a）刚球模型　　　　　　　（b）晶胞模型　　　　　（c）单胞原子数（示意图）

图 1－23　体心立方结构

 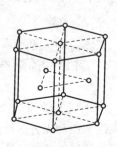 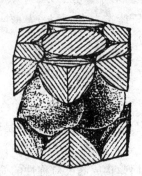

（a）刚球模型　　　　　　　（b）晶胞模型　　　　　（c）单胞原子数（示意图）

图 1－24　密排六方结构

表 1－3　三种典型结构金属的点阵常数、原子半径与单胞原子数

结 构 特 征	晶体结构类型		
	面心立方（fcc）	体心立方（bcc）	密排六方（hcp）
点阵常数	a	a	$a, c(c/a = 1.633)$
原子半径 r_a	$\dfrac{\sqrt{2}}{4}a$	$\dfrac{\sqrt{3}}{4}a$	$\dfrac{a}{2}$ 或 $\dfrac{1}{2}\sqrt{\dfrac{a^2}{3} + \dfrac{c^2}{4}}$
单胞原子数	4	2	6

1.3.1.1　单胞原子数

由于晶体具有严格的排列周期性和对称性,故晶体可看成由许多晶胞堆砌而成。从图 1－22、图 1－23、图 1－24 可以看出,晶胞中顶角处的原子为几个晶胞所共有,而位于面心位置上的原子也同时属于两个相邻晶胞,只有在晶胞体积内的原子才单独为一个晶胞所有。故三种典型金属晶体结构中每个晶胞所含有的完整原子数即单胞原子数 n 为

$$面心立方结构　　n = 8 \times \frac{1}{8} + 6 \times \frac{1}{2} = 4$$

$$体心立方结构　　n = 8 \times \frac{1}{8} + 1 = 2$$

$$密排六方结构　　n = 12 \times \frac{1}{6} + 2 \times \frac{1}{2} + 3 = 6$$

1.3.1.2　点阵常数与原子半径

晶胞的大小一般是由晶胞的棱边长度 a、b、c 即点阵常数来衡量的,它是表征晶体结构的一个重要基本参数。不同金属可以有相同的点阵类型,但各元素由于电子结构及其所决定的原子间结合情况不同,因而具有各不相同的点阵常数,且随温度不同而变化。

如果把金属原子看作刚球,并设其半径为 r_a,则根据几何关系不难求出三种典型金属晶体结构的点阵常数与 r_a 之间的关系:

面心立方结构:点阵常数为 a,且 $r_a = \dfrac{\sqrt{2}}{4}a$;

体心立方结构:点阵常数为 a,且 $r_a = \dfrac{\sqrt{3}}{4}a$;

密排六方结构:点阵常数由 a 和 c 表示。在理想的情况下,把原子看作等径的刚性球,可算得 $c/a = 1.633$,此时 $r_a = \dfrac{a}{2}$;但实际测得的轴比常偏离此值,即 $c/a \neq 1.633$,此时 $r_a = \dfrac{1}{2}\sqrt{\dfrac{a^2}{3} + \dfrac{c^2}{4}}$。

表 1-4 列出了一些常见金属的点阵常数和原子半径。

表 1-4　常见金属的点阵常数和原子半径

金属	点阵类型	点阵常数/nm（室温）	原子半径/nm	金属	点阵类型	点阵常数/nm（室温）	原子半径/nm	金属	点阵类型	点阵常数/nm（室温）		原子半径/nm
Al	A1	0.404 96	0.143 4	Cr	A2	0.288 46	0.124 9	Be	A3	a	0.228 56	0.111 3
										c/a	1.567 7	
										c	0.358 32	
Cu	A1	0.361 47	0.127 8	V	A2	0.302 82	0.131 1（30℃）	Mg	A3	a	0.320 94	0.159 8
										c/a	1.623 5	
										c	0.521 05	
Ni	A1	0.352 36	0.124 6	Mo	A2	0.314 68	0.136 3	Zn	A3	a	0.266 49	0.133 2
										c/a	1.856 3	
										c	0.494 68	
γ-Fe	A1	0.364 68（916℃）	0.128 8	α-Fe	A2	0.286 64	0.124 1	Cd	A3	a	0.297 88	0.148 9
										c/a	1.885 8	
										c	0.561 67	
β-Co	A1	0.354 4	0.125 3	β-Ti	A2	0.329 98（900℃）	0.142 9（900℃）	α-Ti	A3	a	0.295 06	0.144 5
										c/a	1.585 7	
										c	0.467 88	
Au	A1	0.407 88	0.144 2	Nb	A2	0.330 07	0.142 9	α-Co	A3	a	0.250 2	0.125 3
										c/a	1.623	
										c	0.406 1	
Ag	A1	0.408 57	0.144 4	W	A2	0.316 50	0.137 1	α-Zr	A3	a	0.323 12	0.158 5
										c/a	1.593 1	
										c	0.514 77	

金 属	点阵类型	点阵常数/nm（室温）	原子半径/nm	金 属	点阵类型	点阵常数/nm（室温）	原子半径/nm	金 属	点阵类型		点阵常数/nm（室温）	原子半径/nm
Rh	A1	0.38044	0.1345	β-Zr	A2	0.36090（862℃）	0.1562（862℃）	Ru	A3	a	0.27038	0.1325
										c/a	1.5835	
										c	0.42816	
Pt	A1	0.39239	0.1388	Cs	A2	0.614（-10℃）	0.266（-10℃）	Re	A3	a	0.27609	0.1370
										c/a	1.6148	
										c	0.44583	

1.3.1.3 配位数和致密度

晶体中原子排列的紧密程度与晶体结构类型有关，通常以配位数(CN)和致密度(K)两个参数来描述晶体中原子排列的紧密程度。

所谓配位数是指晶体中任一原子周围最近邻且等距离的原子数；而致密度是指单位体积的晶体中原子所占的体积分数。如以一个晶胞来计算，则致密度就是晶胞中原子体积与晶胞体积的比值，即

$$K = \frac{nV_a}{V} \tag{1-11}$$

式中，V为晶胞体积；n为单胞原子数；V_a是一个原子的体积，这里将金属原子视为刚性等径球，故$V_a = \frac{4}{3}\pi r_a^3$。

三种典型金属晶体结构的配位数和致密度如表1-5所示。

表1-5 典型金属晶体结构的配位数和致密度

晶体结构类型	配位数(CN)	致密度(K)
面心立方（fcc）	12	0.74
体心立方（bcc）	8	0.68
密排六方（hcp）	12(6+6)	0.74

注：密排六方结构中，只有当$c/a = 1.633$时，其配位数为12。如果$c/a \neq 1.633$，则有6个最近邻原子（同一层的6个原子）和6个次近邻原子（上、下层的各3个原子），故其配位数应记为(6+6)。

1.3.1.4 原子面密度

晶体中任一晶面上原子排列的紧密程度通常可用原子面密度来描述。所谓原子面密度是指单位面积的晶面上原子所占的面积分数，可用下式计算

$$原子面密度 = \frac{mS_a}{S} \tag{1-12}$$

式中，S为晶胞中某一晶面的面积；m表示面积为S的晶面所截取的完整原子个数；S_a为原子的最大截面面积（$S_a = \pi r_a^2$）。

例如，对于面心立方晶体的$\{111\}$晶面，其原子面密度为

$$\frac{\left(\frac{1}{6} \times 3 + \frac{1}{2} \times 3\right)\pi\left(\frac{\sqrt{2}}{4}a\right)^2}{\frac{\sqrt{3}}{2}a^2} \approx 0.907$$

而对于体心立方晶体的 {110} 晶面,其原子面密度为

$$\frac{\left(\frac{1}{4} \times 4 + 1\right) \times \pi \left(\frac{\sqrt{3}}{4}a\right)^2}{\sqrt{2}a^2} \approx 0.833$$

1.3.1.5　金属晶体中的原子堆垛方式

由图 1 - 22、图 1 - 23 和图 1 - 24 可以看出,三种晶体结构中均有一组最密晶面和最密晶向,它们分别是面心立方结构的 {111}、<110>,体心立方结构的 {110}、<111> 和密排六方结构的 {0001}、<1120>。这些最密晶面在空间沿其法线方向一层一层平行地堆垛起来就可分别构成上述三种晶体结构。

在面心立方和密排六方结构中,最密晶面上每个原子和最近邻的原子之间都是相切的。因此,面心立方结构中 {111} 晶面和密排六方结构中 {0001} 晶面均可称为密排面,且面心立方和密排六方两种结构的密排面上的原子排列情况完全相同,如图 1 - 25 所示。若将第一层密排面上原子排列的位置用 A 表示,并把 A 层密排面上的原子中心连成六边形的网格,则在 A 面上每三个相邻原子之间就有一个空隙,这样的空隙有两组,分别用 B、C 表示,每组空隙的中心可分别连成一个等边三角形,分别为 △ 型和 ▽ 型,如图 1 - 26(a)所示。为了获得最紧密的堆垛(若把原子看成等径的刚性球,则在空间相邻四球应相切),则第二层密排面的每个原子应坐落在第一层密排面(A层)每三个原子之间的空隙上,如图 1 - 26(b)、(c)所示。显然,这些密排面在空间的堆垛方式可以有两种情况,一种是按 ABAB… 或 ACAC… 的顺序堆垛,这就构成密排六方结构;另一种是按 ABCABC… 或 ACBACB… 的顺序堆垛,这就是面心立方结构。

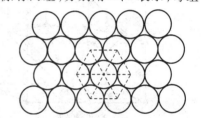

图 1 - 25　面心立方晶体和密排六方晶体中密排面上的原子排列

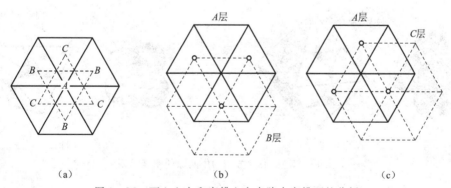

(a)　　　　　　　　　(b)　　　　　　　　　(c)

图 1 - 26　面心立方和密排六方点阵中密排面的分析

1.3.1.6　晶格间隙

从晶体致密度的分析可以看出,金属晶体存在许多间隙,这种间隙对金属的性能、合金相结构和扩散、相变等都有重要影响。

(1)面心立方结构中的晶格间隙:面心立方结构中有两种类型的间隙,一种为八面体间

隙,即 6 个原子组成一个由{111}面构成的八面体,此八面体的中心就是一个间隙的中心,八面体间隙的中心分别位于体心位置和每个棱边的中点,如图 1-27(a)所示。这样,可以计算出在每个面心立方晶胞中所含有的八面体间隙数为 $1 + 12 \times \frac{1}{4} = 4$ 个。如果在八面体间隙中心安放一个原子刚球,则可容纳的刚性球最大半径称为八面体间隙半径。根据计算,在面心立方结构中八面体间隙半径 $r_b = 0.414 r_a$[见图 1-28(a)]。

在面心立方结构中还存在另外一种四面体间隙,即间隙中心位于一个四面体中心,此四面体是由一个顶角原子和三个相邻面心原子所构成,其每个面均为{111}。该四面体间隙中心的坐标为 $\left[\left[\frac{1}{4}, \frac{1}{4}, \frac{1}{4}\right]\right]$ 及其等效位置,所以每个面心立方晶胞内有 8 个四面体间隙[见图 1-27(b)]。每个四面体间隙半径 $r_b = 0.225 r_a$[见图 1-28(b)]。

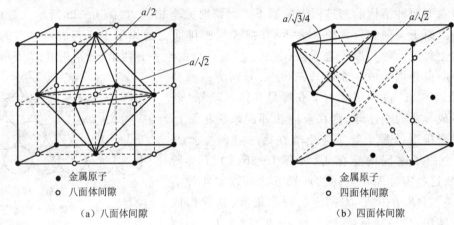

（a）八面体间隙　　　　　　　　　　　（b）四面体间隙

图 1-27　面心立方结构中的间隙

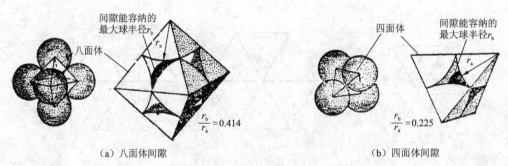

（a）八面体间隙　　　　　　　　　　　（b）四面体间隙

图 1-28　面心立方结构中间隙的刚球模型

(2)体心立方结构的间隙:在体心立方结构中,同样存在两种类型的间隙,其中 6 个原子组成一个由{110}面构成的八面体,八面体间隙的中心分别位于每个面的面心位置和每个棱边的中点,如图 1-29(a)所示。因此,在每个体心立方晶胞中含有 $6 \times \frac{1}{2} + 12 \times \frac{1}{4} = 6$ 个八面体间隙。在体心立方结构中,八面体间隙是不对称的。在图 1-29(a)中,A、B 两原子之间的距离等于点阵常数 a,原子 C、D 以及 E、F 之间的距离为 $\sqrt{2} a$。如果根据 $<100>$ 方向 AB 的长度来计算,$r_b = 0.154 r_a$,而如果根据 <110> 方向 CD、EF 的长度来计算,则 $r_b = 0.633 r_a$。实际上,若在此八面体间隙位置容纳异类原子,则必须按最小间隙半径考虑,故一般取八面体间隙半径为 $r_b = 0.154 r_a$。

体心立方晶体中的四面体间隙如图 1-29(b) 所示。四面体的每个面均为 {110} 面,四面体间隙的中心位于 $\left[\left[\frac{1}{2}, \frac{1}{4}, 0\right]\right]$ 及其等效位置,每个体心立方晶胞内有 $24 \times \frac{1}{2} = 12$ 个四面体间隙。每个四面体间隙半径 $r_b = 0.291 r_a$。

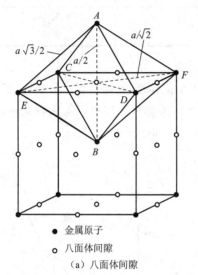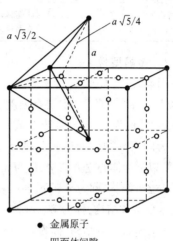

（a）八面体间隙　　　　　　　　　　（b）四面体间隙

图 1-29　体心立方结构中的间隙

（3）密排六方结构的间隙:在密排六方结构中,间隙的类型、大小与面心立方结构的相同。八面体间隙数目与单胞原子数相同,间隙半径为 $r_b = 0.414 r_a$,四面体间隙数目与单胞原子数之比为 2:1,间隙半径为 $r_b = 0.225 r_a$,如图 1-30 所示。

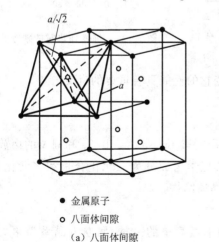

（a）八面体间隙　　　　　　　　　　（b）四面体间隙

图 1-30　密排六方结构中的间隙

三种典型金属晶体结构中的四面体和八面体间隙的数目和尺寸大小如表 1-6 所示。

表 1-6　三种典型金属晶体中的晶格间隙

晶 体 结 构	间 隙 类 型	间 隙 数 目	间隙大小(r_b/r_a)
面心立方(fcc)	四面体间隙 八面体间隙	8 4	0.225 0.414
体心立方(bcc)	四面体间隙 八面体间隙	12 6	0.291 0.154
密排六方(hcp) ($c/a = 1.633$)	四面体间隙 八面体间隙	12 6	0.225 0.414

1.3.1.7　多晶型性

在周期表中,有 40 多种元素具有两种或两种类型以上的晶体结构,即具有多晶型性,或称同素异构性。当外界条件(主要是温度、压力)改变时,这些元素的晶体结构可以发生转变,这是一种固态相变,称为同素异构转变或多晶型转变。转变的产物称为同素异构体。最常见的是铁的同素异构转变,在 912 ℃以下为体心立方结构,称为 $\alpha - Fe$;在 912 ~ 1394 ℃具有面心立方结构,称为 $\gamma - Fe$;温度在 1 394 ℃至熔点间,又变成体心立方结构,称为 $\delta - Fe$;在高压下(150 kPa),铁还可以具有密排六方结构,称为 $\varepsilon - Fe$。

当发生同素异构转变时,即由一种晶体结构变为另一种晶体结构时,由于点阵参数、致密度和配位数发生了变化,将伴随有体积的突变。图 1-31 为实验测得的纯铁加热时的膨胀曲线,在 $\alpha - Fe$ 转变为 $\gamma - Fe$ 及 $\gamma - Fe$ 转变为 $\delta - Fe$ 时,均会因体积突变而使曲线上出现明显的转折点。

具有多晶型性的其他元素还有 Mn、C、Ti、Co、Sn、Zr、U、Pu 等。分析大量元素的多晶型性,可以发现这样的规律:很多元素在高温下具有体心立方结构,而在低温下往往具有密排结构(面心立方或密排六方)。同素异构转变对于材料是否能够通过热处理操作来改变它的性能具有重要的意义。

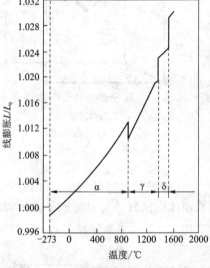

图 1-31　纯铁加热时的膨胀曲线

1.3.2　离子晶体结构

典型的离子晶体是元素周期中 IA 族的碱金属元素 Li、Na、K、Rb、Cs 和 ⅦA 的卤族元素 F、Cl、Br、I 之间形成的化合物晶体。离子晶体按其化学组成分为二元化合物和多元化合物。这里主要讨论 AB 型、AB_2 型和 A_2B_3 二元化合物的晶体结构。

1.3.2.1　AB 型化合物的晶体结构

(1)CsCl 型结构:CsCl 型结构是离子晶体结构中最简单的一种,属立方晶系简单立方点阵,Cl^- 构成简单立方点阵,Cs^+ 占据其体心位置。Cs^+ 和 Cl^- 的配位数均为 8,一个晶胞内含 Cs^+ 和 Cl^- 各 1 个,如图 1-32 所示。具有这种结构的离子晶体还有 CsBr、CsI。

（2）NaCl 型结构：NaCl 型结构属立方晶系面心立方点阵，Cl^- 构成面心立方点阵，Na^+ 位于其中的全部八面体空隙处，正负离子的配位数均为 6，每个晶胞含有的离子数为 8，即 4 个 Na^+ 和 4 个 Cl^-，如图 1-33 所示。

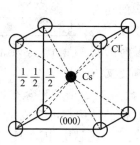

图 1-32　CsCl 型晶体结构

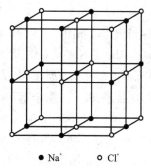

● Na^+　　○ Cl^-

图 1-33　NaCl 型晶体结构

实际上，NaCl 型结构也可以看成是一个由 Na^+ 构成的面心立方点阵和一个由 Cl^- 构成的面心立方点阵相互在棱边上穿插而成。自然界有几百种化合物都属于 NaCl 型结构，包括氧化物 MgO、CaO、SrO、BaO、CdO、MnO、FeO、CoO、NiO；氮化物 TiN、LaN、ScN、CrN、ZrN；碳化物 TiC、VC、ScC 等。此外，所有碱金属的硫化物和卤化物（CsCl、CsBr、CsI 除外）也都具有这种结构。

（3）立方 ZnS 型结构：立方 ZnS 结构类型又称闪锌矿型（β-ZnS），属立方晶系面心立方点阵，S^{2-} 构成面心立方点阵，而 Zn^{2+} 则交叉分布在其中的 4 个四面体间隙中，正负离子的配位数均为 4，每个晶胞含有 4 个 Zn^{2+} 和 4 个 S^{2-}，如图 1-34 所示。Be、Cd 的硫化物、硒化物、碲化物及 CuCl 也属此类型结构。

（4）六方 ZnS 型结构：六方 ZnS 型又称纤锌矿型，属六方晶系密排六方点阵，S^{2-} 构成密排六方点阵，而 Zn^{2+} 则交叉占据其中一半的四面体间隙，正负离子的配位数均为 4，每个晶胞含有 6 个 Zn^{2+} 和 6 个 S^{2-}，如图 1-35 所示（图中只画出了六方晶胞的三分之一）。属于这种结构类型的还有 SiC、ZnO、ZnSe、AgI、BeO 等。

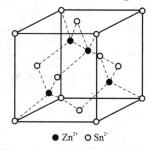

● Zn^{2+}　　○ Sn^{2-}

图 1-34　立方 ZnS 型晶体结构

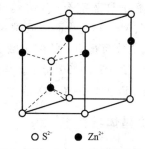

○ S^{2-}　　● Zn^{2+}

图 1-35　六方 ZnS 型晶体结构

1.3.2.2　AB₂ 型化合物的晶体结构

（1）CaF_2（萤石）型结构：CaF_2 属立方晶系面心立方点阵，Ca^{2+} 构成面心立方点阵，F^- 则位于其中 8 个四面体间隙中心位置，即填充了全部的四面体间隙，Ca^{2+} 的配位数为 8，F^- 的配位数为 4，每个晶胞含有 4 个 Ca^{2+} 和 8 个 F^-，如图 1-36 所示。属于 CaF_2 型结构的化合物还有 ThO_2、CeO_2、VO_2、ZrO_2 等。

（2）TiO_2（金红石）型结构：金红石是 TiO_2 的一种稳定型结构，属四方晶系体心四方点阵，

Ti^{4+}构成体心四方点阵,O^{2-}位于其中的$[[u,u,0]]$、$[[1-u,1-u,0]]$、$\left[\left[\frac{1}{2}+u,\frac{1}{2}-u,\frac{1}{2}\right]\right]$、$\left[\left[\frac{1}{2}-u,\frac{1}{2}+u,\frac{1}{2}\right]\right]$及其等效位置,这里$u=0.31$。$Ti^{4+}$的配位数为6,$O^{2-}$的配位数为3,每个晶胞含有2个$Ti^{4+}$和4个$O^{2-}$,如图1-37所示。属于这类结构的还有$GeO_2$、$PbO_2$、$SnO_2$、$MnO_2$、$NbO_2$、$TeO_2$及$MnF_2$、$FeF_2$、$MgF_2$等。

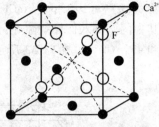

图1-36　CaF_2型晶体结构

　　(3)β-方石英(方晶石)型结构:方晶石为SiO_2高温时的同素异构体,属立方晶系,Si^{4+}占据全部面心立方结点位置和交叉占据其中一半的四面体间隙,Si^{4+}的配位数为4,O^{2-}的配位数为2,每个晶胞含有8个Si^{4+}和16个O^{2-},如图1-38所示。SiO_2虽有多种同素异构体,但其他的结构都可看成是由β-方石英的结构变形而得。石英晶体中由于具有较强的Si-O键及完整的结构,因此具有熔点高、硬度高、化学稳定性好等特点。

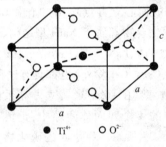

● Ti^{4+}　○ O^{2-}

图1-37　TiO_2型晶体结构

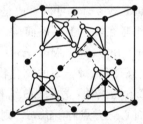

● 阳离子　○ 阴离子

图1-38　β-方石英型晶体结构

1.3.2.3　A_2B_3型化合物的晶体结构

　　以α-Al_2O_3为代表的刚玉型结构是A_2B_3型化合物的典型晶体结构。刚玉为天然α-Al_2O_3单晶体,呈红色的称红宝石(含铬),呈蓝色的称蓝宝石(含钛)。属菱方晶系,O^{2-}近似作密排六方堆积,Al^{3+}位于八面体间隙中,但只占据这种间隙的2/3,Al^{3+}的配位数为6,O^{2-}的配位数为4,每个晶胞含有4个Al^{3+}和6个O^{2-},如图1-39所示。属于刚玉型结构的化合物还有Cr_2O_3、α-Fe_2O_3、α-Ga_2O_3等。

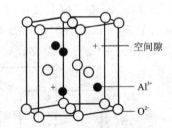

图1-39　α-Al_2O_3型晶体结构

1.3.3　共价晶体结构

　　共价晶体是由同种非金属元素(ⅣA、ⅤA、ⅥA元素)的原子或异种元素的原子以共价键结合而成的无限大分子。由于共价晶体中的粒子常为中性原子,所以又称原子晶体。共价晶体的共同特点是配位数服从8-N法则,N为原子的价电子数,这就是说共价晶体中每个原子都有8-N个最近邻原子。

　　共价晶体结构最典型代表是金刚石结构,如图1-40所示。金刚石是碳的一种结晶形式,每个碳原子均有4个等距离的最近邻原子,全部按共价键结合。其晶体结构属复杂的面心立方结构,碳原子除按通常的面心立方结构排列外,立方体内还有4个原子,它们的坐标为

$\left[\left[\dfrac{1}{4},\dfrac{1}{4},\dfrac{1}{4}\right]\right]$,相当于交叉排列的 4 个四面体间隙中心位置,故每个晶胞内共含有 8 个碳原子。具有金刚石型结构的共价晶体还有 α – Sn、Si、Ge。

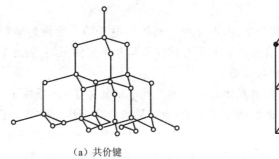
（a）共价键

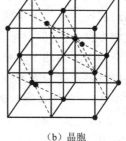
（b）晶胞

图 1－40　金刚石型晶体结构

图 1－41 所示为 As、Sb、Bi 的晶体结构。其属菱方晶系,配位数为 3,即每个原子有 3 个最近邻的原子,以共价键方式相结合并形成层状结构,层间具有金属键性质。

图 1－42 所示为 Se、Te 的晶体结构。其属六方晶系,配位数为 2,每个原子有 2 个近邻原子,以共价键方式相结合,原子组成呈螺旋分布的链状结构。

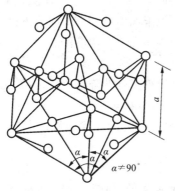
图 1－41　As、Sb、Bi 的晶体结构

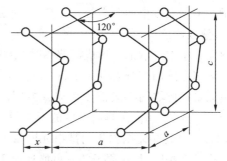
图 1－42　Se 和 Te 的晶体结构

1.4　相　结　构

虽然纯金属在工业中有着重要的用途,但由于其强度低等原因,工业上广泛使用的金属材料绝大多数是合金。所谓合金是指由两种或两种以上的金属或金属与非金属经熔炼、烧结或其他方法组合而成并具有金属特性的物质。组成合金的基本的、独立的物质称为组元。组元可以是金属和非金属元素,也可以是化合物。例如,应用最普遍的碳钢和铸铁就是由铁和碳所组成的合金,黄铜则为铜和锌组成的合金。

改变和提高金属材料的性能,合金化是最主要的途径。欲知合金元素加入后是如何起到改变和提高金属性能的作用,首先必须知道合金元素加入后的存在状态,即可能形成的合金相及其组成的各种不同组织形态。所谓相是合金中具有同一聚集状态、同一晶体结构和性质并以界面相互隔开的均匀组成部分。而所谓组织是指各种晶粒(或相)的组合特征,即各种晶粒(或相)的相对量、尺寸大小、形状及分布等特征。粗大的组织用肉眼或放大镜即可观察到,这类组织称为宏观组织,而更多情况下则要用金相显微镜或电子显微镜才能观察到组织,故组织又常称为显微组织或金相组织。

由一种相组成的合金称为单相合金,而由几种不同的相组成的合金称为多相合金。尽管合金中的组成相多种多样,但根据合金组成元素及其原子相互作用的不同,固态下所形成的合金相基本上可分为固溶体和中间相两大类。

固溶体是以某一组元为溶剂,在其晶体点阵中溶入其他组元原子(溶质原子)所形成的均匀混合的固态溶体,它保持着溶剂的晶体结构类型;而如果组成合金相的异类原子有固定的比例,所形成的固相的晶体结构与所有组元均不同,且这种相的成分多数处在组元 A 在 B 中的溶解限度和组元 B 在 A 中的溶解限度之间,即落在相图的中间部位,故称它为中间相。合金中各组元之间的相互作用及其所形成的合金相的性质,主要是由它们各自的电化学因素、原子尺寸因素和电子浓度三个因素控制的。

1.4.1 固溶体

固溶体晶体结构的最大特点是保持着原溶剂的晶体结构。根据固溶体的不同特点,可对其进行分类。按照溶质原子在溶剂点阵中所处的位置不同,可将固溶体分为置换固溶体和间隙固溶体;按照溶质原子在溶剂中的溶解度不同又可分为无限固溶体和有限固溶体;如果按照溶质原子在溶剂点阵中的分布规律来分,又可分为无序固溶体和有序固溶体。

1.4.1.1 置换固溶体

当溶质原子溶入溶剂中形成固溶体时,溶质原子占据溶剂点阵的阵点位置,或者说溶质原子置换了溶剂点阵的部分溶剂原子,这种固溶体就称为置换固溶体。

金属元素彼此之间一般都能形成置换固溶体,但溶解度视不同元素而异,有些能无限溶解,有的只能有限溶解。影响溶解度的因素很多,主要取决于以下几个因素。

(1)晶体结构:晶体结构相同是组元间形成无限固溶体的必要条件。只有当组元 A 和 B 的晶体结构类型相同时,B 原子才有可能连续不断地置换 A 原子,如图 1-43 所示。显然,如果组元的晶体结构类型不同,组元间的溶解只能是有限的。当形成有限固溶体时,若溶质组元与溶剂组元的结构类型相同,则溶解度通常也比不同结构时大。

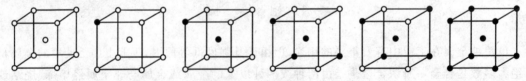

图 1-43 无限置换固溶体中两组元原子置换示意图

(2)原子尺寸:大量实验表明,在其他条件相近的情况下,原子半径差 $\Delta r < 15\%$ 时,有利于形成溶解度较大的固溶体,甚至能形成无限固溶体;而当 $\Delta r \geq 15\%$ 时,Δr 越大,则溶解度越小。原子尺寸因素的影响主要与溶质原子的溶入所引起的点阵畸变及其结构状态有关。Δr 越大,溶入后点阵畸变程度越大,畸变能越高,结构的稳定性越低,溶解度则越小。

(3)电负性(化学亲和力因素):合金组元间的电负性差越大,即组元之间的化学亲和力越强,则倾向于生成化合物而不利于形成固溶体;生成的化合物越稳定,则固溶体的溶解度就越小。只有电负性相近的元素才可能具有大的溶解度。

(4)原子价(电子浓度因素):人们在研究以金属 Cu、Ag、Au 为基础的固溶体时,发现随着溶质原子价的增大,其溶解度极限减小。例如 Zn、Ga、Ge、As 的原子价分别为 2 ~ 5 价,它们在 Cu 中的最大溶解度(固溶度极限)分别为 38%、20%、12% 和 7%(见图 1 – 44);而 Cd、In、Sn、Sb 在 Ag 中的最大溶解度则分别为 42%,20%,12% 和 7%(见图 1 – 45)。进一步分析得出,原子价因素的影响实质上是由"电子浓度"所决定的。所谓电子浓度就是合金中价电子数目与原子数目的比值,即 e/a。合金中的电子浓度可按下式计算

$$e/a = V_A(1 - x) + V_B x \tag{1 – 13}$$

式中,V_A、V_B 分别为溶剂和溶质的原子价;x 为溶质的原子分数。

在计算电子浓度时,各主族元素以及 IB、IIB 族元素的原子价与其在周期表中的族数是一致的,而其他过渡族元素的原子价一般定义为 0 价。如果分别算出上述合金在最大溶解度时的电子浓度,可发现它们的数值都接近于 1.4,这就是所谓的极限电子浓度。超过此值时,固溶体就不稳定而要形成另外的相。

还应指出,除了上述讨论的影响固溶度的因素外,固溶度还与温度有关,在大多数情况下,随着温度升高,固溶度升高;而对少数含有中间相的复杂合金,情况则相反。

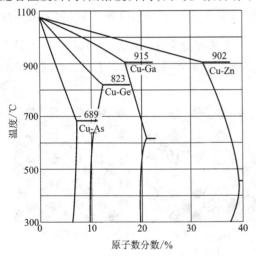

图 1 – 44　Zn、Ca、Ge、As 在 Cu 中的固溶义

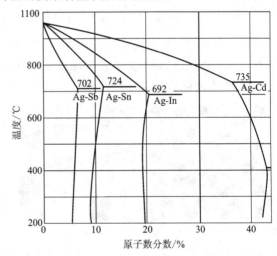

图 1 – 45　Cd、In、Sn、Sb 在 Ag 中的固溶度

1.4.1.2　间隙固溶体

溶质原子分布于溶剂晶格间隙而形成的固溶体称为间隙固溶体。当溶质原子半径很小,致使溶质与溶剂的原子半径差 $\Delta r > 41\%$ 时,溶质原子就可能进入溶剂晶格间隙中而形成间隙固溶体。形成间隙固溶体的溶质原子通常是原子半径小于 0.1nm 的一些非金属元素,如 H、B、C、N、O 等(它们的原子半径分别为 0.04 nm、0.097 nm、0.077 nm、0.071 nm 和 0.060 nm)。在间隙固溶体中,由于溶质原子一般都比晶格间隙的尺寸大,所以当它们溶入后,都会引起溶剂点阵畸变,点阵常数变大,畸变能升高。因此,间隙固溶体都是有限固溶体,而且溶解度很小。

间隙固溶体的溶解度不仅与溶质原子的大小有关,还与溶剂晶体结构中间隙的形状和大

小等因素有关。例如,C 在 γ - Fe 中的最大溶解度为 2.11wt.% ,而在 α - Fe 中的最大溶解度仅为 0.0218wt.% 。这是因为固溶于 γ - Fe 和 α - Fe 中的碳原子均处于八面体间隙中,而 γ - Fe 的八面体间隙尺寸比 α - Fe 的大的缘故。另外,α - Fe 为体心立方晶格,而在体心立方晶格中四面体和八面体间隙均是不对称的,尽管在 <100> 方向上八面体间隙比四面体间隙的尺寸小,仅为 $0.154r_a$,但它在 <110> 方向上却为 $0.633r_a$,比四面体间隙 $0.291r_a$ 大得多。因此,当 C 原子挤入时只要推开 <100> 方向的两个铁原子即可,这比挤入四面体间隙要同时推开 4 个铁原子更为容易。尽管如此,C 在 α - Fe 中的实际溶解度仍较小。

1.4.1.3 固溶体的微观不均匀性

通常认为,溶质原子在固溶体中的分布是随机的、均匀无序的。事实上,完全无序的固溶体是不存在的。可以认为,在热力学上处于平衡状态的无序固溶体中,溶质原子的分布在宏观上是均匀的,但在微观上总是偏离无序状态,即呈现溶质原子分布的微观不均匀性。

溶质原子在溶剂点阵中的分布状态主要取决于固溶体中同类原子间的结合能 E_{AA}、E_{BB} 和异类原子间的结合能 E_{AB} 的相对大小:当 $E_{AB} = \frac{1}{2}(E_{AA} + E_{BB})$ 时,溶质原子倾向于呈无序分布 [见图 1 - 46(a)];当 $E_{AB} > \frac{1}{2}(E_{AA} + E_{BB})$ 时,溶质原子便倾向于聚集在一起,呈偏聚状态[见图 1 - 46(b)];当 $E_{AB} < \frac{1}{2}(E_{AA} + E_{BB})$ 时,溶质原子倾向于按一定规则有序排列,如果溶质原子的有序分布只在短距离小范围内存在,称为短程有序或部分有序[见图 1 - 46(c)],如果全部都达到有序状态,则称为长程有序或完全有序[见图 1 - 46(d)]。溶质原子呈长程或完全有序分布的固溶体,称为有序固溶体。

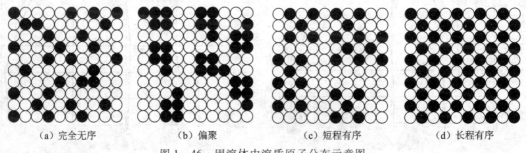

(a) 完全无序　　　　(b) 偏聚　　　　(c) 短程有序　　　　(d) 长程有序

图 1 - 46　固溶体中溶质原子分布示意图

1.4.1.4 固溶体的性能特点

相对于纯溶剂组元而言,固溶体的点阵常数、力学性能、物理和化学性能会由于溶质原子的溶入而发生一定程度的变化。

(1)固溶体的点阵常数:形成固溶体时,虽然仍保持着溶剂的晶体结构,但由于溶质与溶剂的原子半径不同,总会引起点阵畸变并导致点阵常数发生变化。对置换固溶体而言,当溶质原子半径大于溶剂原子半径时,溶质原子周围的溶剂点阵膨胀,平均点阵常数增大;当溶质原子半径小于溶剂原子半径时,溶质原子周围的溶剂点阵收缩,平均点阵常数减小。对间隙固溶体而言,点阵常数随溶质原子的溶入总是增大的,这种影响往往比置换固溶体要大得多。

(2)固溶体的强度和硬度:与纯溶剂组元相比,固溶体的一个最明显的变化是由于溶质原子的溶入,使其强度和硬度增大,这种现象称为固溶强化。固溶强化效果与固溶体类型、原子尺寸因素、溶解度极限等有关。一般间隙固溶体较置换固溶体强化效果显著,同时溶质原子与溶剂原子半径相差越大,溶解度极限越小,则单位浓度溶质原子所引起的强化效果越大。关于固溶强化的机理将在后面章节中进行讨论。

（3）物理和化学性能:随着溶质含量的增加,固溶体的点阵畸变增大,其电阻率升高,同时电阻温度系数降低。由于固溶体电阻率高,所以精密电阻元件、电热体材料等大多为固溶体合金。此外,溶质原子的溶入还可改变溶剂的导磁率、电极电位等。例如,Si 溶入 $\alpha - Fe$ 中可以提高导磁率,因此含 Si 量为 2% ~4% 的硅钢片是一种应用广泛的软磁材料;又如,当固溶于 $\alpha - Fe$ 中 Cr 的原子数分数达到 12.5% 时,Fe 的电极电位由 $-0.60V$ 突然上升到 $+0.2V$,从而有效地抵抗空气、水汽、稀硝酸等的腐蚀,因此不锈钢中至少含有 13% 以上的 Cr 原子。

1.4.2　中间相

两组元 A 和 B 组成合金时,除了可形成以 A 为基或以 B 为基的固溶体(端际固溶体)外,还可能形成晶体结构与 A、B 两组元均不相同的中间相。构成各类中间相的结合键主要为金属键,但也可能同时存在离子键、共价键等。典型成分的中间相可以用化学分子式来表示,但不少中间相的成分可以在一定范围内变化,形成以化合物为基的固溶体(称为第二类固溶体或二次固溶体)。正是由于中间相中各组元间含有金属键结合方式,所以中间相都具有一定程度的金属性,而且表示它们组成的化学分子式并不一定都符合化合价规律(如 CuZn、Fe_3C 等)。

和固溶体一样,电负性、电子浓度和原子尺寸对中间相的形成及晶体结构都有影响。据此,可将中间相分为正常价化合物、电子浓度化合物、原子尺寸因素化合物和有序固溶体几大类,下面分别进行讨论。

1.4.2.1　正常价化合物

在元素周期表中,一些金属与电负性较强的ⅣA、ⅤA、ⅥA族的一些元素按照化学上的原子价规律所形成的化合物称为正常价化合物。它们的成分可用分子式来表示,一般为 AB 型、A_2B(或 AB_2)型以及 A_3B_2 型。如二价的 Mg 与四价的 Pb、Sn、Ge、Si 形成 Mg_2Pb、Mg_2Sn、Mg_2Ge、Mg_2Si 等化合物。

正常价化合物的晶体结构通常对应于同类分子式的离子化合物型结构,如 NaCl 型、ZnS型、CaF_2 型等。正常价化合物的稳定性与组元间的电负性差有关。组元间电负性差越小,化合物越不稳定,越趋于金属键结合;电负性差越大,化合物越稳定,越趋于离子键结合。如上例中,由 Pb 到 Si 电负性逐渐增大,故上述四种正常价化合物中 Mg_2Si 最稳定,熔点为 1 102 ℃,且系典型的离子化合物,而 Mg_2Pb 熔点仅为 550℃,且显示出典型的金属性质。

1.4.2.2　电子浓度化合物

电子浓度化合物是休姆 – 罗塞里(W. Hume – Rothery)在研究 IB 族的贵金属(Cu、Ag、Au)与 ⅡB、ⅢA、ⅣA 族元素所形成的合金(如 Cu – Zn、Cu – Al、Cu – Sn)时首先发现的,后来又在 Fe – Al、Ni – Al、Co – Zn 等其他合金系中发现,故电子浓度化合物又称为休姆 – 罗塞里相。

电子浓度化合物的共同特点是其晶体结构主要取决于电子浓度:凡具有相同的电子浓度,则该类化合物的晶体结构类型相同。电子浓度用化合物中每个原子平均所占有的价电子数(e/a)来表示。

当电子浓度为 $\frac{3}{2}\left(\frac{21}{14}\right)$ 时，电子浓度化合物一般具有体心立方结构，在一些合金系中可能呈现复杂立方的 β‑Mn 结构，还有少数合金系中甚至呈现密排六方结构。这是因为尽管决定电子浓度化合物晶体结构的主要因素是电子浓度，但它并非是唯一的因素，其他因素如原子尺寸因素也会影响电子浓度化合物的晶体结构。一般，若两组元的原子半径相近，则倾向于形成密排六方结构；如果两组元原子半径相差较大，则倾向于形成体心立方结构。当电子浓度为 $\frac{21}{13}$ 时，出现复杂立方结构的 γ 相，亦称为 γ‑黄铜型结构。当电子浓度为 $\frac{7}{4}\left(\frac{21}{12}\right)$ 时，则形成具有密排六方结构的电子浓度化合物。表 1‑7 列出了一些典型的电子浓度化合物及其结构类型。

表 1‑7 常见的电子浓度化合物及其结构类型

电子浓度 = $\frac{3}{2}$，即 $\frac{21}{14}$			电子浓度 = $\frac{21}{13}$	电子浓度 = $\frac{7}{4}$，即 $\frac{21}{12}$
体心立方结构	复杂立方 β‑Mn 结构	密排六方结构	γ‑黄铜结构	密排六方结构
$CuZn$	Cu_5Si	Cu_3Ga	Cu_5Zn_8	$CuZn_3$
$CuBe$	Ag_3Al	Cu_5Ge	Cu_5Cd_8	$CuCd_3$
Cu_3Al	Au_3Al	$AgZn$	Cu_5Hg_8	Cu_3Sn
Cu_3Ga[①]	$CoZn_3$	$AgCd$	Cu_9Al_4	Cu_3Si
Cu_3In	—	Ag_3Al	Cu_9Ga_4	$AgZn_3$
Cu_5Si[①]	—	Ag_3Ga	Cu_9In_4	$AgCd_3$
Cu_5Sn	—	Ag_3In	$Cu_{31}Si_8$	Ag_3Sn
$AgMg$[①]	—	Ag_5Sn	$Cu_{31}Sn_8$	Ag_5Al_3
$AgZn$[①]	—	Ag_7Sb	Ag_5Zn_8	$AuZn_3$
$AgCd$[①]	—	Au_3In	Ag_5Cd_8	$AuCd_3$
Ag_3Al[①]	—	Au_5Sn	Ag_5Hg_8	Au_3Sn
Ag_3In[①]	—	—	Au_5Zn_8	Au_5Al_3
$AuMg$	—	—	Au_5Cd_8	—
$AuZn$	—	—	Ag_9In_4	—
$AuCd$	—	—	Au_9In_4	—
$FeAl$	—	—	Fe_5Zn_{21}	—
$CoAl$	—	—	Co_5Zn_{21}	—
$NiAl$	—	—	Ni_5Be_{21}	—
$PdIn$	—	—	$Na_{31}Pb_8$	—

① 不同温度出现不同结构。

电子浓度化合物虽然可用化学分子式表示，但不符合化合价规律，而且其成分可在一定范围内变化，可视其为以化合物为基的二次固溶体。

1.4.2.3 原子尺寸因素化合物

此类化合物的晶体结构主要取决于原子尺寸因素。当两组元间原子半径相差很大时，倾向于形成间隙相和间隙化合物。例如，原子半径较小的非金属元素如 H、N、C、B 等可与金属元素(主要是过渡族金属)形成间隙相或间隙化合物。这主要取决于非金属原子半径(r_x)和金属原子半径(r_M)的比值。当 $r_x/r_M < 0.59$ 时,形成具有简单晶体结构的间隙相;当 $r_x/r_M > 0.59$ 时,则形成具有复杂晶体结构的间隙化合物。由于 H 和 N 的原子半径仅为 0.046 nm 和 0.071 nm,尺寸很小,故它们与所有的过渡族金属均满足 $r_x/r_M < 0.59$ 的条件,因此,过渡族金属的氢化物和氮化物都为间隙相;而 B 的原子半径为 0.097 nm,尺寸较大,则过渡族金属的硼化物均为间隙化合物;至于 C 则处于中间状态,某些碳化物如 TiC、VC、NbC、WC 等是结构简单的间隙相,而 Fe_3C、Cr_7C_3、$Cr_{23}C_6$、Fe_3W_3C 等则是结构复杂的间隙化合物。

(1)间隙相:间隙相具有比较简单的晶体结构,如面心立方、密排六方、体心立方或简单六方结构。在间隙相中,金属原子占据正常晶格结点位置,而非金属原子则规则地分布于晶格间隙中,这就构成一种与两组元结构均不相同新的晶体结构。非金属原子在间隙相中所占据的间隙位置主要取决于原子尺寸因素:当 $r_x/r_M < 0.414$ 时(如 H 原子),通常可进入四面体间隙;若 $r_x/r_M > 0.414$ 时,则进入八面体间隙(如 C、N 原子)。间隙相的分子式一般为 M_4X、M_2X、MX 和 MX_2 4 种。常见的间隙相及其晶体结构如表 1-8 所示。

表 1-8 常见的间隙相及其晶体结构

分子式	间隙相举例	金属原子排列类型	非金属原子所占间隙位置及数量
M_4X	Fe_4N、Mn_4N、Nb_4C	面心立方	C、N 原子占据四分之一的八面体间隙
M_2X	Fe_2N、Cr_2N、V_2N、W_2C、Mo_2C、V_2C Ti_2H、Zr_2H,	密排六方	C、N 原子占据一半的八面体间隙 H 原子占据四分之一的四面体间隙
MX	TiC、ZrC、VC、ZrN、VN、TiN、CrN ZrH、TiH	面心立方	C、N 原子占据全部的八面体间隙 H 原子占据一半的四面体间隙
MX	TaH、NbH	体心立方	H 原子占据三分之一的八面体间隙
MX	WC、MoN	简单六方	C、N 原子占据全部的八面体间隙
MX_2	TiH_2、ThH_2、ZrH_2	面心立方	H 原子占据全部的四面体间隙

尽管间隙相可以用化学分子式表示,但其成分也可在一定范围内变化,也可视为以化合物为基的二次固溶体。间隙相不仅可以溶解其组成元素,而且间隙相之间还可以相互溶解,如果两种间隙相具有相同的晶体结构,且这两种间隙相中的金属原子半径差小于15%,它们还可以形成无限固溶体,例如 TiC-ZrC、TiC-VC、ZrC-NbC、VC-NbC 等。间隙相几乎全部具有高熔点和高硬度的特点,这表明间隙相的结合键较强。

(2)间隙化合物:间隙化合物的晶体结构都很复杂,它的类型较多。常见的间隙化合物有 M_3C 型(如 Fe_3C、Mn_3C)、M_7C_3 型(如 Cr_7C_3)、$M_{23}C_6$ 型(如 $Cr_{23}C_6$)和 M_6C 型(如 Fe_3W_3C、Fe_4W_2C)等。间隙化合物中的金属元素常常被其他金属元素所置换而形成以化合物为基的固溶体,如$(Fe,Mn)_3C$、$(Cr,Fe)_7C_3$、$(Fe,Ni)_3(W,Mo)_3C$ 等。

Fe_3C 是铁碳合金中的一个基本相,称为渗碳体,其晶体结构如图 1-47 所示。它具有复杂的正交结构,三个点阵常数不相等。每个 Fe_3C 晶胞中共有 16 个原子,其中 12 个 Fe 原子,4 个 C 原子,符合 Fe∶C=3∶1 的关系。Fe_3C 中的 Fe 原子可以被 Mn、Cr、Mo、W、V 等金属原子所置换形成合金渗碳体,而 Fe_3C 中的 C 可以被 B 置换,但不能被 N 置换。

$Cr_{23}C_6$ 的晶体结构如图 1-48 所示,为复杂的立方结构,每个 $Cr_{23}C_6$ 晶胞中共有 116 个原子,其中 92 个 Cr 原子,24 个 C 原子。这一大晶胞可以看成由 8 个亚胞(8 个小立方体)组成的,在每个亚胞的顶角上交替分布着十四面体和正六面体。92 个 Cr 原子分布在大晶胞的顶角和面心位置、每个亚胞的体心位置以及每个十四面体和正六面体的顶角位置,而 24 个 C 原子则分布在每个亚胞棱边的中点。

间隙化合物的熔点和硬度均较高(但不如间隙相),是钢中的主要强化相。

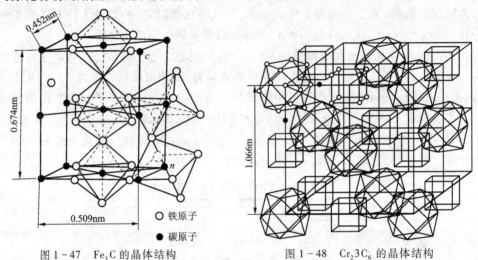

图 1-47 Fe₃C 的晶体结构   图 1-48 Cr₂₃C₆ 的晶体结构

图 1-47 Fe_3C 的晶体结构   图 1-48 $Cr_{23}C_6$ 的晶体结构

1.4.2.4 有序固溶体

具有短程有序的固溶体,当其成分接近于一定的原子比(如 AB 或 AB_3)且从高温缓冷到某一临界温度以下时,溶质原子会从统计随机分布状态过渡到在大范围内呈规则排列,亦即转变为长程有序结构,形成有序固溶体。有序固溶体在其 x 射线衍射图上会产生附加的衍射线条,称为超结构线,所以有序固溶体通常称为超结构或超点阵。有序固溶体的类型较多,常见的几种如表 1-9 所示。下面分别介绍其晶体结构特征。

表 1-9 几种典型的有序固溶体

结构类型	典型合金	晶胞图形	合金举例
以面心立方为基的有序固溶体	Cu_3Au 型 CuAuI 型 CuAuⅡ型	图 1-49 图 1-50 图 1-51	$Ag_3Mg, Au_3Cu, FeNi_3, Fe_3Pt$ $AuCu, FePt, NiPt$ $CuAuⅡ$
以体心立方为基的有序固溶体	$CuZn(β-黄铜)$型 Fe_3Al 型	图 1-52 图 1-53	$β'-CuZn, β-AlNi, β-NiZn, AgZn, FeCo, FeV, AgCd$ $Fe_3Al, α'-Fe_3Si, β-Cu_3Sb, Cu_2MnAl$
以密排六方为基的有序固溶体	$MgCd_3$ 型	图 1-54	$Cu_3Sn, Mg_3Cd, Ag_3In, Ti_3Al$

(1)以面心立方为基的有序固溶体:成分相当于 Cu_3Au 的合金,在高温时为无序固溶体,Cu、Au 原子均匀地分布在面心立方点阵上;当缓慢冷却到 395℃以下时,Cu、Au 原子呈有序排列,Au 原子位于立方体的 8 个顶角上,Cu 原子则位于 6 个面心位置,如图 1-49 所示。

成分相当于 CuAu 的合金在 385℃ 以下具有 CuAu I 型超结构,其中 Au 原子位于晶胞的 8 个顶角和上、下底面中心位置,Cu 原子则位于 4 个柱面的中心位置,即 Au 原子和 Cu 原子在 z 轴方向上逐层相间排列。一层(001)面上全部为 Au 原子,而相邻的另一层(001)面上全部为 Cu 原子,如图 1−50 所示。

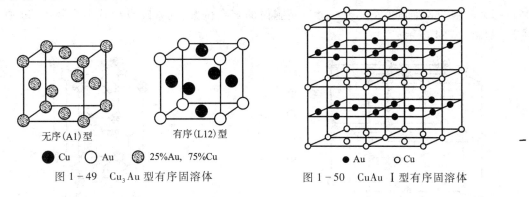

无序(A1)型　　　有序(L12)型

● Cu　　○ Au　　◍ 25%Au, 75%Cu

图 1−49　Cu₃Au 型有序固溶体

● Au　　○ Cu

图 1−50　CuAu Ⅰ 型有序固溶体

在 385 ~ 410 ℃ 之间,成分相当于 CuAu 的合金中 Cu、Au 原子呈特殊的有序排列,形成 CuAu Ⅱ 型超结构,如图 1−51 所示。它的基本单元为 10 个小晶胞沿 b 轴排列而成,每隔 5 个小晶胞原子排列顺序发生改变,亦可看作 5 个小晶胞组成一个反相畴,在畴界处原子排列顺序发生改变。

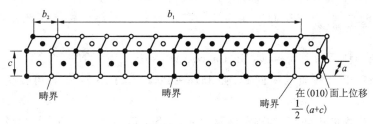

畴界　　　　畴界　　　　畴界　　　在(010)面上位移 $\frac{1}{2}(a+c)$

图 1−51　CuAu Ⅱ 型有序固溶体

(2)以体心立方为基的固溶体:成分相当于 CuZn 的合金在 470℃ 以下为有序固溶体(β− 黄铜),其中 Zn 原子位于立方晶胞的 8 个顶角位置,Cu 原子则位于立方晶胞的体心位置,如图 1−52所示。

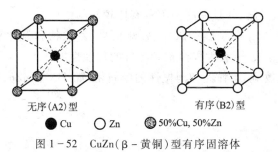

无序(A2)型　　　有序(B2)型

● Cu　　○ Zn　　◍ 50%Cu, 50%Zn

图 1−52　CuZn(β−黄铜)型有序固溶体

成分相当于 Fe₃Al 的合金 Fe、Al 原子可呈有序排列,形成 Fe₃Al 型有序固溶体。在此种超结构中,若将 8 个小体心立方晶胞构成的大晶胞中的阵点分为 4 种位置,a 位置是大晶胞的 8 个顶角及 6 个面心位置,b 位置是大晶胞的 12 个棱边中点及大晶胞的中心位置,c、d 位置分别是各小体心立方晶胞 4 个体心位置,但它们是交错分布的,即 c 位置旁都是 d 位置,反之亦然。其中,Fe 原子占据 a、b、d 位置,而 Al 原子则占据 c 位置,如图 1 – 53 所示。

(3)以密排六方为基的固溶体:成分相当于 $MgCd_3$ 的合金在 150℃ 以下为有序固溶体。在由 4 个小晶胞(每个小晶胞相当于一个密排六方晶胞的三分之一)构成的大晶胞中,Mg 原子占据大晶胞的 8 个顶角及其中一个小晶胞内的阵点位置,其余阵点位置则全部由 Cd 原子占据,如图 1 – 54 所示。

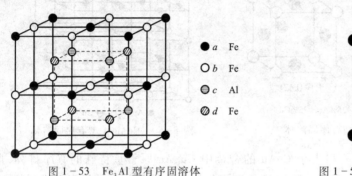

图 1 – 53　Fe_3Al 型有序固溶体　　　　图 1 – 54　$MgCd_3$ 型有序固溶体

1.4.2.5　中间相的性质和应用

由于原子间结合键和晶体结构的多样性,使得中间相具有许多特殊的物理、化学性质,并日益受到人们的重视,不少中间相作为新的功能材料和耐热材料正在被开发应用,现列举如下:

(1)具有超导性质的中间相,如 Nb_3Ge、Nb_3Al、Nb_3Sn、V_3Si、NbN 等。

(2)具有特殊电学性质的中间相,如 InTe – PbSe、GaAs – ZnSe 等可作为半导体材料的应用。

(3)具有强磁性的中间相,如稀土元素(Ce、La、Sm、Pr、Y 等)和 Co 的化合物具有特别优异的永磁性能。

(4)具有特殊吸释氢本领的中间相(常称为贮氢材料),如 $LaNi_5$、FeTi 和 RE_2Mg_{17}、$RE_2Ni_2Mg_{15}$ 等(RE 代表稀土 La、Ce、Pr、Nd 或混合稀土)是很有前途的储能材料。

(5)具有耐热特性的中间相,如 Ni_3Al、NiAl、TiAl、Ti_3Al、FeAl、Fe_3Al、$MoSi_2$、$NbBe_{12}$、$ZrBe_{12}$ 等不仅具有很好的高温强度,并且在高温下具有比较好的塑性。

(6)耐蚀的中间相,如某些金属的碳化物、硼化物、氮化物和氧化物等在侵蚀介质中仍很耐蚀,若通过表面涂覆方法,可大大提高被涂覆件的耐蚀性能。

(7)具有形状记忆效应、超弹性和消振性的中间相,如 TiNi、CuZn、CuSi、MnCu、Cu_3Al 等已在工业上得到应用。

第2章 晶体缺陷

在实际晶体中,由于原子(或离子、分子)的热运动以及晶体的形成条件、冷热加工过程中各种因素的影响,实际晶体中的原子排列不可能规则、完整,常存在各种与理想的点阵结构发生偏差的区域,即晶体缺陷。晶体缺陷对晶体的性能如屈服强度、断裂强度、塑性、电阻率、磁导率等有很大的影响,另外晶体缺陷还与扩散、相变、塑性变形、再结晶、氧化、烧结等过程有着密切关系。因此,研究晶体缺陷具有重要的理论与实际意义。

根据晶体缺陷的空间几何特征,可以将它们分为三类:

(1)点缺陷:其特征是在三维空间的各个方面上尺寸都很小,尺寸范围为一个或几个原子尺度,故又称零维缺陷,如空位、间隙原子、置换原子。

(2)线缺陷:其特征是在两个方向上尺寸很小,另外一个方向上尺寸较大,也称一维缺陷,如各类位错。

(3)面缺陷:其特征是在一个方向上尺寸很小,另外两个方向上尺寸较大,也称二维缺陷,如晶界、相界、表面等。

在实际晶体中,这三类缺陷经常共存,它们互相联系、互相制约,在一定条件下还能互相转化,从而对晶体的性能产生复杂的影响。下面将针对这三类晶体缺陷分别进行讨论。

2.1 点 缺 陷

点缺陷是最简单的晶体缺陷,它是在晶格结点及其邻近的微观区域内原子的排列偏离理想的点阵结构的一种缺陷。晶体中的基本点缺陷主要包括空位、间隙原子(间隙型溶质原子和杂质原子)、置换原子(置换型溶质原子和杂质原子)。

2.1.1 点缺陷的种类及形成

在实际晶体中,位于晶格结点上的原子并非静止不动的,而是以其平衡位置为中心作热振动。原子的热振动能量是有起伏涨落的。当某一原子具有足够大的热振动能量而使振幅增大至一定限度时,就能够克服周围原子对它的束缚,离开其原来的平衡位置,在点阵中形成空的结点,即形成了空位。离开平衡位置的原子有三个去处:一是迁移到晶体表面的正常结点位置上而使晶体内部留下空位,称为肖特基(Schottky)空位,如图 2-1(a)所示;二是挤入点阵的间隙位置,而在晶体中同时形成数目相等的空位和间隙原子,则称为弗兰克尔(Frenkel)缺陷,如图 2-1(b)所示;三是跑到其他晶体缺陷处而使空位消失或使空位移位。另外,在一定条件下,晶体表面上的原子也可能跑到晶体内部的间隙位置而形成间隙原子,如图 2-1(c)所示。

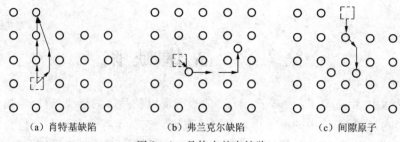

(a) 肖特基缺陷　　　　　(b) 弗兰克尔缺陷　　　　　(c) 间隙原子

图 2-1　晶体中的点缺陷

正常晶格结点位置出现空位后,其周围原子由于失去了一个近邻原子而使相互间的作用力失去平衡,因而它们会朝着空位方向作一定程度的弛豫,并使空位周围出现一个波及一定范围的点阵畸变区;此外,处于间隙位置的间隙原子,同样会使其周围点阵产生畸变,而且畸变程度要比空位引起的畸变大得多,如图 2-2 所示。

半径不同的杂质原子或固溶体中的溶质原子占据晶格结点位置成为置换原子之后,同样也会使周围区域发生点阵畸变,形成点缺陷。半径大的置换原子造成的点阵畸变,类似间隙原子所造成的点阵畸变[见图 2-3(a)];半径较小的置换原子造成的点阵畸变,类似空位所造成的点阵畸变[见图 2-3(b)]。

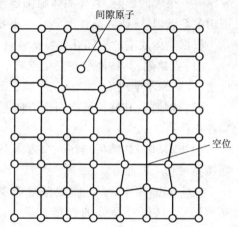

图 2-2　空位和间隙原子引起的点阵畸变

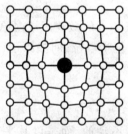

(a) 置换原子半径较大时

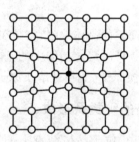

(b) 置换原子半径较小时

图 2-3　置换原子引起的点阵畸变

形成空位或间隙原子等点缺陷时,其周围区域的原子偏离平衡位置必然使晶体能量变高,这种由点阵畸变造成的能量增加称为畸变能。此外,形成点缺陷时,还将导致电子运动状态发生变化而使晶体能量升高,这种增加的能量称为电子能。形成间隙原子时,前项能量是主要的,形成空位时,后项能量是主要的。形成一个空位或间隙原子所需提供的能量,称为空位形成能或间隙原子形成能。一般间隙原子的形成能比空位形成能要大几倍。

2.1.2　点缺陷的平衡浓度

晶体中空位和间隙原子等点缺陷的存在,一方面会导致晶体的内能升高,使晶体的自由能增加,但另一方面也增大了原子排列的混乱程度,并改变了其周围原子的振动频率,引起组态熵和振动熵的改变,使晶体的熵值增大,晶体的自由能降低。一定温度下,当空位或间隙原子达到一定数目时,这两方面的能量变化可以达到平衡。所以,点缺陷是热力学平衡的晶体缺陷。

晶体中的空位和间隙原子在随时产生,也随时消失,当它们产生的速率与消失的速率相等时,便达到平衡浓度。晶体中的点缺陷在一定温度下的平衡浓度可根据热力学理论求得。现以空位为例说明如下。

假设在某一温度 T 下,由 N 个原子组成的晶体中含有 n 个空位时,空位的浓度达到平衡。若形成一个空位的能量为 ΔE_v,引起的振动熵变为 ΔS_f,则晶体中含有 n 个空位时,其内能将增加 $\Delta U = n\Delta E_v$,振动熵的改变为 $n\Delta S_f$,而 n 个空位造成晶体组态熵的改变为 ΔS_c,故自由能的改变为

$$\Delta F = n\Delta E_v - T(\Delta S_c + n\Delta S_f) \tag{2-1}$$

根据统计热力学原理,组态熵可表示为

$$S_c = k \ln W \tag{2-2}$$

式中,k 为玻尔兹曼常数(1.38×10^{-23} J/K);W 为微观状态的数目。

因此,在晶体中 $N+n$ 个阵点位置上存在 N 个原子和 n 个空位时可能出现的不同排列方式数目为

$$W = \frac{(N+n)!}{N!n!} \tag{2-3}$$

于是,晶体组态熵的增量为

$$\Delta S_c = k\left[\ln \frac{(N+n)!}{N!n!} - \ln 1 \right] = k \ln \frac{(N+n)!}{N!n!} \tag{2-4}$$

根据斯特令(Stirling)公式,当 x 值很大时

$$\ln x! \approx x \ln x - x$$

则式(2-4)可改写为

$$\Delta S_c = k\left[(N+n)\ln(N+n) - N\ln N - n\ln n \right]$$

代入式(2-1),可得

$$\Delta F = n\Delta E_v - nT\Delta S_f - kT\left[(N+n)\ln(N+n) - N\ln N - n\ln n \right]$$

在平衡条件下,自由能为最小,即 $\left(\dfrac{\partial \Delta F}{\partial n} \right)_T$,故有

$$\Delta E_v - T\Delta S_f - kT\left[\ln(N+n) - \ln n \right] = 0$$

可求得

$$\frac{n}{N+n} = \exp\left(-\frac{\Delta E_v}{kT} \right) \exp\left(\frac{\Delta S_f}{k} \right)$$

因为 $N \gg n$,$\dfrac{n}{N+n} \approx \dfrac{n}{N} = C$,$C$ 即为空位浓度

$$C = \exp\left(\frac{\Delta S_f}{k}\right)\exp\left(-\frac{\Delta F_v}{kT}\right)$$

令 $\exp\left(\dfrac{\Delta S_f}{k}\right) = A$，$A$ 是反映原子振动因素的系数，一般在 $1 \sim 10$ 之间。则上式变为

$$C = A\exp\left(-\frac{\Delta E_v}{kT}\right) \qquad (2-5)$$

根据上式即可求得空位在 T 温度时的平衡浓度。由式（2-5）可知，空位的平衡浓度随温度升高而急剧增大，它与温度呈指数关系，空位形成能一定时，一定温度下空位的平衡浓度也是一定的。

按照类似的方法，也可推导出间隙原子的平衡浓度 C' 为

$$C' = \frac{n'}{N'} = A'\exp\left(-\frac{\Delta E'_y}{kT}\right) \qquad (2-6)$$

式中，N' 为晶体中间隙位置总数；n' 为间隙原子数；$\Delta E'_y$ 为一个间隙原子的形成能。

前文提到，间隙原子的形成能大于空位的形成能。因此，在相同温度下，同一晶体中间隙原子的平衡浓度 C' 要比空位的平衡浓度 C 低得多。例如，铜的空位形成能为 1.7×10^{-19} J，而其间隙原子形成能为 4.8×10^{-19} J，在 $1\,000$ ℃时，其空位的平衡浓度约为 10^{-4}，而间隙原子的平衡浓度仅约为 10^{-14}，两者浓度比接近 10^{10}。因此，在通常情况下，相对于空位的平衡浓度，间隙原子的平衡浓度可以忽略不计。

当点缺陷具有平衡浓度时，可使晶体的电阻率增加，但对晶体的力学性能没有明显影响。但是，当晶体从高温急冷下来（称为高温淬火）、或者经高能粒子（如中子、质子、α 粒子等）辐照、或者经过冷变形加工后，晶体中的点缺陷数量往往超过了其平衡浓度，通常称为过饱和的点缺陷。过饱和的点缺陷可明显提高晶体的屈服强度。

2.1.3　点缺陷的迁移

从上面分析得知，在一定温度下，晶体中达到统计平衡的空位和间隙原子的数目是一定的，而且晶体中的点缺陷并不是固定不动的，而是处于不断的运动中。例如，空位周围的原子由于热激活，某个原子有可能获得足够的能量而跳入空位中，并占据这个平衡位置。这时，在该原子原来的位置上，就形成一个空位。这一过程可以看作空位向邻近阵点位置的迁移。同理，由于热运动，晶体中的间隙原子也可由一个间隙位置迁移到另一个间隙位置。空位和间隙原子迁移时也会引起点阵畸变，从而引起能量升高。空位或间隙原子迁移所需要克服的能垒，即分别称为空位迁移激活能和间隙原子迁移激活能。一般，间隙原子的迁移激活能比空位的迁移激活能小很多，因此间隙原子的迁移几率将远比空位大。

在迁移过程中，当间隙原子与一个空位相遇时，它将落入该空位，而使两者都消失，这一过程称为点缺陷的复合。晶体中的原子正是由于空位和间隙原子不断地产生与复合才不停地由一处向另一处做无规则的运动，这就是晶体中原子的自扩散，是固态相变、表面化学热处理、蠕变、烧结等物理化学过程的基础。

2.2　位　错

各种类型的位错均属于线缺陷。位错的概念最早是在研究晶体滑移时提出来的。当晶体受外力作用而发生塑性变形时,一般是通过滑移过程进行的,即晶体中相邻两部分在切应力作用下沿着一定的晶面和晶向发生相对滑动。人们根据刚性滑移模型,对完整晶体产生塑性变形所需的临界切应力即晶体的理论切变强度进行了理论计算,所估算出的理论切变强度约等于 $G/30$,其中 G 为切变模量。但是,由实验测得的实际晶体的切变强度要比这个理论值低 $3 \sim 4$ 个数量级。为了解释这种差异,Taylor、Orowan 和 Polanyi 于 1934 年几乎同时提出了位错的概念,他们认为晶体实际滑移过程并不是滑移面两侧的所有原子都同时作整体刚性滑动,而是通过在晶体内部已存在的位错这种线缺陷来进行的,位错在较低的应力作用下就开始运动,并使得晶体中发生滑移的区域逐渐扩大,直至整个晶体中的原子都先后发生相对滑动。按照这一模型进行理论计算,所得到的切变强度的理论值比较接近于实测值。于是,人们开始把位错模型引入晶体变形和力学性能的研究中,初步形成了位错理论。但是在没有取得实验验证之前,对位错及相关理论进行了很长时间的争论。直至 20 世纪 50 年代,随着电子显微分析技术的发展,人们观察到了位错的形态和运动,有关位错的理论越来越多地为实验所证实之后,位错理论才被广泛地接受和应用,并取得了快速的发展。

已有研究指出,晶体的滑移并不是在整个晶面上一次完成的,而是通过一排排原子逐次移动完成的。图 2-4 所示的一排原子代表一个原子面,其中一个原子代表一列原子。当作用在完整晶体某晶面和某晶向的外加切应力 τ 达到临界分切应力时,晶体滑移面上、下的两层原子面便开始滑动。假设下层原子面不动,上层原子面沿着切应力方向平移,这个平移是通过各列原子依次滑移一个平衡位置完成的。图 2-4(b)所示为滑移过程中的一个状态。这时,1、2两列原子已滑移了一个平衡位置,3、4、5 各列原子虽开始滑移,但还未达到平衡位置,6、7、8 各列原子尚未滑移。这样,晶体中便出现了已滑移区和未滑移区。已滑移区与未滑移区的界限(3、4、5 列原子),即定义为位错。

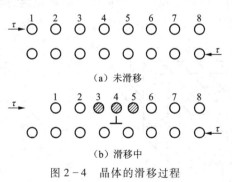

（a）未滑移

（b）滑移中

图 2-4　晶体的滑移过程

2.2.1　位错的基本类型和特征

由于晶体的滑移方式不同,所形成的位错类型也不同。根据位错的几何结构特征,可将它们分为两种基本类型,即刃型位错和螺型位错。

2.2.1.1 刃型位错

图 2-5 所示为晶体在外力 τ 的作用下，以 *ABCD* 面为滑移面发生滑移。在 *EFGH* 面以左，晶体已发生了滑移；此面以右，尚未滑移。*EFGH* 面即称为多余半原子面，它把晶体分成已滑移区和未滑移区，其界限即为位错。因为这种位错在晶体中有一个刀刃状的多余半原子面，所以叫做刃型位错。多余半原子面 *EFGH* 与晶体滑移面 *ABCD* 的交线 *EF* 就是刃型位错线。

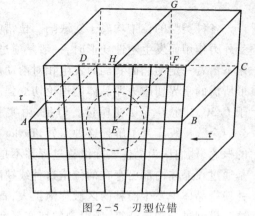

图 2-5　刃型位错

刃型位错的结构特点：

（1）刃型位错有一个多余半原子面。一般把多余半原子面在滑移面以上者，称为正刃型位错，以"⊥"号标示；反之，则为负刃型位错，以"⊤"号标示。其实刃型位错的正、负之分只具相对意义，而无本质的区别。

（2）刃型位错线可理解为晶体滑移面上已滑移区与未滑移区的边界线，它与形成位错的晶体滑移矢量和滑移方向垂直。

（3）刃型位错不只是一列原子，而是以位错线为中心轴的一个圆筒状区域，其半径一般为2~3 个原子间距。在此范围内，原子发生严重的错排。

（4）晶体中出现刃型位错之后，位错周围的点阵发生畸变，既有切应变，又有正应变。就正刃型位错而言，在滑移面上部，位错线周围的原子因受到压应力而向外偏离于平衡位置；在滑移面下部，位错线周围的原子因受拉力也偏离平衡位置。负刃型位错则与此相反。

2.2.1.2 螺型位错

螺型位错是另一种基本类型的位错，它的结构特点可用图 2-6 来加以说明。晶体在外加切应力 τ 的作用下，其右侧上下两部分晶体沿滑移面 *ABCD* 发生了错动，*EF* 以右为已滑移区，*EF* 以左为未滑移区，它们的界限就是位错。这种位错形成以后，所有原来与位错线相垂直的晶面都将由平面变成螺旋面（见图 2-7），因此称其为螺型位错。

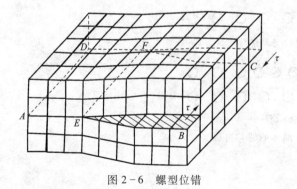

图 2-6　螺型位错

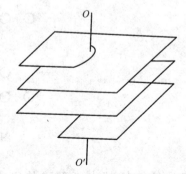

图 2-7　与螺型位错线垂直的晶面形状

位错线附近的晶体滑移面上、下两个原子面上的原子相对移动距离，随着与位错中心的距离不同而不同。图 2-8 表明了晶体上、下两个原子面上的原子相互错动的情况。图中以圆点

"•"表示滑移面下方的原子,用圆圈"○"表示滑移面上方的原子。可以看出,在 BC 右边晶体的上下层原子相对错动了一个原子间距,而在 BC 和 EF 之间出现了一个 3~4 个原子间距较宽的、上下层原子位置不相吻合的过渡区,这里原子的正常排列遭到破坏。EF 与 BC 之间即为位错区,OO' 可以看作是位错中心线。

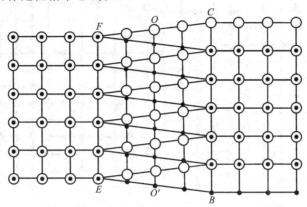

图 2 - 8　螺型位错线附近两层原子面间的原子移动情况

螺型位错的结构特点:

(1)螺型位错无多余半原子面,原子错排是呈轴对称的。螺型位错有左、右之分。若用拇指表示位错线方向,用其余四指表示与位错线垂直的晶面向前旋转的方向,则合乎右手者为右螺位错,左手者为左螺位错。

(2)螺型位错线与形成该位错的晶体滑移矢量和滑移方向平行。

(3)螺型位错也是一个圆筒状区域,其直径一般为 3~4 个原子间距。

(4)螺型位错线周围的点阵也发生了畸变,但是只有平行于位错线的切应变而无正应变,即不会引起体积膨胀和收缩。

2.2.1.3　混合位错

除了上面介绍的两种基本型位错外,还有一种形式更为普遍的位错,形成此种位错的晶体滑移矢量既不平行也不垂直于位错线,而是与位错线相交成任意角度,这种位错称为混合位错。图 2 - 9 所示为形成混合位错时晶体局部滑移的情况。这里,混合位错线是一条曲线。在 A 处,位错线与滑移矢量平行,因此是螺型位错;而在 C 处,位错线与滑移矢量垂直,因此是刃型位错;在 A 与 C 之间,位错线与滑移矢量既不垂直也不平行,每一小段位错线都可分解为刃型和螺型两个分量。混合位错附近的原子组态如图 2 - 10 所示。

图 2 - 9　局部滑移而形成的混合位错

位错也可在晶体内部形成封闭线,形成封闭线的位错称为位错环,如图 2 - 11 所示。图中的阴影区是滑移面上一个封闭的已滑移区。显然,位错环各处的位错类型也可按各处的位错线与滑移矢量之间的关系加以分析,如 A、B 两处分别是正、负刃型位错,C、D 两处分别是左、右螺型位错,其他各处均为混合位错。

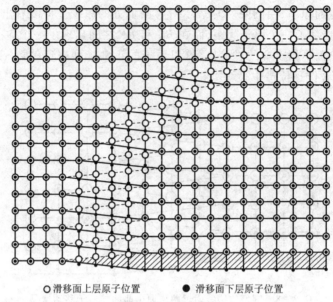

○滑移面上层原子位置　　●滑移面下层原子位置

图 2-10　混合位错

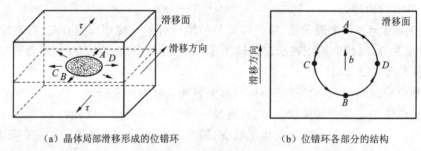

（a）晶体局部滑移形成的位错环　　　（b）位错环各部分的结构

图 2-11　晶体中的位错环

2.2.2　柏氏矢量

为了便于描述晶体中的位错以及更为确切地表征不同类型位错的特征,1939 年柏格斯(Burgers)提出了借助一个规定的矢量即柏氏矢量来揭示位错的本质。由于位错是晶体发生局部滑移而形成的,因此,通常将形成一个位错的晶体的滑移矢量定义为该位错的柏氏矢量,用 b 来表示。

2.2.2.1　柏氏矢量的确定

柏氏矢量可以通过柏氏回路来确定。图 2-12(a)、(b)分别为含有一个刃型位错的实际晶体和用作参考的不含位错的理想晶体。确定该刃型位错柏氏矢量的具体步骤如下:

（1）首先确定位错线的正方向,可以任意确定,习惯上常将由里向外、由左向右、由下向上的方向作为位错线的正方向。

（2）根据右手定则确定柏氏回路的方向,即以右手拇指方向指向位错线方向,其余四指方向为柏氏回路方向。

（3）在实际晶体中,从任一原子 M 出发,围绕位错线(避开位错线附近的严重畸变区)以一定的步数作闭合回路 $MNOPQ$(称为柏氏回路),如图 2-12(a)所示。

（4）在完整晶体中按同样的方向和步数作相同的回路，该回路并不闭合，由终点 Q 向始点 M 引一矢量，使该回路闭合，如图 2-12（b）所示。这个矢量 QM 就是实际晶体中刃型位错的柏氏矢量 $\boldsymbol{b}$。螺型位错的柏氏矢量也可按同样的方法确定，不过需要做三维回路，如图 2-13 所示。

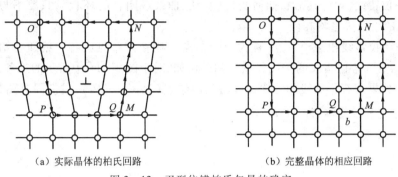

（a）实际晶体的柏氏回路　　　　　　　　（b）完整晶体的相应回路

图 2-12　刃型位错柏氏矢量的确定

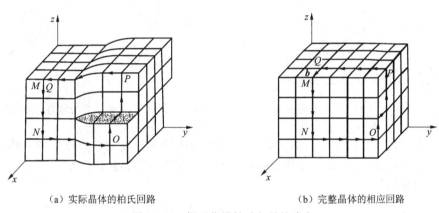

（a）实际晶体的柏氏回路　　　　　　　　（b）完整晶体的相应回路

图 2-13　螺型位错柏氏矢量的确定

2.2.2.2　柏氏矢量的表示方法

晶体中位错的柏氏矢量的大小和方向可以用它在三个坐标轴上的分矢量来表征。例如，在点阵常数为 a 的体心立方晶体中，若一个位错的柏氏矢量等于原点到其体心位置的矢量，则有 $\boldsymbol{b} = \dfrac{a}{2}\boldsymbol{i} + \dfrac{a}{2}\boldsymbol{j} + \dfrac{a}{2}\boldsymbol{k}$（$\boldsymbol{i}$、$\boldsymbol{j}$、$\boldsymbol{k}$ 为三个坐标轴的基矢），可写成 $\boldsymbol{b} = \dfrac{a}{2}[111]$。一般地，立方晶系中位错的柏氏矢量可表示为 $\boldsymbol{b} = \dfrac{a}{n}[uvw]$，其中 n 为正整数。

柏氏矢量的大小或模 $|\boldsymbol{b}| = \dfrac{a}{n}\sqrt{u^2 + v^2 + w^2}$ 表示位错周围点阵畸变的程度，称为位错强度。同一晶体中，位错的柏氏矢量越大，位错强度也越大，表明该位错导致的点阵畸变越严重，它所具有的能量也越高。

2.2.2.3　柏氏矢量的特性及意义

通过柏氏回路已经验证了柏氏矢量是与位错有关的矢量。不论所做柏氏回路的大小、形状、位置如何变化，怎样任意扩大、缩小或移动，只要它不与其他位错线相交，对给定的位错所确定的柏氏矢量是一定的。这就是说,一定位错的柏氏矢量是固定不变的,这一特性叫做柏氏矢量的守恒性。

由此可引出三条推论:

(1)一条位错线,无论其形状如何变化(直线、曲线或闭合的环状),只要不与其他位错线相交,其各处的柏氏矢量均相同。

(2)若数条位错线相交于一点(称为位错结点),则指向结点的各位错线的柏氏矢量之和应等于离开结点的各位错线的柏氏矢量之和。例如,对于图 2-14 中所示的三条位错线,即有 $b_1 = b_2 + b_3$。如果所有位错线的方向都同时指向结点(见图 2-15),或都同时离开结点,则它们的柏氏矢量之和恒为零,即 $\sum b_i = 0$。

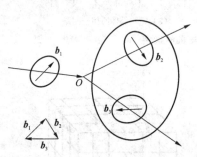
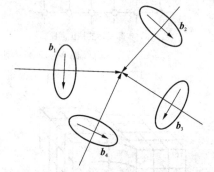

图 2-14　$b_1 = b_2 + b_3$ 的位错结点　　图 2-15　柏氏矢量总和为零的位错结点

(3)位错线不可能中断于晶体内部,这种性质称为位错的连续性。位错在晶体内部或者自成一个闭合的位错环,或者与其他位错相交于一个结点,或者终止于晶界,或者贯穿整个晶体而终止于晶体表面。

柏氏矢量是位错区别于其他晶体缺陷(如空位等点缺陷,表面等面缺陷)的一个特征,也是位错独特的性质。对于其他晶体缺陷,都不存在柏氏矢量。所以,亦可把位错定义为柏氏矢量不为零的晶体缺陷。

柏氏矢量与位错线之间的关系标志着位错的类型:

(1)柏氏矢量与位错线垂直时,是刃型位错。由此可以推断,刃型位错可以呈任意形状,它可以是直线,也可以是折线或曲线(见图 2-16),但与刃型位错相联系的多余半原子面一定是平面。也就是说,一条刃型位错线一定在同一平面上。

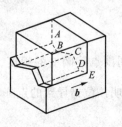
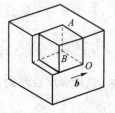
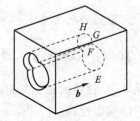

(a) ABCDE折线为位错线　　(b) ABC折线为位错线　　(c) EFHG环为位错环

图 2-16　各种形状的刃型位错

（2）柏氏矢量与位错线平行时,是螺型位错。由此可知,螺型位错线必定为一直线。

（3）柏氏矢量与位错线既不垂直也不平行时,是混合位错。可以认为,混合位错是由刃型位错和螺型位错叠加组合而成的。例如,柏氏矢量与位错线相交成 θ 角的混合位错即可分解成垂直和平行于位错线的刃型分量（$b_刃 = b_混 \cdot \sin\theta$）和螺型分量（$b_螺 = b_混 \cdot \cos\theta$）。

2.2.3　位错的运动

位错的最重要性质之一是它可以在晶体中运动。晶体在外力作用下发生塑性变形的过程,可以说是滑移区不断扩大的过程,而这个过程是通过已滑移区和未滑移区的界限——位错的运动完成的。位错的运动方式有两种最基本形式,即滑移和攀移。

2.2.3.1　位错的滑移

位错沿着由位错线和柏氏矢量所构成的晶面（称为位错的可滑移面）的运动,叫做位错滑移。滑移是位错运动的主要方式,刃型位错或螺型位错均可发生滑移。

图 2-17 所示为刃型位错的滑移过程。在外加切应力 τ 的作用下,位错线上及其附近的少数原子由"●"位置移动小于一个原子间距的距离到达"○"位置,使位错向左移动了一个原子间距。如果外加切应力继续作用,位错将继续向左逐步移动。如图 2-17（b）所示,随着位错的滑移,位错线所扫过的区域 ABCD（已滑移区）逐渐扩大,未滑移区则逐渐缩小,两个区域始终以位错线为边界线,当位错线沿滑移面滑移通过整个晶体时,就会在晶体表面沿柏氏矢量方向产生宽度为一个柏氏矢量大小的台阶,即造成了晶体的滑移。

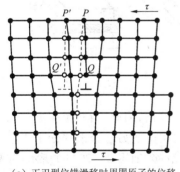

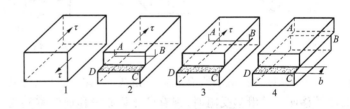

（a）正刃型位错滑移时周围原子的位移　　　　　　　　　　（b）滑移过程

图 2-17　刃型位错的滑移

值得注意的是,刃型位错的滑移方向始终垂直于位错线而平行于柏氏矢量。另外,位错的可滑移面必定是同时包含有位错线和滑移矢量的晶面,在其他面上位错不能滑移。由于在刃型位错中位错线与滑移矢量互相垂直,因此,刃型位错的可滑移面只有一个,即刃型位错的滑移限于单一的滑移面上。

图 2-18（a）表示螺型位错滑移时周围原子的位移情况（图面为滑移面,图中"●"表示滑移面以上的原子,"○"表示滑移面以下的原子）。由此可见,如同刃型位错一样,螺型位错滑移时位错线及其附近原子的移动量很小,即可使位错线从 EF 移动到 E'F'。当位错线沿滑移面滑过整个晶体时,同样会在晶体表面沿柏氏矢量方向产生宽度为一个柏氏矢量的台阶[见图 2-18（b）]。应当注意,螺型位错的滑移方向与位错线垂直,也与柏氏矢量垂直。对于螺

型位错,由于位错线与柏氏矢量平行,故它的可滑移面有无数个,这些面均属于以螺型位错的柏氏矢量(或位错线)所在晶向为轴的晶带。

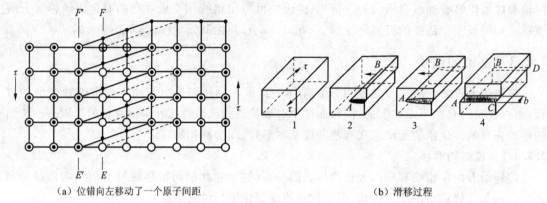

（a）位错向左移动了一个原子间距　　　　　　　　　　　　　（b）滑移过程

图 2-18　螺型位错滑移

图 2-19 是混合位错沿滑移面的滑移过程。该混合位错在外加切应力 τ 的作用下将沿位错线上各点的法线方向在滑移面上向外扩展,最终使滑移面上、下两部分晶体沿其柏氏矢量方向相对移动一个柏氏矢量大小的距离。

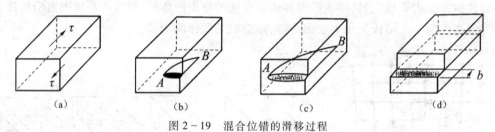

（a）　　　　　　（b）　　　　　　（c）　　　　　　（d）

图 2-19　混合位错的滑移过程

对于螺型位错,由于所有包含位错线的晶面都可成为其滑移面,因此,当一个螺型位错在其原滑移面上的滑移受阻时,则有可能从原滑移面转移到与之相交的另一个滑移面上去继续滑移,而且保持晶体的滑移方向不变,这一过程称为位错的交滑移,如图 2-20(b) 所示;如果交滑移后的螺型位错在新滑移面上再次受阻,它可以又转回和原滑移面平行的面上继续滑移,这称为双交滑移,如图 2-20(c) 所示。

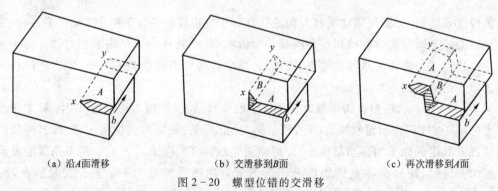

（a）沿A面滑移　　　　　　（b）交滑移到B面　　　　　　（c）再次滑移到A面

图 2-20　螺型位错的交滑移

2.2.3.2 位错的攀移

刃型位错除了可以在滑移面上滑移外,还可以在垂直于滑移面的方向上运动,这种运动称为攀移。刃型位错的攀移实际上就是多余半原子面在垂直于位错线方向上的扩大或缩小。图 2－21 所示为正刃型位错的攀移情况,其中图 2－21(b)给出了位错线的原始位置,图 2－21(a)、(c)分别表示位错线向上、向下攀移了一个原子间距之后的情况。

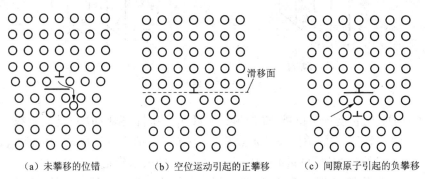

(a) 未攀移的位错　　　　(b) 空位运动引起的正攀移　　　(c) 间隙原子引起的负攀移

图 2－21　刃型位错的攀滑移运动模型

刃型位错的攀移是靠原子或空位的迁移来实现的。当原子从多余半原子面下端转移到别处去(如晶格间隙处),或者空位从别处迁移到多余半原子面下端时,多余半原子面将缩小,位错向上运动,则发生正攀移[见图 2－21(a)];反之,当原子从别处迁移到多余半原子面下端,多余半原子面将扩大,位错向下运动,发生负攀移[见图 2－21(c)]。

由于攀移伴随着位错线附近原子的增加或减少,即需要通过原子迁移才能进行,故把位错的攀移运动称为"非守恒运动",而相对应的位错滑移称为"守恒运动"。位错攀移需要热激活,较之滑移所需的能量更大。对大多数材料,在室温下位错很难进行攀移,只有在较高温度下,位错的攀移才较为容易实现。另外,作用于刃型位错多余半原子面上的正应力有助于位错进行攀移,其中压应力能促进正攀移,拉应力则可促进负攀移。晶体中的过饱和点缺陷也能促进位错攀移,是位错攀移的动力之一。螺型位错由于没有多余半原子面,因此,它不会发生攀移。

2.2.4　运动位错的交割

当一个位错在其滑移面上滑移时,会与穿过滑移面的其他位错(通常将穿过此滑移面的其他位错称为林位错)相遇。当外力足够大时,两个相遇的位错便会交叉通过,继续向前滑移。位错间交叉通过的行为即称为位错交割。

2.2.4.1 割阶与扭折

位错之间发生交割后,位错线常常变成折线,即形成扭折线段。此扭折线段如果在位错滑移过程中可以消失,则称为位错扭折,如果在位错滑移过程中不能消失,就称为位错割阶。

图 2－22 中,柏氏矢量为 b_1 的位错 AB 在其滑移面 S_1 上滑移时,与 S_2 面上的位错 CD 相遇,在较大的外力作用下,AB 交叉通过 CD。由于 AB 在滑移面 S_1 上滑移时,会使 S_1 面上、下的晶体产生一个矢量为 b_1 的相对滑移,与 S_1 相交的晶面 S_2 必然发生扭折,形成一个台阶,台阶面在 S_1 上且与 b_1 平行,台阶面的宽度等于 b_1。在 S_2 面上的位错 CD 自然也随着 S_2 面发生扭折,成为一条折线 $C'O-OO'-O'D$,于是,产生了扭折线段 OO'。下面我们分析这个扭折线段。

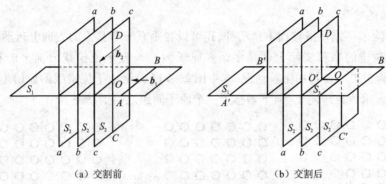

（a）交割前　　　　　　　　　　（b）交割后

图 2 - 22　位错的交割

扭折线段 OO' 的长度等于位错 AB 的柏氏矢量 b_1。扭折线段 OO' 也是位错线。因为它属于位错线 CD 的一部分，它的柏氏矢量 b_{OO} 等于原位错 CD 的柏氏矢量 b_2。扭折线段 OO' 的位错类型由它与自身的（也是原位错的）柏氏矢量 b_2 之间的关系确定为 $OO' \perp b_2$ 时，为刃型位错；$OO' /\!/ b_2$ 时，为螺型位错；OO' 与 b_2 成其他任何角度时，均为混合位错。当然，这里指的是扭折线段的初始状态。扭折线段 OO' 的滑移面就是 OO' 与柏氏矢量 b_2 构成的晶面，即图 2 - 22 中的 S_3 面。在图 2 - 22 所示的情况下，S_3 与 S_1 是同一晶面。

扭折线段 OO' 在位错滑移时能否保存下来成为割阶，要看它的滑移面 S_3 与原位错的滑移面 S_2 是否重合，或者说 OO' 在不在原位错的滑移面 S_2 上。如果扭折线段 OO' 在原位错的滑移面 S_2 上，当原位错滑移时，它就会因原位错被拉直而消失。这样的扭折线段就是扭折，而不能成为割阶。如果扭折线段 OO' 不在原位错的滑移面 S_2 上，它就不会在原位错滑移时消失，这样扭折线段就成为割阶。

割阶又按它是否可以随着原位错一起滑移而分为可动割阶与不动割阶。当割阶的滑移方向与原位错的滑移方向一致时，割阶可以随着原位错一起滑移，称为可动割阶或滑移割阶（图 2 - 22 中的 OO' 即是可动割阶）；有些割阶的滑移方向与原位错滑移方向不一致，便不可能随着原位错一起滑移，只能在很大应力作用下，被原位错拖着攀移，这样的割阶称为不动割阶或攀移割阶。

2.2.4.2　几种典型的位错交割

（1）两个柏氏矢量互相垂直的刃型位错的交割。图 2 - 23 所示的 AB、CD 分别是在 S_1、S_2 两滑移面上的刃型位错，它们的柏氏矢量分别为 b_1、b_2，且 $b_1 \perp b_2$。若 AB 位错向下滑移与 CD 位错交割，交割后可在位错线 CD 上产生扭折线段 OO'。显然，OO' 的大小和方向与 b_1 相同，并与柏氏矢量 b_2 垂直，因而 OO' 是刃型位错，且它不在原位错 CD 的滑移面 S_2 上，故是割阶；OO' 的可滑移面为 S_3，其滑移方向与原位错 CD 的滑移方向一致，故为可动割阶。至于位错 AB，由于它的位错线平行于 b_2，因此，交割后不会在 AB 上形成扭折线段。

（2）两个柏氏矢量互相平行的刃型位错的交割。图 2 - 24 所示的 AB、CD 分别是在 S_1、S_2 两滑移面上的刃型位错，它们的柏氏矢量分别为 b_1、b_2，且 $b_1 /\!/ b_2$。相互交割后，在 AB 和 CD 位错线上分别出现平行于 b_2、b_1 的扭折线段 O_1O_1' 和 O_2O_2'，它们分别平行于各自的柏氏矢量，因此均属螺型位错。由于 O_1O_1' 和 O_2O_2' 分别在其原位错的滑移面上，在原位错向前滑移过程中都将因位错线被拉直而消失，故 O_1O_1' 和 O_2O_2' 均为扭折。

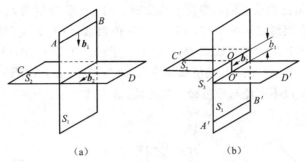

图 2 - 23　两个柏氏矢量互相垂直的刃型位错的交割

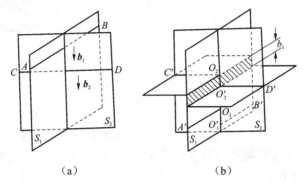

图 2 - 24　两个柏氏矢量互相平行的刃型位错的交割

（3）柏氏矢量互相垂直的刃型位错和螺型位错的交割。如图 2 - 25 所示，柏氏矢量为 b_1 的刃型位错 AB 在 S_1 面上滑移，与在 S_2 面上滑移的螺型位错 CD 交割后，在刃型位错 AB 上形成大小等于且方向平行于 b_2 的扭折线段 $O_1O_1{}'$，其柏氏矢量为 b_1。可以判定：该扭折线段为刃型位错，它以螺型位错 CD 的滑移面 S_2 为滑移面，其滑移方向与原位错 AB 的滑移方向一致，因此，$O_1O_1{}'$ 为可动割阶。而螺型位错 CD 被与它垂直的刃型位错 AB 交割后形成的扭折线段 O_2 $O_2{}'$ 正好在原螺型位错的滑移面上，因此在原螺型位错滑移时将被拉直，不能成为割阶，只能是扭折。

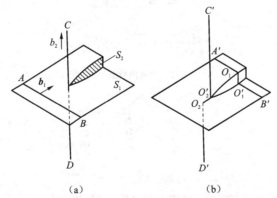

图 2 - 25　柏氏矢量互相垂直的刃型位错和螺型位错的交割

（4）两个柏氏矢量互相垂直的螺型位错的交割。柏氏矢量分别为 b_1、b_2，互相垂直的螺型位错 AB、CD 之间的交割情况如图 2-26 所示。CD 位错被 AB 位错交割后在 CD 位错上形成大小等于且方向平行于 b_1 的扭折线段 OO'，它垂直于柏氏矢量 b_2，为刃型位错，其滑移面为 OO' 与 b_2 构成的 S_3 面，与原位错 CD 的滑移面垂直，故为割阶，由于 OO' 的滑移方向与 CD 位错的滑移方向也垂直，所以不可能与原位错一起滑移，是不动割阶。同样，AB 位错被 CD 位错交割后也形成不动割阶。

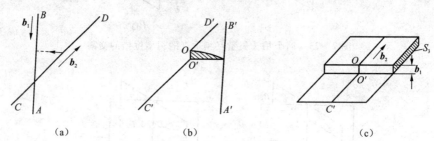

图 2-26　两个柏氏矢量互相垂直的螺型位错的交割

综上所述，运动位错交割后，每一位错线上都可能产生一扭折或割阶，其大小和方向取决于另一位错的柏氏矢量，但具有原位错的柏氏矢量；所有的割阶都是刃型位错，而扭折可以是刃型也可是螺型的；刃型位错被交割后若形成割阶，一定是可动割阶，而螺型位错被交割后所形成的割阶一定是不动割阶。

2.2.4.3　带割阶位错的运动

带割阶的螺型位错的运动，按割阶高度的不同，可分为三种情况。

第一种是带小割阶的螺型位错运动。一般情况下，小割阶的高度只有 1~2 个原子间距。在温度较高、外加应力足够大的条件下，这样的割阶可以被螺型位错拖动，即割阶随着原螺型位错的滑移而发生攀移，并在割阶后面留下一串空位或间隙原子，如图 2-27 所示。

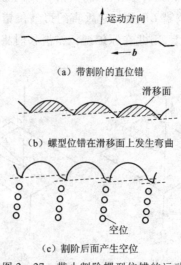

（a）带割阶的直位错

（b）螺型位错在滑移面上发生弯曲

（c）割阶后面产生空位

图 2-27　带小割阶螺型位错的运动

第二种是带中等尺寸割阶的螺型位错运动。此种割阶的高度为几个至 20 个原子间距。由于割阶尺寸较大,螺型位错就会被割阶的两端(见图 2-28 所示的 O、P)钉扎住,而不可能拖着割阶滑移。当外加应力足够大,以至可使 CO、PD 位错向前滑移时,就从割阶的两端引出一对异号刃位错线段,如图 2-28(b) 中的 OO' 和 PP',称为位错偶。当位错偶达到一定长度后,即与原螺型位错线脱离,形成一个位错环,而原位错又恢复到原来带割阶的状态。继而,长的位错环又会进一步分裂成若干小的位错环。

第三种情况是割阶的高度很大,为 20~30 个原子间距。带这种大割阶的螺型位错滑移时,割阶的钉扎作用更为显著,以至于割阶以外的螺型位错 OM、$O'N$ 只能以割阶为轴,独立地在各自的滑移面 S_1 和 S_2 上旋转(见图 2-29)。这实际上也是在晶体中实现位错增殖的一种方式。

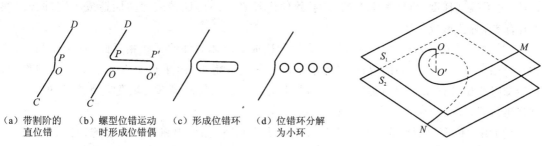

(a) 带割阶的　　(b) 螺型位错运动　　(c) 形成位错环　　(d) 位错环分解
　　直位错　　　　时形成位错偶　　　　　　　　　　　　　为小环

图 2-28　带中等割阶螺型位错的运动

图 2-29　大割阶 OO' 两端的螺型位错
OM、$O'N$ 在各自的滑移面上旋转

对于带割阶的刃型位错,尽管割阶能够与原位错一起滑移,但此时割阶的滑移面并不一定是晶体的最密排面,故原刃型位错滑移时将受到割阶的阻碍作用,然而相对于带割阶的螺型位错而言,其滑移阻力则小得多。

2.2.5　位错的形成和增殖

2.2.5.1　位错密度

除了精心制作的晶须外,在通常的晶体中都存在大量的位错。晶体中位错的数量常用位错密度来表示。

位错密度定义为单位体积晶体中所含有的位错线的总长度,其数学表达式为

$$\rho = \frac{L}{V}(\mathrm{cm}^{-2}) \qquad (2-7)$$

式中,L 为位错线的总长度;V 是晶体的体积。

在实际上,要测定晶体中位错线的总长度是不可能的。为了简便起见,常把位错线当作直线,并且假定晶体的位错是平行地从晶体的一端延伸到另一端。这样,位错密度就等于穿过单位面积的位错线数目,即

$$\rho = \frac{nl}{Al} = \frac{n}{A} \qquad (2-8)$$

式中,l 为每条位错线的长度;n 为穿过面积为 A 的晶面的位错数目。

显然,并不是所有位错线都与上述晶面相交,故按此求得的位错密度将小于实际值。

实验结果表明,一般经充分退火的多晶体金属晶体中,位错密度为 $10^6 \sim 10^8\,\mathrm{cm}^{-2}$,但经精

心制备和处理的超纯金属单晶体,位错密度可低于 $10^3\,cm^{-2}$,而经过剧烈冷变形的金属晶体,其内部的位错密度可高达 $10^{10}\sim10^{12}\,cm^{-2}$。

2.2.5.2 位错的形成

前已述及,大多数晶体中的位错密度都很高,即使精心制备的超纯金属单晶体中也存在着许多位错。这些原始位错究竟是通过哪些途径形成的?晶体中的位错形成途径主要可有以下几种。

(1)在晶体凝固过程中形成。其主要来源:熔体流动时对晶体的冲击,使晶体表面原子发生错排而形成台阶;晶体生长过程中相邻晶粒之间发生碰撞;熔体中杂质或溶质原子在凝固过程中不均匀分布使晶体的先后凝固部分成分不同,从而点阵常数也有差异,可能形成位错作为过渡;由于温度梯度、机械振动等的影响,致使生长着的晶体偏转或弯曲而造成不同部分之间的位向差,都会形成位错。

(2)由晶体在冷却时产生的局部内应力所造成。晶体内部的某些相界面(如夹杂物、碳化物等第二相与基体相之间的界面)、晶界等处和微裂纹附近,由于热应力和组织应力的作用,在冷却过程中往往出现应力集中现象,当此应力高至足以使该局部区域发生滑移时,就在该区域产生位错。

(3)由空位聚集而形成。自高温以较快速度冷却时,晶体内将产生大量的过饱和空位,它们有聚集成片以降低能量的趋势。晶体中的空位片足够大时,其两侧的晶体就会塌陷,在周围形成一个位错环。

2.2.5.3 位错的增殖

如前所述,晶体在受力时的滑移是通过位错滑移而实现的。当一个位错从晶体内部滑移至晶体表面时,即可使晶体产生大小为一个位错柏氏矢量的相对滑移,并造成晶体发生宏观塑性变形。但按照这种观点,变形后晶体内部的位错数目应越来越少。然而,事实恰恰相反,经剧烈塑性变形后的晶体中,位错密度可增加 $4\sim5$ 个数量级。这个现象充分说明,晶体在变形过程中位错必然在不断地增殖。

位错的增殖机制有多种,其中一种主要方式是弗兰克－瑞德(Frank－Read)位错增殖机制,简称弗兰克－瑞德位错源或 F－R 源。

图 2－30 所示即为弗兰克－瑞德位错增殖机制。若某滑移面上有一段刃型位错 AB,它的两端被钉扎住而不能运动。现沿位错柏氏矢量方向施加一切应力 τ,则作用在位错线上的力为 $F=\tau b$,此作用力与位错线垂直,应使位错沿滑移面向前滑移,但由于 AB 两点被固定,所以只能使位错线 AB 发生弯曲。当外加应力 τ 增加到使位错线弯成半圆后[见图 2－30(b)],位错线 AB 沿着它的法线方向向外扩展,其两端则分别绕着两钉扎点 A、B 发生旋转[见图 2－30(c)]。这是因为在位错线弯曲过程中,各点的柏氏矢量不变,所以在均匀的外力作用下,位错线上各点处的受力大小相同,因而位错线上各点向外扩展的线速度是相同的。这样,距钉扎点 A、B 越近的地方,其角速度必然越大,致使位错线分别围绕 A、B 两点卷曲。因为同一条位错线上的柏氏矢量处处相等,所以在位错线弯曲、卷曲过程中,各段位错线的位错类型将发生改变。如在图 2－30(d)所示的状态下,在 2、4、6 各点,分别为正、负刃型位错,而在 1、3、5、7 各点,分别为左、右螺型位错。随着位错线向外扩展,最终会在 1、7 两点处相遇。由于 1、7 两点为异号螺型位错,两者相遇时就相互抵消,形成一闭合的位错环和位错环内的一小段弯曲位错

线,如图 2-30(e)所示。只要外加应力继续作用,位错环便继续向外扩张,同时环内的弯曲位错将被拉直,恢复到原始状态,并重复以前的动作,络绎不绝地产生新的位错环,从而造成位错的增殖,并使晶体产生可观的滑移变形。

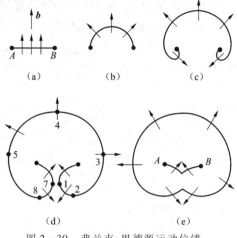

弗兰克-瑞德位错增殖机制已为实验所证实,人们已在 Si、Cd 及 Al-Cu、Al-Mg 合金、不锈钢等晶体中直接观察到了类似的 F-R 源的迹象。

此外,螺型位错经双交滑移后可形成刃型割阶,由于此割阶不在原螺型位错的滑移面上,因此它不能随原螺型位错一起向前滑移,便对原螺型位错产生"钉扎"作用,并使原螺型位错在其滑移面上滑移时成为一个 F-R 源。图 2-31 给出了螺型位

图 2-30 弗兰克-里德源运动位错

错双交滑移的位错增殖机制。由于螺型位错发生交滑移后形成了两个刃型割阶 AC 和 BD,因而使位错在新滑移面上滑移时成为一个 F-R 源。有时在第二个(111)面上扩展出的位错又可以通过交滑移转移到第三个(111)面上进行增殖,从而使位错数量迅速增加。因此,它是比上述的弗兰克-瑞德位错源更有效的增殖机制。

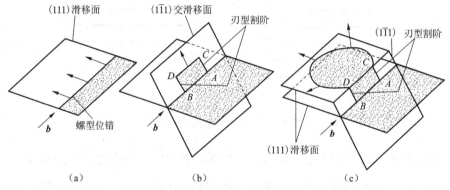

图 2-31 螺型位错通过双交滑移增殖机制

2.2.6 实际晶体结构中的位错

2.2.6.1 实际晶体中位错的柏氏矢量

简单立方晶体中位错的柏氏矢量 *b* 总是等于点阵矢量。但实际晶体中,位错的柏氏矢量除了等于点阵矢量外,还可能小于或大于点阵矢量。通常把柏氏矢量等于单位点阵矢量的位错称为"单位位错";把柏氏矢量等于点阵矢量或其整数倍的位错称为"全位错",故全位错滑移后晶体原子排列不变;把柏氏矢量不等于点阵矢量整数倍的位错称为"不全位错",而柏氏矢量小于点阵适量的称为"部分位错",不全位错滑移后原子排列规律发生了变化。

实际晶体结构中,位错的柏氏矢量不能是任意的,它要符合晶体的结构条件和能量条件。晶体结构条件是指柏氏矢量必须连接一个原子平衡位置到另一平衡位置。从能量条件看,由

位错能量正比于 b^2，因此 b 越小则越稳定，即单位位错应该是最稳定的位错。

表 2-1 所示为典型晶体结构中，单位位错的柏氏矢量及其大小和数量。

表 2-1　典型晶体结构中单位位错的柏氏矢量

结构类型	柏氏矢量	方向	$\|b\|$	数量
简单立方	$a<100>$	$<100>$	a	3
面心立方	$\dfrac{a}{2}<110>$	$<110>$	$\dfrac{1}{2}\sqrt{2}a$	6
体心立方	$\dfrac{a}{2}<111>$	$<111>$	$\dfrac{1}{2}\sqrt{3}a$	4
密排六方	$\dfrac{a}{3}<11\bar{2}0>$	$<11\bar{2}0>$	a	3

2.2.6.2　堆垛层错

实际晶体中所出现的不全位错通常与其原子堆垛结构的变化有关。第 1 章中曾述及，密排晶体结构可看成由许多密排原子面按一定顺序堆垛而成，面心立方结构是以密排的 $\{111\}$ 按 $ABCABC\cdots$ 顺序堆垛而成的；密排六方结构则是以密排面 $\{0001\}$ 按 $ABAB\cdots$ 顺序堆垛起来的。为了方便起见，若用 △ 表示 AB，BC，CA，$\cdots$ 顺序；▽ 表示相反的顺序，如 BA，AC，CB，$\cdots$。因此，面心立方结构的堆垛顺序表示为 △△△△$\cdots$[见图 2-32(a)]，密排六方结构的堆垛顺序表示为 ▽△▽△$\cdots$[见图 2-32(b)]。

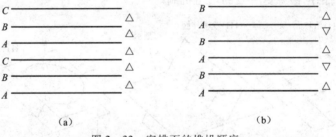

（a）　　　　　　　　　　　　　　　　（b）

图 2-32　密排面的堆垛顺序

实际晶体结构中，密排面的正常堆垛顺序有可能遭到破坏和错排，称为堆垛层错，简称层错。例如，面心立方结构的堆垛顺序若变成 $ABC\overset{\downarrow}{}BCA\cdots$（即 △△▽△△$\cdots$），其中箭头所指相当于抽出一层原子面（$A$ 层），则称为抽出型层错，如图 2-33(a)所示；相反，若在正常堆垛顺序中插入一层原子面（B 层），即可表示为 $ABC\overset{\downarrow}{}B\overset{\downarrow}{}ABCA\cdots$（△△▽▽△△$\cdots$），其中箭头所指的为插入 B 层后所引起的二层错排，称为插入型层错，如图 2-33(b)所示。两者对比结果，可见一个插入型层错相当于两个抽出型层错。从图 2-33 中还可看出，面心立方晶体中存在堆垛层错时相当于在其间形成了一薄层的密排六方晶体结构。

密排六方结构也可能形成堆垛层错，其层错包含有面心立方晶体的堆垛顺序：具有抽出型层错时，堆垛顺序变为 $\cdots\triangledown\triangle\triangledown\triangle\triangledown\triangle\cdots$，即 $\cdots BABACAC\cdots$；而插入型层错则为 $\cdots\triangledown\triangle\triangledown\triangle\triangledown\triangle\triangledown\cdots$，即 $\cdots BABACBCB\cdots$

体心立方晶体的密排面 $\{110\}$ 和 $\{100\}$ 的堆垛顺序只能是 $ABABAB\cdots$，故这两组密排面上不可能有堆垛层错。但是，它的 $\{112\}$ 面堆垛顺序却是周期性的，如图 2-34 所示。由于立方结构中相同指数的晶向与晶面互相垂直，所以可沿 $[\bar{1}\bar{1}2]$ 方向观察 $(\bar{1}\bar{1}2)$ 面的堆垛顺序为

ABCDEFAB…。当 {112} 面的堆垛顺序发生差错时, 可产生堆垛层错 *ABCDCDEFA…*

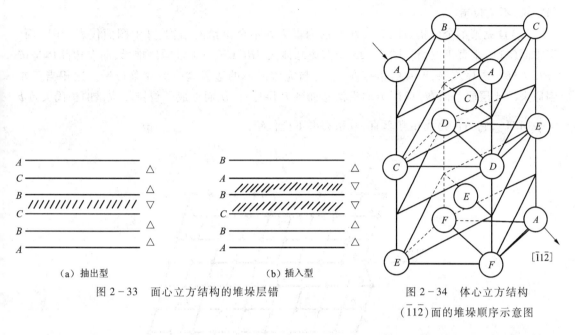

（a）抽出型　　　　　　　　　　（b）插入型

图 2-33　面心立方结构的堆垛层错

图 2-34　体心立方结构
$(\bar{1}1\bar{2})$ 面的堆垛顺序示意图

　　形成层错时几乎不产生点阵畸变, 但它破坏了晶体的完整性和正常的周期性, 使电子发生反常的衍射效应, 故使晶体的能量有所增加, 这部分增加的能量称堆垛层错能 $\gamma(J/m^2)$。它一般可用实验方法间接测得。表 2-2 列出了部分面心立方结构晶体层错能的参考值。从能量的观点来看, 显然, 晶体中出现层错的几率与层错能有关, 层错能越高则几率越小。如在层错能很低的奥氏体不锈钢中, 常可看到大量的层错, 而在层错能高的铝中, 就看不到层错。

表 2-2　一些金属的层错能和平衡距离

金　　属	层错能 $\gamma(J/m^2)$	不全位错的平衡距离 d(原子间距)	金　　属	层错能 $\gamma(J/m^2)$	不全位错的平衡距离 d(原子间距)
银	0.02	12.0	铝	0.20	1.5
金	0.06	5.7	镍	0.25	2.0
铜	0.04	10.0	钴	0.02	35.0

2.2.6.3　不全位错

　　若堆垛层错不是发生在晶体的整个原子面上而只是部分区域存在, 那么, 在层错与完整晶体的交界处就存在柏氏矢量 *b* 不等于点阵矢量的不全位错, 如图 2-35 所示。

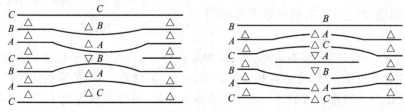

图 2-35　层错的边界为位错

在面心立方晶体中,有两种重要的不全位错:肖克莱(Shockley)不全位错和弗兰克(Frank)不全位错。

(1)肖克莱不全位错。图2-36所示为肖克莱不全位错的结构,其中图面代表($10\bar{1}$)面,密排面(111)垂直于图面。图2-36中右边晶体按 $ABCABC\cdots$ 正常顺序堆垛,而左边晶体是按 $ABCBCAB\cdots$ 顺序堆垛,即有层错存在,层错与完整晶体的边界就是肖克莱位错。这相当于左侧原来的 A 层原子面在 $[1\bar{2}1]$ 方向沿滑移面到 B 层位置,从而形成了位错。位错的柏氏矢量 $b = \frac{a}{6}[1\bar{2}1]$,它与位错线相互垂直,故系刃型不全位错。

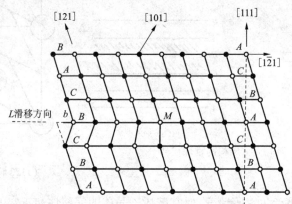

图2-36 面心立方晶体中的肖克莱不全位错

根据其柏氏矢量与位错线的夹角关系,它既可以是纯刃型,也可以是纯螺型或混合型。肖克莱不全位错可以在其所在的 {111} 面上滑移,滑移的结果使层错扩大或缩小。但是,即使是纯刃型的肖克莱不全位错也不能攀移,这是因为它有确定的层错相连,若进行攀移,势必离开此层错面,故不可能进行。

(2)弗兰克不全位错。图2-37所示为抽去半层密排面形成的弗兰克不全位错。与抽出型层错联系的不全位错通常称负弗兰克不全位错,而与插入型层错相联系的不全位错称为正弗兰克不全位错。它们的柏氏矢量都属于 $\frac{a}{3}<111>$,且都垂直于层错面 {111},但方向相反。弗兰克位错属纯刃型位错。显然这种位错不能在滑移面上进行滑移运动,否则将使其离开所在的层错面,但能通过点缺陷的运动沿层错面进行攀移,使层错面扩大或缩小。

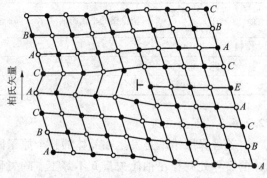

图2-37 抽去一层密排面形成的弗兰克不全位错

所以弗兰克不全位错又称不滑动位错或固定位错,而肖克莱不全位错则属于可动位错。不全位错特性和全位错一样,亦由其柏氏矢量来表征。但注意,不全位错的柏氏回路的起始点必须从层错上出发。密排六方晶体和面心立方晶体相似,可以形成肖克莱不全位错或弗兰克不全位错。对于体心立方晶体,当在 {112} 面出现堆垛层错时,在层错边界也出现不全位错。

2.2.6.4　位错反应

实际晶体中,组态不稳定的位错可以转化为组态稳定的位错;具有不同柏氏矢量的位错线可以合并为一条位错线;反之,一条位错线也可以分解为两条或更多条具有不同柏氏矢量的位错线。通常,将位错之间的相互转化(分解或合并)称为位错反应。

位错反应能否进行,决定于是否满足如下两个条件:

(1)几何条件:按照柏氏矢量守恒性的要求,反应后诸位错的柏氏矢量之和应该等于反应前诸位错的柏氏矢量之和,即

$$\sum b_b = \sum b_a \qquad (2-9)$$

(2)能量条件:从能量角度,位错反应必须是一个伴随着能量降低的过程。为此,反应后各位错的总能量应小于反应前各位错的总能量。由于位错能量正比于 b^2,故可近似地把一组位错的总能量看作 $\sum |b_i|^2$,于是便可引入位错反应的能量判据,即

$$\sum |b_b|^2 > \sum |b_a|^2 \qquad (2-10)$$

下面将结合实际晶体中的位错组态进行讨论。

2.2.6.5　面心立方晶体中的位错

1. 汤普森(Thompson N.)四面体

面心立方晶体中所有重要的位错和位错反应,可用汤普森提出的参考四面体和一套标记,清晰而直观地表示出来。

如图 2 - 38 所示,A、B、C、D 依次为面心立方晶胞中 3 个相邻表面的面心和坐标原点,以 A、B、C、D 为顶点连成一个由 4 个 {111} 面组成的,且其边平行于 <110> 方向的四面体,这就是汤普森四面体。如果 α、β、γ、δ 分别代表与 A、B、C、D 点相对面的中心,把 4 个面以三角形 ABC 为底投影,得图 2 - 38(b)。

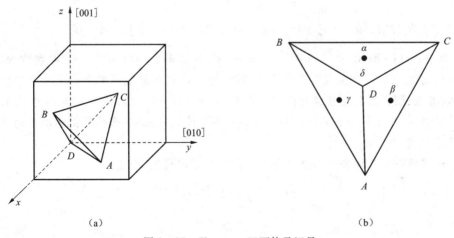

(a) 　　　　　　　　　　　　　(b)

图 2 - 38　Thompson 四面体及记号

由图 2 - 38 可知:

(1)四面体的 4 个面即为 4 个可能的滑移面:(111),$(\bar{1}11)$,$(1\bar{1}1)$,$(11\bar{1})$ 面。

(2)四面体的 6 个棱边代表 12 个晶向,即为面心立方晶体中全位错 12 个可能的柏氏

矢量。

（3）每个面的顶点与其中心的连线代表 24 个 $\frac{1}{6}<112>$ 型的滑移矢量，它们相当于面心立方晶体中可能的 24 个肖克莱不全位错的柏氏矢量。

（4）4 个顶点到它所对的三角形中点的连线代表 8 个 $\frac{1}{3}<111>$ 型的滑移矢量，它们相当于面心立方晶体中的 8 个弗兰克不全位错的柏氏矢量。

（5）4 个面中心相连，即 $\alpha\beta$、$\alpha\gamma$、$\alpha\delta$、$\beta\gamma$、$\gamma\delta$、$\beta\delta$ 为 $\frac{1}{6}<110>$，是压杆位错的一种。

有了汤普森四面体，面心立方晶体中各类位错反应尤其是复杂的位错反应都可极为简便地用相应的汤普森符号来表达。例如（111）面上柏氏矢量为 $\frac{a}{2}[\bar{1}10]$ 全位错的分解，可以简便地写为

$$BC \rightarrow B\delta + \delta C \tag{2-11}$$

2. 扩展位错

面心立方晶体中，能量最低的全位错是处在 $\{111\}$ 面上的相氏矢量，它为 $\frac{a}{2}<110>$ 的单位位错。现考虑它沿 $\{111\}$ 面的滑移情况。

从第 1 章中已知，面心立方晶体 $\{111\}$ 面是按 $ABCABC\cdots$ 顺序堆垛的。若单位位错 $b=\frac{a}{2}[\bar{1}10]$ 在切应力作用下沿着（111）$[\bar{1}10]$ 在 A 层原子面上滑移时，则 B 层原子从 B_1 位置滑动到相邻的 B_2 位置，需要越过 A 层原子的"高峰"，这需要提供较高的能量。但如果滑移分两步完成，即先从 B_1 位置沿 A 层原子间的"低谷"滑移到邻近的 C 位置，即 $b_1=\frac{1}{6}[\bar{1}2\bar{1}]$；然后再由 C 滑移到另一个 B_2 位置，即 $b_2=\frac{1}{6}[\bar{2}11]$ 这种滑移比较容易。显然，第一步当 B 层原子移到 C 位置时，将在（111）面上导致堆垛顺序变化，即由原来的 $ABCABC\cdots$ 正常堆垛顺序变为 $ABCACB\cdots$，而第二步从 C 位置再移到 B 位置时，则又恢复正常堆垛顺序。既然第一步滑移造成了层错，那么，层错区与正常区之间必然会形成两个不全位错。故 b_1 和 b_2 为肖克莱不全位错。也就是说，一个全位错 b 分解为两个肖克莱不全位错 b_1 和 b_2，全位错的运动由两个不全位错的运动来完成，即 $b=b_1+b_2$。

这个位错反应从几何条件和能量条件来判断均是可行的，因为

$$\frac{a}{2}[\bar{1}10] \rightarrow \frac{a}{6}[\bar{1}2\bar{1}] + \frac{a}{6}[\bar{2}11] \tag{2-12}$$

几何条件

$$\frac{a}{6}[\bar{1}2\bar{1}] + \frac{a}{6}[\bar{2}11] + \frac{a}{2}[\bar{1}10] \tag{2-13}$$

能量条件

$$b^2 = \frac{1}{2}a^2, b_1^2 + b_2^2 = \frac{a^2}{6} + \frac{a^2}{6} = \frac{1}{3}a^2 \tag{2-14}$$

故

$$b^2 > b_1^2 + b_2^2 \qquad (2-15)$$

由于这两个不全位错位于同一滑移面上,彼此同号且其柏氏矢量的夹角 θ 为 $60°$,又 $\theta < \dfrac{\pi}{2}$,故它们必然相互排斥并分开,其间夹着一片堆垛层错区。通常把一个全位错分解为两个不全位错,中间夹着一个堆垛层错的整个位错组态称为扩展位错,图 2 – 39 即为 $\dfrac{a}{2}[\bar{1}10]$ 扩展位错的示意图。

(1)扩展位错的宽度。为了降低两个不全位错间的层错能,力求把两个不全位错的间距缩小,这相当于给予两个不全位错一个吸力,数值等于层错的表面张力 γ(即层错能)。而两个不全位错间的斥力则力图增加宽度,当斥力与吸力相平衡时,不全位错之间的距离一定,这个平衡距离便是扩展位错的宽度 d。

两个平行不全位错之间的斥力

$$f = \frac{Gb_1 \cdot b_2}{2\pi r}$$

式中,r 为两个不全位错的间距。

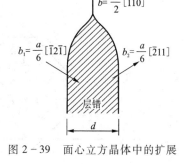

图 2 – 39　面心立方晶体中的扩展

当层错的表面张力与不全位错的斥力达到平衡时。两不全位错的间距 r 即为扩展位错的宽度 d,即

$$\gamma = f = \frac{Gb_1 \cdot b_2}{2\pi d} \qquad (2-16)$$

$$d = \frac{Gb_1 \cdot b_2}{2\pi\gamma} \qquad (2-17)$$

由此可见,扩展位错的宽度与晶体的单位面积层错能 γ 成反比,与切变模量 G 成正比。例如,铝的层错能(见表 2 – 2)很高,故扩展位错的宽度很窄(仅 1 ~ 2 个原子间距),实际可认为铝中不会形成扩展位错;而奥氏体不锈钢,由于其层错能很低,扩展位错可宽达几十个原子间距。

(2)扩展位错的束集。由于扩展位错的宽度主要取决于晶体的层错能,因此凡影响层错能的因素也必然影响扩展位错的宽度。当扩展位错的局部区域受到某种障碍时,扩展位错在外切应力作用下其宽度将会缩小,甚至重新收缩成原来的全位错,称为束集,如图 2 –40 所示。束集可以看作位错扩展的反过程。

(3)扩展位错的交滑移。由于扩展位错只能在其所在的滑移面上运动,若要进行交滑移,扩展位错必须首先

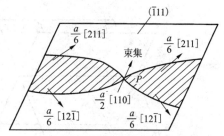

图 2 – 40　扩展位错在障碍处束集

束集成全螺位错,然后再由该全位错交滑移到另一滑移面上,并在新的滑移面上重新分解为扩展位错,继续进行滑移。图 2 – 41 给出了面心立方晶体中 $\dfrac{a}{2}[110]$ 扩展位错的交滑移过程。

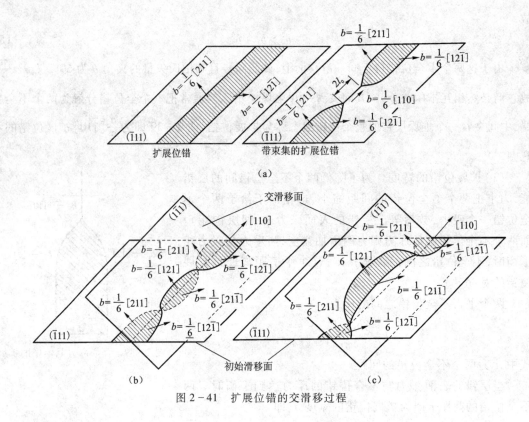

图2-41 扩展位错的交滑移过程

显然,扩展位错的交滑移比全位错的交滑移要困难得多。层错能越低,扩展位错越宽,束集越困难,交滑移越不容易。

3. 位错网络

实际晶体中,当存在几种柏氏矢量的位错时,有时会组成二维或三维的位错网络。图2-42(a)a面上有一组塞积的位错群(b_1)和d面上一个螺型位错(b_2)相交截,两柏氏矢量的夹角为120°,相交吸引,由位错反应产生b_3的位错:$b_1 + b_2 \rightarrow b_3$[见图2-42(b)]。由于线张力的作用,在平衡条件下,位错线如图2-42(c)所示,形成六方位错网络。

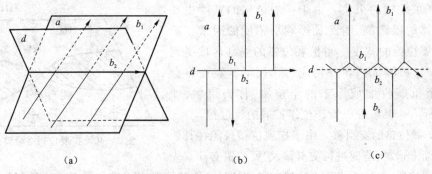

图2-42 位错交截形成网络

2.2.7 位错的弹性性质

晶体中的位错,不仅在其中心形成严重的点阵畸变,而且使周围的点阵发生弹性应变,产生应力场。这个应力场,叫做位错应力场。它使位错具有弹性能,产生线张力;在位错之间,位错与其他缺陷之间发生交互作用等。所有这些都直接影响晶体的力学性质,这将是位错弹性理论的主要研究内容。这里只介绍现今已经比较成熟的基本理论。

2.2.7.1 弹性连续介质、应力和应变

1. 弹性连续介质

现在较为成熟的位错弹性理论,是在弹性连续介质模型基础上建立的。所谓弹性连续介质,是对晶体作了简化假设之后提出的模型,用它可以推导出位错的应力场及有关弹性参量函数。

这个模型,对晶体作了如下假设:

(1)完全服从胡克定律,即不存在塑性变形。

(2)是各向同性的。

(3)为连续介质,不存在结构间隙。

显然,这样的假设不符合晶体的实际情况。因为晶体的质点(原子)不是连续分布的,晶体中也不存在完全没有塑性变形的情况。至于各向异性,更是晶体的一个特征。但是对晶体作这样的简化之后,推导出的弹性力学函数,除了对位错中心存在严重畸变的区域不适用外,对大部分存在弹性形变的点阵区域都是合适的。

2. 应力分量

介质中任一点的应力状态,可以通过该点的一个小体元——如以 dl 为边长的小立方体(见图 2-43),或圆柱坐标中该点的切块(见图 2-44)表示出来。

作用于体元的每个面上的应力分量有两种:

与体元表面(或应力作用面)垂直的应力,为正应力;与体元表面平行的应力,为切应力。

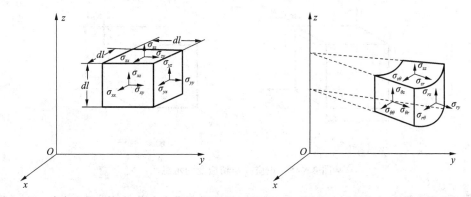

图 2-43 直角坐标正应力、切应力分量表示法　图 2-44 圆柱坐标正应力、切应力分量表示法

应力标记为 σ_{ij},在直角坐标系中,第一个脚标 i 表示与作用面垂直的轴向,第二个脚标 j 表示与作用力平行的轴向。或者说,第一个脚标标志着作用面垂直于哪个晶向,第二个脚标标

志着应力的方向。显然,当 $i=j$ 时,为正应力,如 σ_{xx} 是作用在 (100) 面,与 [100] 平行的正应力;当 $i\neq j$ 时,为切应力,如 σ_{zy} 为作用于与 z 轴垂直之晶 (001) 上,沿 y 轴方向的切应力。采用圆柱坐标时,$\sigma_{\theta\theta}$ 表示作用在与角弧法线垂直的面上的法向正应力;$\sigma_{r\theta}$ 表示作用在与径向垂直的柱面上的切应力。

作用力的正负,与坐标轴的正负一致。

由于体元相对两面的距离极小,这样两个面上的作用力可以认为是相等的。因此,一般介质中任一点的应力,有 9 个独立分量,而且在应力状态平衡的条件下:$\sigma_{ij}=\sigma_{ji}$。

直角坐标时:$\sigma_{xy}=\sigma_{yx},\sigma_{xz}=\sigma_{zx},\sigma_{yz}=\sigma_{zy}$。

圆柱坐标时:$\sigma_{\theta r}=\sigma_{r\theta},\sigma_{\theta z}=\sigma_{z\theta},\sigma_{rz}=\sigma_{zr}$。

这样,每一点的应力只有 6 个独立分量:

直角坐标时:$\sigma_{xx},\sigma_{yy},\sigma_{zz},\sigma_{xy}=\sigma_{yx},\sigma_{yz}=\sigma_{zy},\sigma_{xz}=\sigma_{zx}$。

圆柱坐标时:$\sigma_{\theta\theta},\sigma_{rr},\sigma_{zz},\sigma_{\theta r}=\sigma_{r\theta},\sigma_{rz}=\sigma_{zr},\sigma_{\theta z}=\sigma_{z\theta}$。

3. 应变分量

应力在介质的任一点引起的应变,同样可以用此点的小体元来表示。

与应力分量相对应,体元的任一面上的应变分量,可由一个正应变和两个切应变表示。代表一个点的体元的应变,也只有 6 个独立分量,以 ε_{ij} 标记。当 $i=j$ 时,为正应变符号;$i\neq j$ 时,为切应变符号。其脚标符号 i 或 j,与相应的应力符号相同:第一个脚标标志应变面与哪个轴垂直,第二个脚标标志应变方向,其正负与轴向一致。如 ε_{yy} 为垂直于 y 轴的面,沿着 y 轴方向的正应变

$$\varepsilon_{yy}=\frac{e_{yy}}{l_y} \tag{2-18}$$

式中,e_{yy} 为垂直 y 轴的晶面 (010) 沿 y 轴的位移;l_y 为体元在 y 轴上的长度 [见图 2-45(a)]。

同样,ε_{zy} 为垂直于 z 轴的面沿着 y 轴发生的切应变 [见图 2-45(b)]

$$\varepsilon_{zy}=\frac{e_{zy}}{l_z} \tag{2-19}$$

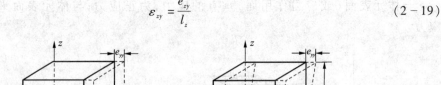

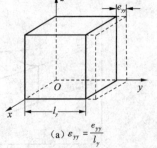
$(a)\ \varepsilon_{yy}=\dfrac{e_{yy}}{l_y}$

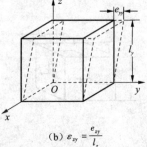
$(b)\ \varepsilon_{zy}=\dfrac{e_{zy}}{l_z}$

图 2-45　正应变与切应变的示意图

式中,e_{zy} 为垂直于 z 轴的面沿着 y 轴发生的位移;l_z 为体元在 z 轴方向上的长度。

应当指出,采用两种不同的坐标表示的两种体元上的应力、应变分量,不能互相换算。因为两种体元的面和方向不同,应力作用的面与方向也就不同。

图 2 - 46(a)、(b)、(c)、(d)分别给出采用圆柱坐标时的几种应变分量作为示例。

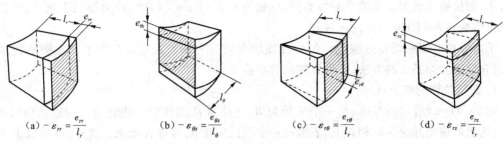

$$(a)-\varepsilon_{rr}=\frac{e_{rr}}{l_r} \qquad (b)-\varepsilon_{\theta z}=\frac{e_{\theta z}}{l_\theta} \qquad (c)-\varepsilon_{r\theta}=\frac{e_{r\theta}}{l_r} \qquad (d)-\varepsilon_{rz}=\frac{e_{rz}}{l_r}$$

图 2 - 46　圆柱坐标时体元的应变分量示例

4. 弹性系数

6 个应力分量与 6 个应变分量之间,均遵循胡克定律:$\sigma_{ij}=c_{ij}\varepsilon$,式中 c_{ij} 为弹性模量,是量度材料抵抗弹性变形能力的物理量。一般情况下,任意一点可存在 36 个常数 c_{ij} 值。晶体的对称性越强,独立的弹性常数的数目越少。在我们所设想的弹性连续介质中,只有 2 个独立的 c_{ij} 值,工程上分别用 E、G 标记。

E 为正应变弹性模量,又称杨氏模量

$$\sigma_{ii}=E\varepsilon_{ii} \tag{2-20}$$

G 为切应变弹性模量,又称切变模量

$$\sigma_{ij}=G\varepsilon_{ij} \tag{2-21}$$

E 和 G 之间存在如下关系

$$G=\frac{E}{2(1-v)} \tag{2-22}$$

式中,v 是表示纵横变形关系的参量,称为泊松比。

2.2.7.2　位错的应力场

位错使周围晶体发生畸变,产生应力。可以想象,在不同距离和方向上,所引起的畸变和相应的应力是不同的。对于弹性模量(E 或 G)一定的晶体材料,柏氏矢量为 b 的位错在周围引起的应力,可以用以位错中心的一个定点为原点所确定坐标系的坐标值 x、y、z 或 r、θ、z 来描述

$$\left.\begin{array}{l}\sigma_{ij}=f(x,y,z)\\\sigma_{ij}=f(r,\theta,z)\end{array}\right\} \tag{2-23}$$

式(2-23)是位错应力场的一般形式。对于不同的位错,可以用弹性力学的方法建立具体的应力表达式。这样的表达式是将晶体简化为弹性连续介质之后推导出来的,所以又称位错的弹性介质应力场函数式。在晶体的弹性模量 G、位错的柏氏矢量 b 为已知时,我们可以估算出位错周围任意一点的应力状态,还可以通过应力场函数式,分析不同位错的弹性性质。

需要指出,连续介质应力场函数式不适用于位错中心。因为实际晶体不是弹性连续介质,在分析位错线的中心区域时,需要考虑个别原子间的位移及相互作用力。这是一个难以用一般的数学方法解决的问题,因而对于位错中心的力学性质,目前还不能用数学方法描述。在建

立应力场函数式时,已经排除了位错中心的范围。位错中心的大小,即前述位错"管道"的直径大小,和位错柏氏矢量 **b** 的数量级相同,一般为 0.5~1 nm。因此,应力场的表达式,只适用于距位错线 0.5~1 nm 以外的区域。

下面分别介绍螺型和刃型位错的弹性连续介质应力场的表达式。为了着重阐明物理意义,只介绍建立关系式的方法,不做详细的数学推导。

1. 螺型位错的应力场

图 2-47(a)所示的晶体,是一个外径为 R,内径为 R_0 的圆管。将它的一侧沿轴向(z 轴)切开,然后使被切开的晶面相对上、下滑动一个柏氏矢量 **b**,再焊合起来。这样,就形成了一个以圆管中心为轴,柏氏矢量为 **b** 的螺型位错。在位错线中心被切开的两个晶面,即过 z 轴与任一半径所作的切面上,相邻两晶面的原子错排情况与图 2-4 所表示的相同。

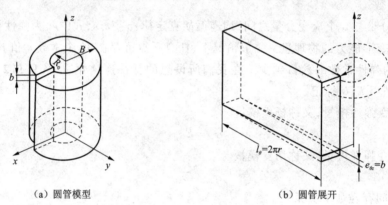

(a) 圆管模型   (b) 圆管展开

图 2-47 螺型位错变形状态

螺型位错的应力场函数就是以这样的模型,用经典弹性力学的方法建立起来的。

如果采用圆柱坐标,可以以圆柱中心为 z 轴,以切面(即滑移面)处的角度为零度($\theta = 0$)。由于晶体只沿切面做上下滑动,故位错在(θ、r、z)处引起的应变只有 $\varepsilon_{\theta z} = \varepsilon_{z\theta}$ 一种。

图 2-47(b)所示的长方体,为图 2-47(a)所示圆管的展开。它的长度 l_θ 为 $2\pi r$,垂直于长度方向的切变量 $e_{\theta r}$ 为 b。将这两个数值代入 $\varepsilon_{\theta z} = \dfrac{\varepsilon_{\theta z}}{l_\theta}$,即可得到

$$\varepsilon_{\theta z} = \varepsilon_{z\theta} = \frac{b}{2\pi r} \tag{2-24}$$

显然,其他方向无位移,因而不引起应变

$$\varepsilon_{\theta\theta} = \varepsilon_{rr} = \varepsilon_{zz} = 0$$

$$\varepsilon_{\theta r} = \varepsilon_{r\theta} = \varepsilon_{zr} = \varepsilon_{rz} = 0$$

根据胡克定律 $\sigma_{ij} = c_{ij}\varepsilon_{ij}$,位错在 (r, θ) 处引起的应力为

$$\left. \begin{aligned} &\sigma_{\theta z} = \sigma_{z\theta} = G \cdot \varepsilon_{\theta z} = \frac{Gb}{2\pi r} \\ &\sigma_{\theta r} = \sigma_{r\theta} = \sigma_{zr} = \sigma_{rz} = 0 \\ &\sigma_{\theta\theta} = \sigma_{rr} = \sigma_{zz} = 0 \end{aligned} \right\} \tag{2-25}$$

这就是螺型位错应力场圆柱坐标表达式。其中的 G 是切变模量。

螺型位错的应力场,也可以用直角坐标系表示。仍以圆管中心(螺型位错线)为 z 轴,把与滑移面(切面)平行的方向定为 x 轴,把与滑移面垂直的方向定为 y 轴,如图 2 - 47(a)所示。显然,沿着 z 轴的滑动,在 (x,y,z) 点只能引起 $\varepsilon_{xz} = \varepsilon_{zx}$ 和 $\varepsilon_{yz} = \varepsilon_{zy}$ 两种应变。经推导,各应变量为

$$\left.\begin{array}{l} \varepsilon_{xz} = \varepsilon_{zx} = -\dfrac{by}{2\pi(x^2+y^2)} \\[3mm] \varepsilon_{yz} = \varepsilon_{zy} = \dfrac{bx}{2\pi(x^2+y^2)} \\[3mm] \varepsilon_{xx} = \varepsilon_{yy} = \varepsilon_{zz} = 0 \\[2mm] \varepsilon_{xy} = \varepsilon_{yx} = 0 \end{array}\right\} \qquad (2-26)$$

根据胡克定律,当晶体的切变模量为 G 时,位错在 (x,y,z) 处的应力为

$$\left.\begin{array}{l} \sigma_{xz} = \sigma_{zx} = -\dfrac{Gb}{2\pi} \cdot \dfrac{y}{x^2+y^2} \\[3mm] \sigma_{yz} = \sigma_{zy} = \dfrac{Gb}{2\pi} \cdot \dfrac{x}{x^2+y^2} \\[3mm] \sigma_{xx} = \sigma_{yy} = \sigma_{zz} = \sigma_{xy} = \sigma_{yx} = 0 \end{array}\right\} \qquad (2-27)$$

式(2-27)即是螺型位错应力场的直角坐标表达式。由式(2-25)、式(2-26),特别是式(2-26),很明显地反映出了螺型位错应力场的特点:

(1)螺型位错的应力场,只有切应力($\sigma_{\theta z}$、$\sigma_{z\theta}$),而无正应力。

(2)螺型位错的应力场,是对称于位错线的。螺型位错所引起的切应力的大小只与 r 的大小有关,即只与离位错线的距离成反比,而与 θ 无关。

2. 刃型位错的应力场

把图 2 - 47 所示的圆管切开,但使切面沿径向滑移一个柏氏矢量 b,再焊好,即形成一个如图 2 - 48 所示的刃型位错。如果以位错线做 z 轴方向,z - y 平面即是多余半原子面(图中画影线的面),z - x 面为滑移面。显然,这样的滑移在 z 轴方向不引起应变。按照这个模型,可以用经典弹性力学的方法推导出它的应力场表达式,其直角坐标的表达式为

$$\left.\begin{array}{l} \text{正应力}:\sigma_{xx} = -D\dfrac{y(3x^2+y^2)}{(x^2+y^2)^2} \\[3mm] \sigma_{yy} = D\dfrac{y(x^2-y^2)}{(x^2+y^2)^2} \\[3mm] \sigma_{zz} = v(\sigma_{xx}+\sigma_{yy}) \\[3mm] \text{切应力}:\sigma_{xy} = \sigma_{yz} = D\dfrac{x(x^2-y^2)}{(x^2+y^2)^2} \\[3mm] \sigma_{xz} = \sigma_{zx} = \sigma_{yz} = \sigma_{zy} = 0 \\[3mm] D = \dfrac{Gb}{2\pi(1-v)} \end{array}\right\} \qquad (2-28)$$

式中,v 为泊松比;G 为切变弹性模量;b 为位错的柏氏矢量。

这个应力场的圆柱坐标表达式为

$$\left.\begin{array}{l} \sigma_{\theta\theta} = \sigma_{rr} = -\dfrac{D}{r}\sin\theta \\[2mm] \sigma_{zz} = -\dfrac{2D}{r}v\sin\theta \\[2mm] \sigma_{r\theta} = \sigma_{\theta r} = \dfrac{D}{r}\cos\theta \\[2mm] \sigma_{\theta z} = \sigma_{z\theta} = \sigma_{zr} = \sigma_{rz} = 0 \end{array}\right\} \qquad (2-29)$$

其中 D、v、G 的意义与式(2-28)相同。

对式(2-28)加以分析,就可以知道刃型位错应力场的特点:

(1)在刃型位错的应力场中,同时存在着正应力与切应力。

(2)刃型位错的应力场,对称于多余半原子面。

(3)当 $y = 0$ 时,$\sigma_{xx} = \sigma_{yy} = \sigma_{zz} = 0$,$\sigma_{xy}$、$\sigma_{yx}$ 取得最大值。即在滑移面上无正应力。

(4)当 $y > 0$,即在滑移面以上时,$\sigma_{xx} < 0$,即在 x 方向的正应力为压应力;当 $y < 0$,即在滑移面以下时,$\sigma_{yy} > 0$,即在 x 轴方向上的正应力为张应力。

(5)在 $x = 0$ 或 $|x| = |y|$ 时,即在半原子面上或与滑移面成45°的晶面上,无切应力。

刃型位错应力分布情况如图2-49所示。

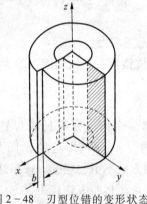 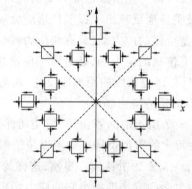

图 2-48 刃型位错的变形状态   图 2-49 刃型位错的应力场

2.2.7.3 位错的应变能

位错在周围晶体中引起畸变,使晶体产生畸变能,这部分能量称为位错的应变能。

分析一个位错的应变能,应该把位错中心区域和中心区域以外的部分分开来考虑。因为位错中心区域发生的畸变极大,超出了弹性应变范围,胡克定律已不适用了。近年来,用电子论推算的结果表明,这部分应变能只占位错应变能总量的 $1/15 \sim 1/10$,因此常常忽略不计。我们所计算的应变能,是中心区域以外的那部分应变能。并用单位长度的应变能度量位错应变能的高低。

根据弹性理论,单位体积弹性物体的应变能(W/V),与此物体产生的所有应力分量(σ_{ii}、σ_{ij})及其相应的应变分量(ε_{ii}、ε_{ij})的关系是

$$\frac{W}{V} = \frac{1}{2}\sum(\sigma_{ii}\varepsilon_{ii} + \sigma_{ij}\varepsilon_{ij}) \qquad (2-30)$$

由于螺型位错的正应力和正应变为零,只有 $\sigma_{\theta z}$、$\varepsilon_{\theta z}$ 这一对相应的切应力和切应变,所以单位体积介质内,螺型位错的应变能为

$$\frac{W}{V} = \frac{1}{2}\sigma_{\theta z} \cdot \varepsilon_{\theta z}$$

根据式(2-24)、式(2-25): $\varepsilon_{\theta z} = \dfrac{b}{2\pi r}$,$\sigma_{\theta z} = \dfrac{Gb}{2\pi r}$,得到螺型位错周围半径为 r、厚度为 $\mathrm{d}r$、长度为 L 的管状体元的应变能为

$$\mathrm{d}W = \frac{1}{2}\sigma_{\theta z} \cdot \varepsilon_{\theta z} \cdot \mathrm{d}V = \frac{1}{2}\frac{Gb}{2\pi r} \cdot \frac{b}{2\pi r} \cdot \mathrm{d}(2\pi r \mathrm{d}r L) = \frac{Gb^2}{4\pi r} \cdot L \cdot \mathrm{d}r$$

设位错中心半径为 r_0,位错应力场范围半径为 R,则此螺型位错中心以外范围的总应变能为

$$W = \int_0^W \mathrm{d}W = \int_{r_0}^R \frac{Gb^2}{4\pi} \cdot L \cdot \frac{\mathrm{d}r}{r} = \frac{Gb^2}{4\pi}\ln\frac{R}{r_0} \cdot L$$

单位长度螺型位错的应变能为

$$W_{\text{螺}} = \frac{W}{L} = \frac{Gb^2}{4\pi}\ln\frac{R}{r_0} \tag{2-31}$$

用同样的方法,可推导出刃型位错、混合位错的应变能。

单位长度刃型位错的应变能为

$$W_{\text{刃}} = \frac{Gb^2}{4\pi(1-v)} \cdot \ln\frac{R}{r_0} \tag{2-32}$$

在 $\boldsymbol{b}$ 相同时

$$W_{\text{刃}} = \frac{W_{\text{螺}}}{1-v}$$

式中,v 为泊松比,通常为 0.30。

一般情况下,刃型位错的应变能比螺型位错的应变能大三分之一。

单位长度混合位错的应变能为

$$W_{\text{混}} = W_{\text{刃}}(1 - v\cos^2\phi) \tag{2-33}$$

式中,φ 为混合位错的柏氏矢量与位错线的夹角;v 为泊松比。

在计算中,对式(2-31)、式(2-32)、式(2-33)中的 r_0 和 R,常取近似的估计值。

r_0 是位错中心区域的半径,可近似地以位错的柏氏矢量 $\boldsymbol{b}$ 代替:$r_0 = b$,其值一般为点阵矢量。

R 是位错应力场最大作用范围的半径。在实际晶体中,它是个有限量。因为晶体中同时存在着很多位错,异号位错应力场相接触后可以互相抵消,因此一个位错的应力场最大范围的直径,应为位错间的平均距离,即 R 值应为位错间平均距离的一半,与亚晶粒的大小属同一数量级。例如,退火晶体的位错密度范围为 $10^6 \sim 10^8\,\mathrm{cm}^{-2}$,则 $R = 10^{-4}\,\mathrm{cm}$。

这样,上述各式可以进一步简化为一个统一的函数式

$$W = \alpha Gb^2 \tag{2-34}$$

其中系数 α 由位错的类型、密度(R 值)决定,其值的范围为 0.5~1.0。

(2-34)式更为直观地反映出位错的一个弹性力学的特点:一个位错的应变能与它的柏

氏矢量的平方成正比。因此, b 的大小是分析位错组态、判断位错稳定性大小的一个重要依据。位错的应变能越低,其组态越稳定,因此晶体中的位错趋向于取柏氏矢量最小的组态。

2.2.7.4 位错的阻力

1. 外加应力场作用在位错线上的力

前已述及,外力作用在晶体上后,使位错线向着与之垂直的方向移动。如果有个力,垂直作用在位错线上,称之为外加应力场作用在位错线上的力。这个力,也是以单位长度位错线上的作用力来度量的。显然,这是假想的作用力,实际上力是作用在晶体的原子上的。

可以用"同位功"的法则(或叫虚功原理)推导出这个假想作用力的函数式。

假设作用在滑移面上的切应力为 τ(见图 2-50),当使长度为 l 的位错线移动距离 D 之后,晶体正好位移了位错的一个柏氏矢量 b,如图 2-50(b)所示。则发生滑移的晶面面积为 $l \cdot D$ 作用在此面上的作用力 $F_1 = lD\tau$,使此面上晶体位移一个柏氏矢量 b 所做的功为 $W_1 = lD\tau b$。

再设作用在单位长度位错线上的力为 F,则使长度为 l 的位错线移动相同的距离 D 所做的功为

$$W_2 = FlD$$

W_1 与 W_2 为同位功, $W_1 = W_2$,则

$$FlD = lD\tau b$$
$$F = \tau b \qquad (2-35)$$

式(2-35)表明,作用在单位位错线上的力与外切应力 τ 及位错的柏氏矢量 b 成正比;由于同一位错线各点的柏氏矢量 b 相同,所以当外加切应力均匀作用在晶体上时,位错线各点所受的力也是相同的。

需要指出,作用在位错线上的力总是与位错线垂直,并指向未滑移区的,其方向不一定与外切应力 τ 的方向相同。只有作用在刃型位错线上的力,才与外加应力的方向一直。作用在螺型位错线上的力,则与外加应力 τ 相垂直(见图 2-50)。

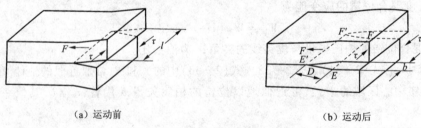

(a) 运动前　　　　　　　　　　　(b) 运动后

图 2-50　作用在位错线上的力

2. 位错的线张力

因为位错的总应变能与位错线的长度成正比,所以位错线有尽量缩短长度或自动变直的趋势,好像有个张力沿着位错线作用,这个张力叫位错的线张力(见图 2-51),也是以单位长度上的张力 T 来度量的。单位长度位错线上的张力 T 与表面张力有相同的量纲,物理意义也相同。

位错的线张力可以定义为使位错线增长一定长度 dl 所做的功 W,即 $T = W/dl$。因此,它等于位错的应变能

$$T = W = \alpha Gb^2$$

有人推导出了它的更复杂的表达式,但是由于难以确定有关系数的准确数值,不便使用。一般情况下,使用上式时,取 α 的近似值为 $\frac{1}{2}$,将上式变为

$$T = \frac{1}{2} Gb^2 \qquad (2-36)$$

外加应力 τ 作用在长度为 dl 的位错线上的力 $F_{(\tau)}$ 使位错线弯曲(见图 2-50)

$$F_{(\tau)} = \tau b dl$$

位错的线张力则在与外力 $F_{(\tau)}$ 相反方向上产生分力 $F_{(T)}$,使位错线变直

$$F_{(\tau)} = 2T \cdot \sin \frac{d\theta}{2}$$

两力平衡时

$$\tau b dl = 2T \cdot \sin \frac{d\theta}{2}$$

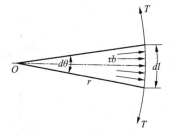

图 2-51 位错的线张力

$dl = d\theta \cdot r$(r 为位错的曲率半径);当 $d\theta$ 很小时,$\sin \frac{d\theta}{2} \approx \frac{d\theta}{2}$,代入上式即可得到线张力与曲率半径之间的关系式

$$T = \tau r b \quad \text{或} \quad r = \frac{T}{\tau b} = \frac{Gb}{2\tau} \qquad (2-37)$$

3. 位错间的相互作用力

两个位错靠近到一定程度,即达到它们彼此的应力场范围以内时,就相互吸引或相互排斥,好像它们之间存在着作用力。这就是位错间的相互作用力。这种作用力的实质也是一种作用在晶体原子上的组态力。

如果晶体的某一滑移面上存在着两个刃型位错,这两个位错之间的能量总和,因它们之间的距离不同而不同。

当它们距离很远时,应变能的总和 $W_{\text{总}}$ 是各自应变能(W_1 和 W_2)的叠加:$W_{\text{总}} = W_1 + W_2$。

当它们距离很近,互相进入彼此的应力场范围以内时,应变能的总和即为此两位错合成的一个大位错的应变能。设两位错的柏氏矢量分别为 $\boldsymbol{b}_1$ 和 $\boldsymbol{b}_2$,由它们结合成的大位错的应变能为

$$W_{\text{总}} = \frac{1}{2} Gb^2 = \frac{1}{2} G(b_1 + b_2)^2$$

当 $\boldsymbol{b}_1$ 和 $\boldsymbol{b}_2$ 同号时

$$\frac{1}{2} G(b_1 + b_2)^2 > \frac{1}{2} Gb_1^2 + \frac{1}{2} Gb_2^2$$

表明两位错结合会使系统的应变能升高,因而它们相互排斥,以使彼此间距离增大。

当 $\boldsymbol{b}_1$ 和 $\boldsymbol{b}_2$ 异号时

$$\frac{1}{2} G(b_1 + b_2)^2 < \frac{1}{2} Gb_1^2 + \frac{1}{2} Gb_2^2$$

在 $\boldsymbol{b}_1$ 与 $\boldsymbol{b}_2$ 的绝对值相等时,该式左边为零。该式表明两位错结合后,会使系统的应变能

减少,因而它们之间相互吸引,以缩短距离。

可以用位错的应力场,推导出不同情况的位错之间的相互作用力的表达式。

(1)相互平行的两个螺型位错间的作用力。假设两螺型位错的柏氏矢量分别为b_1和b_2,而且$b_1 // b_2 // z$轴,相距为r,如图2-52所示。由于螺型位错的应力场对称于位错线(z轴),且只有轴向应力:$\sigma_{\theta z} = \sigma_{z\theta} = Gb/2\pi r$,一位错$b_1$的应力场$\left(\dfrac{Gb_1}{2\pi r}\right)$对另一位错$b_2$的作用力,可根据(2-35)式求出

$$F = \sigma_{\theta z} \cdot b_2 = \frac{Gb_1 b_2}{2\pi r} \tag{2-38}$$

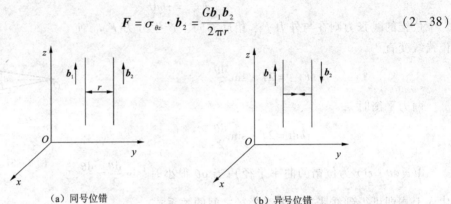

(a)同号位错　　　　　　　　　　　(b)异号位错

图2-52　互相平行的两个螺型位错之间的作用

当两位错的柏氏矢量b相同时

$$F = \frac{Gb^2}{2\pi r} \tag{2-39}$$

从(2-38)式可看出,当b_1与b_2同号时,$F>0$,作用力为斥力;当b_1与b_2异号时,$F<0$,作用力为引力。这与前述从能量分析得到的结论,以及位错运动现象是一致的。

如用直角坐标系表示,则有

$$\left.\begin{aligned} F_x &= \sigma_{xz} b_2 = -\frac{Gb_1 b_2}{2\pi} \cdot \frac{y}{x^2 + y^2} \\ F_y &= \sigma_{yz} b_2 = \frac{Gb_1 b_2}{2\pi} \cdot \frac{x}{x^2 + y^2} \end{aligned}\right\} \tag{2-40}$$

将F_x及F_y两矢量迭加,即可求出作用力的方向及大小。

(2)相互平行的两个刃型位错间的作用力。为简便起见,设两平行位错为同号位错,柏氏矢量相同。将坐标原点定在位错线 I 上,以此位错线为z轴(图2-53)。位错 II 位于(x,y)处。因为位错在滑移面上容易滑移,所以由位错 I 的应力σ_{yx}引起的作用于位错 II 上的力F_{yx},易使位错 II 滑移,是对位错运动影响最大的作用力。由σ_{xx}引起的作用力F_{xx},对位错的攀移影响较大。我们着重分析这两个作用力。根据(2-35)式有

图2-53　两平行刃型位错间

$$F_{yx} = \sigma_{yx} \cdot b$$

$$F_{xx} = \sigma_{xx} \cdot \boldsymbol{b}$$

σ_{yx}、σ_{xx} 值代以上两式，即得

$$F_{yx} = \frac{Gb^2}{2\pi(1-v)} \cdot \frac{x(x^2-y^2)}{(x^2+y^2)^2} \qquad (2-41)$$

$$F_{xx} = \frac{Gb^2}{2\pi(1-v)} \cdot \frac{y(3x^2+y^2)}{(x^2+y^2)^2} \qquad (2-42)$$

根据式（2-41）、式（2-42）中，可分析位错 II 处于不同位置（x_i，y_j）时的受力状态。

F_{yx} 是使位错 II 滑移的力。通过式（2-41）中 $x(x^2-y^2)$ 一项，便可看出位错 II 在不同位置时，这项作用力的变化。

① 当 $x=0$，位错 II 处于 y 轴上时，$F_{yx}=0$，没有使位错 II 滑移的力。一旦位错 II 稍微偏离此位置，在吸引力作用下，使它又回到 y 轴上去。因而同号位错处于这种相对位置时，是最稳定的状态。由于这个原因，晶体中的刃型位错趋向于垂直地排列，即沿垂直其滑移面的方向排列。这一点，可用以阐明小角度晶界结构。

② 当 $x=y$ 或 $x=-y$，即位错 II 处于 $x-y$ 坐标的 45°线上时，$F_{yx}=0$，应力场没有使其滑移的作用力。但是，当其稍微偏离此位置，$|x|\neq|y|$ 时，$F_{yx}\neq0$，此作用力会使位错 II 偏离得更远。位错 II 处于这种位置是不稳定的，故称为亚稳定位置。

③ 当 $|x|>|y|$ 时，即位错 II 处于图 2-54（a）中的 I、II 两个区间时，$F_{yx}>0$，应力场的斥力使它向距 y 轴更远的方向滑移，使两位错分开。

④ 当 $|x|<|y|$，即位错 II 处于图 2-54（a）的 III、IV 两个区间时，$F_{yx}<0$，位错 II 受到位错 I 的吸引力，使它更靠近 y 轴。

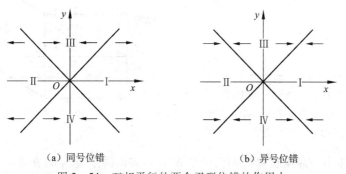

（a）同号位错　　　　　　　（b）异号位错

图 2-54　互相平行的两个刃型位错的作用力

当两位错符号相反时，相互作用力的方向与上述同号位错情况相反，如图 2-54（b）所示。位错 II 的最稳定位置与亚稳定位置，也相互对换。

同号和异号刃型位错相互作用力 F_{yx}，综合地表示在图 2-55 中。x 表示两位错水平距离（即多余原子面的垂直距离），y 表示两位错的垂直距离（即其滑移面间垂直距离）。图 2-55 中 F_{yx} 的单位以 $\dfrac{Gb^2}{2\pi(1-v)y}$ 来表示，x 坐标以 y 的距离表示。实线表示两个同号位错的作用力，虚线表示两个异号位错的作用力。

F_{xx} 为正应力，对位错的攀移起作用。当位错 II 在滑移面以上，$y>0$ 时，$F_{xx}>0$，使位错向

上攀移;反之,$y<0$ 时,$F_{xx}<0$,使位错向下攀移。

(3)其他情况的位错之间的作用力。分析两相互垂直的螺型位错间的作用力的结果表明,其作用力只与晶体的弹性模量仔和位错的柏氏矢量 b 有关,而与它们相互间的距离 r 无关,即当 G、b 一定时,其作用力为恒值。分析相互垂直的螺型位错与刃型位错间的作用力。结果表明,其间作用力在任何情况下均为零,只是它们之间彼此形成一个力偶,使它们各自在自己所在晶面上发生扭曲。这些都为研究位错在运动中的行为提供了重要依据。一般情况下位错间的作用力问题,要比已阐明的特例复杂得多。

(4)晶体表面作用于位错上的力。当位错处于晶体的自由表面附近时,便有自动移向表面以降低位错应变能的趋势。这个现象说明表面对位错具有吸引力。这个作用力。也是假想的作用力。

如果晶体内距表面附近有一位错,为确定表面对它的作用力,假想在晶体表面以外有一个异号同类位错,处在以表面为镜面与晶体中这个位错对称的位置上,如图 2-56 所示。这个假想位错,称为晶体内真位错的映象位错。晶体中的位错移到表面而消失,就像由于这两个异号位错相互吸引,在表面相遇而相互抵消了一样。因而,表面对位错的吸引力,可以用这两个异号位错的相互吸引力来代替,这种作用力又称为映象力。

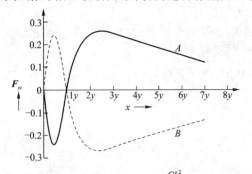

x 的单位:y F_{yx} 的单位:$\dfrac{Gb^2}{2\pi(1-\nu)y}$

A(实线):同号位错 B(虚线):异号位错

图 2-55 互相平行的两个刃型位错间平行
于柏氏矢量的相互作用力 F_{yx}

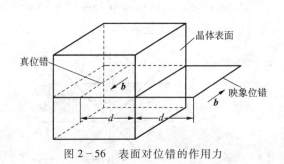

晶体表面
真位错
映象位错

图 2-56 表面对位错的作用力

如果已知晶体中一螺型位错的柏氏矢量 b,它与表面的距离为 d,介质的弹性模量为 G,根据式(2-39)可知此映象力(即两异号位错的吸引力)为

$$F=-\frac{Gb^2}{2\pi d} \qquad (2-43)$$

同理,两个弹性模量不同的介质之间的界面(如相界面),对它附近的位错,也会产生映象力。这项映象力,也可用同样的方法确定。由于两介质的弹性模量辐对大小不同,映象力的符号也就不同。当位错处于模量较大的介质一边时,映象力为吸引力;反之则为排斥力。例如,金属表面的氧化膜比金属具有更高的弹性模量,因而它对金属中位错的作用力,表现为排斥力。

(5)位错运动的晶格阻力——派-纳力。已知任何正应力场对位错的作用力 $F=\tau b$,都会成为位错运动的阻力。然而当位错在没有任何应力场的晶体中运动时,也有阻力,这是因为位错中心存在着极大的畸变,当位错扫过晶体时,必定要伴之以点阵原子的重新排列,这就要克服晶体点阵的能垒。派尔斯(Peierls)和纳巴罗(Nabarro),计算了单位长度位错线运动时的晶格阻力。

假设图 2-57 中的位错线平行于 z 轴,它的柏氏矢量与 x 轴平行,滑移面与 y 轴垂直。位错沿着 x 轴方向滑移,要受到晶格的阻力。这项阻力应该等于使位错滑移必须加的切应力 σ_{xy}。这个切应力被定义为晶格阻力,又叫派-纳力 $\sigma_{\text{P·N}}$,它的表达式为

$$\sigma_{\text{P·N}} = \sigma_{yx} = \frac{2G}{1-v}\exp\left(-\frac{2w\pi}{b}\right) = \frac{2G}{1-v}\exp\left[-\frac{2\pi a}{(1-v)b}\right] \qquad (2-44)$$

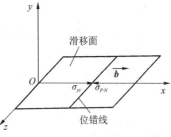

图 2-57　派-纳力

式中,w 为位错宽度,指的是位错中心到周围晶格中畸变量相当于中心最大畸变量的二分之一处的距离;a 为滑移面的面间距,一般情况下,$w = \dfrac{a}{1-v}$;G、v 分别为晶体的弹性切变模量和泊松比。

式(2-44)是在经过极大简化的条件下推导出来的,只能用于约略估算。但是由它得出的结果,与实验事实是很一致的。

① 在一般情况下,$a \approx b$,$v \approx 0.30$,根据式(2-44),即 $\sigma_{\text{P·N}} = 10^{-3} \sim 10^{-4}G$。表明位错滑移的临界切应力(相当于晶体的实际屈服强度)与理想晶体的理论屈服强度相比,是很低的。

② 当 a 取值最大,即在晶体的最密晶面滑移,b 取值最小,即在最密晶向上滑移时,派-纳力也最小。这一点,与晶体滑移系的机制甚为相符。

③ 易值越小,派-纳力越大,位错越难于进行滑移。因而塑性晶体中的位错宽度 w 很大,可达 10 个原子间距,而脆性晶体中的位错宽度很小。

2.2.8　位错与点缺陷的交互作用

晶体中的点缺陷可以产生应力,形成应力场。点缺陷的应力场,与位错的应力场发生交互作用,会使位错的应变能发生变化。这项应变能的变量,称为点缺陷与位错的交互作用能,它是晶体强度、力学性能的重要影响因素。

分析点缺陷的应力场及其与位错的交互作用,是个很复杂的问题。因为对于点缺陷影响最大的是位错中心区域,而该处连续介质模型及弹性力学的方法已经不适用。但是通过这些简化模型及推导出的理论,解释了一些重要现象和晶体强度理论中的重要问题,从而使关于点缺陷与位错交互作用的理论成为位错理论中应用最广、发展最快的一个组成部分。

这里只简单介绍这些理论的模型及其演绎范围和结果,对每个问题的推导不加详述。

2.2.8.1　球状对称点缺陷模型及其与位错的相互作用

为了确定点缺陷与位错交互作用能的函数关系,须运用球状对称模型。这个模型包括如下两个方面:

(1)假设点缺陷为一个以 R 为半径的球体,它在晶体中所形成的应力场,也是球面对称的。球面对称的正应力,为水静应力。同时假设点缺陷所占有的点阵空间,在未引起畸变前是一个半径为 R_0 的"空洞"。这个空洞在不同的点缺陷模型中,代表不同的实际空间。

在空位或置换原子形成的点缺陷中,它代表正常原子,R_0为原子半径;在间隙原子形成的点缺陷中,它代表晶体间隙,R_0为间隙半径。这样,一个点缺陷在晶体中造成的应变应该是

$$\varepsilon = \frac{R - R_0}{R_0} \tag{2-45}$$

它在晶体中引起的体积变化是

$$\Delta V = 4\pi R_0^3 \varepsilon \tag{2-46}$$

它在任一强度为 σ 的应力场(例如自身在晶体中的应力场强度为 σ 时)中引起的应变能是

$$U_0 = \sigma \Delta V = 4\pi R_0^3 \varepsilon \sigma \tag{2-47}$$

(2)把位错的应力场也简化为水静应力场,即只存在球面对称的正应力的应力场。因为球面对称的点缺陷,与切应力无作用,所以在分析它与位错的交互作用时,不考虑位错的切变应力。设位错的水静应力场中某处的水静应力为 σ_i,则在此处的一个点缺陷引起的应变能的变化

$$U = 4\pi R^3 \varepsilon \sigma_i \tag{2-48}$$

按照上述简化模型,一个点缺陷与位错的交互作用能,应该是上述两方面的能量(即 U_0 与 U)叠加的结果。

因为螺型位错的应力均是纯切应力场,它的水静正应力为零,所以对球面对称的点缺陷没有作用。因此这个模型,不适用于螺型位错。按照这个模型,对球面对称的点缺陷,只有刃型位错才能发生交互作用。

设有一个点缺陷,处于刃型位错应力场的 (r, θ) 处(见图 2-58),按上述模型推导出它与刃型位错交互作用能的表达式为

$$U = 4GbR_0^3 \varepsilon \frac{\sin \theta}{r} \tag{2-49}$$

虽然位错中心与点缺陷的交互作用能最大,但是不能指望用式(2-49)进行精确计算,而只能用它作一些估计,并用它半定性地阐述一些重要规律。

当交互作用能 U 为负值时,位错与点缺陷互相吸引;反之,则相互排斥。式(2-49)表明:$\varepsilon > 0$ 的点缺陷,只有当 $\pi < \theta < 2\pi$($\sin \theta < 0$)时,即位于刃型位错的滑移面下边时,才有 $U < 0$。因此,这类点缺陷被吸引到位错的下侧。$\varepsilon < 0$ 的点缺陷,只有当 $0 < \theta < \pi$,即位于

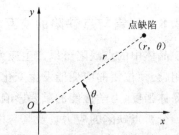

图 2-58 点缺陷与刃型位错的交互作用

刃型位错滑移面的上边时,才有 $U < 0$,因此,这类点缺陷被吸引到位错的上侧。科垂耳(Cottrell)用这个规律阐明了溶质强化的原理:比溶剂原子小的置换溶质原子,偏聚于刃型位错的上侧附近;间隙原子(半径总比间隙半径大,即 $\varepsilon > 0$),或比溶剂原子大的置换原子,偏聚于刃型位错的下侧附近。这样,就形成了包围着位错线的溶质原子云,称为科垂耳气团。这个气团的存在,降低了位错的应变能,成为位错运动的阻力,从而增加了金属晶体的强度。

2.2.8.2 非球对称的点缺陷与位错的作用

按照上述球状对称模型,只产生纯切应力场的螺型位错,与点缺陷不存在交互作用。事实上,晶体中存在着非球状对称的点缺陷。纯切应力对非球状对称的点缺陷,可以产生与正应力

效果相同的作用,这样的切应力场,称为这种点缺陷的等效正应力场。在图 2 - 59(a)中,切应力 τ 对于非球状对称的点缺陷的作用,与图 2 - 59(b)中正应力 σ_1、σ_2 的作用是等效的。所以,对这个非球状对称的点缺陷,σ_1 和 σ_2,即是 τ 的等效正应力。

因此,非球状对称的点缺陷处于切应力场之中时,在某一方向上,可能承受压应力,如图 2 - 59(c)中的 σ_1;在另一方向上,则可能承受拉应力,如图 2 - 59(c)中的 σ_2。当这些应力与点缺陷本身的非球状对称的应力场可以相互抵消时,两应力场的作用能为负值,使总应变能降低。在这种情况下,点缺陷与位错相互吸引,点缺陷偏聚到位错附近;相反,如果这些应力与点缺陷本身的应力场相叠加而得到增强,使两者的作用能为正值,总的应变能升高时,点缺陷与位错便会相互排斥。

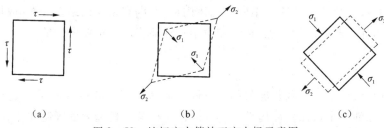

图 2 - 59 纯切应力等效正应力场示意图

史诺克(Snoek)根据这个道理,阐明了体心立方金属中溶质原子的分布状态及强化作用。

体心立方 α - Fe 中的间隙原子,如 C、N 等,处于扁八面体间隙的中心,显然是非球状对称的点缺陷。如图 2 - 60 所示,间隙原子在 [001] 和 [00$\bar{1}$] 方向上引起的畸变,比在 [$\bar{1}$10] 和 [1$\bar{1}$0] 方向上引起的畸变要大。如果位错的等效正应力场,恰好使它在 [001] 轴向上受拉应力,在其他两轴向受压应力时,它和位错的作用能 U 便是负值。这样,点缺陷就会被吸引到位错附近。溶质原子在体心立方晶体中的位置,是有选择余地的。因为,同一晶胞的 <100> 晶向,有 [100]、[010]、[001] 三种取向。对于一个位错的应力场,溶质原子可以选择具有上述取向条件的间隙,即处于应力场中 <100> 晶向受拉应力的间隙中,这是能态最低的地方。

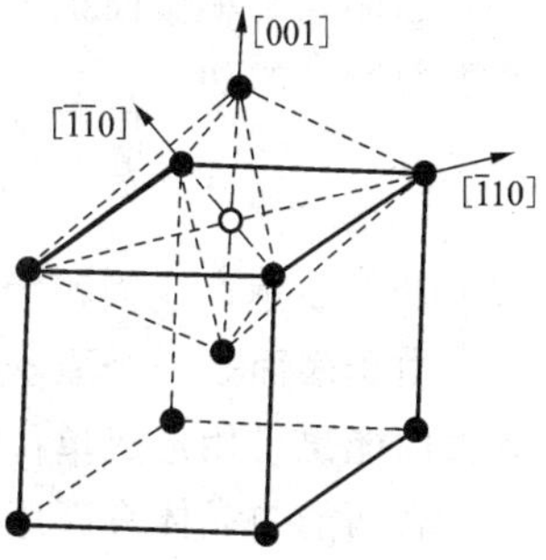

- ●—晶体点阵的正常原子
- ○—间隙中的异类原子

图 2 - 60 体心立方晶体中的间隙原子引起的点缺陷

体心立方晶体中的间隙原子,在有足够激活力的条件下,会偏聚于位错附近,形成包围位错的溶质原子气团,叫"史诺克气团"。溶于 α - Fe 中的碳原子,就形成这样的气团。气团的浓度,与温度成反比,温度越低,偏聚程度越大。在低温下,位错中心的全部间隙,可以被溶质原子所饱和。

刃型位错的切应力场对于非球状对称的点缺陷,也有类似的作用。

晶体中的上述两种气团,都是固溶强化的机制。具体情况,将在后面的章节中加以阐述。

2.2.8.3 关于空位与位错的作用

在简单密排晶体中的空位,应属于球状对称缺陷中 $\varepsilon < 0$ 的一种。它偏聚于刃型位错的上侧附近,而降低那里的应变能。

空位与位错作用时,往往跑到位错线上侧,引起位错正攀移,这在本章中已作过阐述。带割阶的位错运动时,也往往产生空位。晶体中存在着的空位,倾向于聚集起来而成为空位片。当空位片足够大时,它两边的原子层会向空位片塌陷,在周围形成位错环。所以说,晶体中的空位,或者是位错的源头,或者以位错为终结,总是与位错密切相关的。它对位错的组态和运动产生影响,进而影响晶体的力学性能。

2.3　表面及界面

严格来说,界面包括外表面(自由表面)和内界面。表面是指固体材料与气体或液体的分界面,而内界面可分为晶界、亚晶界、相界及孪晶界等。界面通常为几个原子层厚的区域,该区域内的原子排列甚至化学成分往往不同于晶体内部,又因它系二维结构分布,故属于晶体中的面缺陷。界面的存在对晶体的物理、化学和力学等性能将产生重要的影响。

2.3.1　表面

在晶体表面上,原子的排列状况与晶内不同。晶体表面上的每个原子只是部分地被其他原子包围着,其相邻原子数比晶体内部少;另外,由于成分偏析和表面吸附作用,往往使得表面成分与晶内成分不同。这些均将导致表面层原子间结合键与晶体内部并不相等,故表面原子会偏离其正常的平衡位置,并影响到邻近的几层原子,造成表面层的点阵畸变,使它们的能量比内部原子高,这几层高能量的原子层称为表面。

晶体表面单位面积自由能的增加称为表面能 $\gamma(\mathrm{J/m^2})$。表面能也可理解为产生单位面积新表面所做的功

$$\gamma = \frac{\mathrm{d}W}{\mathrm{d}S} \qquad\qquad (2-50)$$

式中,$\mathrm{d}W$ 表示产生面积为 $\mathrm{d}S$ 的表面所做的功。

由于表面是一个原子排列的终止面,另一侧无固体中原子间的键合,如同结合键被割断,故表面能也可用形成单位面积新表面所割断的结合键数目来近似表达。

表面能与晶体表面原子排列致密程度有关,原子密排的表面具有最低的表面能。若以原子密排面作表面时,晶体的能量最低、最稳定,所以晶体暴露在外的自由表面通常是低表面能的原子密排面。如果晶体表面与原子密排面成一定角度,为了保持低能量的表面状态,晶体的表面大都呈台阶状(见图 2-61),台阶的平面是低表面能的原子密排面,台阶的密度取决于表面和原子密排面之间的交角。

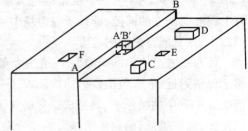

图 2-61　晶体表面的台阶 AB(含有扭折 A′B′)
单、双吸附原子 C、D 以及单、双空位 E、F

表面能除了与晶体表面原子排列致密程度有关外,还与晶体表面曲率有关。当其他条件相同时,表面曲率愈大,表面能也愈高。

晶体表面原子的较高能量状态及其所具有的残余结合键,将使外来原子易于被表面吸附,并引起表面能的降低。此外,台阶状的晶体表面也为原子的表面扩散以及表面吸附现象提供了一定条件。

2.3.2　晶界和亚晶界

多数晶体物质是由许多位向不同的晶粒构成的。属于同一固相但位向不同的晶粒之间的界面称为晶界,它是一种内界面;而每个晶粒有时又由若干个位向稍有差异的亚晶粒所组成,相邻亚晶粒间的界面称为亚晶界。晶粒的平均直径通常在 $0.015 \sim 0.25\mathrm{mm}$ 范围内,而亚晶粒的平均直径则为 $0.001\mathrm{mm}$ 数量级。

为了描述晶界和亚晶界的几何性质,需说明晶界的取向及其两侧晶粒的相对位向。二维点阵中的晶界几何关系可用两个晶粒间的位向差 θ 和晶界相对于一个点阵中某一晶面的夹角 φ 来描述,如图 2 - 62 所示。而三维点阵的晶界几何关系则应由五个角度来表征。设想将图 2 - 63(a)所示晶体沿着 $x - z$ 平面切开,然后让右侧晶体绕 x 轴旋转,这样就会使两个晶体之间产生位向差。同样,右侧晶体还可以绕 y 或 z 轴旋转。因此,为了确定两个晶体之间的位向,必须给定三个角度。现在再来考虑位向差一定的两个晶体之间的界面。如图 2 - 63(b)所示,若在 $x - z$ 平面有一个界面,将这个界面绕 x 轴或 z 轴旋转,可以改变界面的位置,但绕 y 轴旋转时,界面的位置不变。显然,为了确定界面本身的位向,还需要确定两个角度。这就是说,一般空间点阵中的晶界具有 5 个自由度。

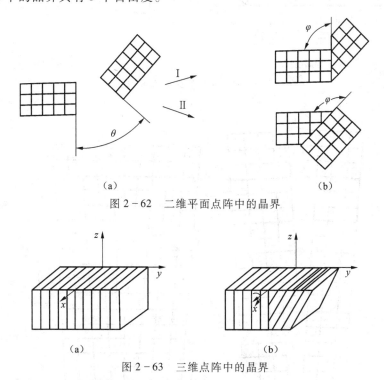

（a）　　　　　　　　　　　　（b）

图 2 - 62　二维平面点阵中的晶界

图 2 - 63　三维点阵中的晶界

根据相邻晶粒之间的位向差 θ 的不同可将晶界分为两类:

①小角度晶界——相邻晶粒间的位向差小于 $10°$,亚晶界均属于小角度晶界,其相邻晶粒间的位向差一般在 $1° \sim 3°$ 之间。

②大角度晶界——相邻晶粒间的位向差大于 $10°$,多晶体中的晶界大都属于此类。

2.3.2.1 小角度晶界的结构

小角度晶界可分为对称倾侧晶界、非对称倾侧晶界和扭转晶界等,它们的结构可用相应的模型来描述。

(1)对称倾侧晶界:对称倾斜晶界可看作是把晶界两侧晶体互相倾斜的结果,如图 2-64 所示。由于相邻两晶粒间的位向差 θ 角很小,其晶界可看成是由一列平行的同号刃型位错所构成,如图 2-65 所示。位错之间的距离 D 与位错柏氏矢量 $\boldsymbol{b}$ 之间的关系为

$$D = \frac{b}{2\sin\dfrac{\theta}{2}} \qquad\qquad (2-51)$$

当 θ 很小时,$\dfrac{b}{D} \approx \theta$。

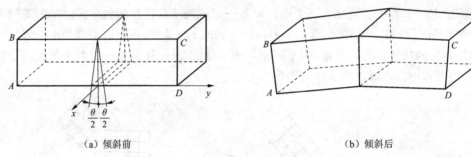

(a) 倾斜前   (b) 倾斜后

图 2-64 对称倾斜晶界的形成

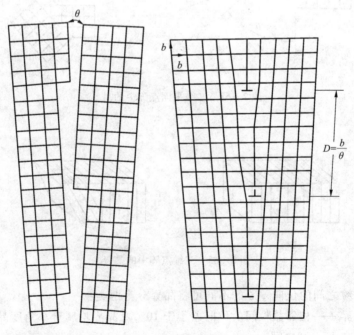

图 2-65 倾斜晶界

（2）非对称倾侧晶界：如果对称倾侧晶界的界面绕着 x 轴转了一定角度 φ，如图 2-66 所示，则此时两相邻晶粒之间的位向差仍为 θ 角，但此时晶界的界面对于两个晶粒是不对称的，因此，称为不对称倾侧晶界。它有两个自由度，即 θ 和 φ。该晶界的结构可看成是由两组柏氏矢量互相垂直的刃型位错交错排列而构成的。

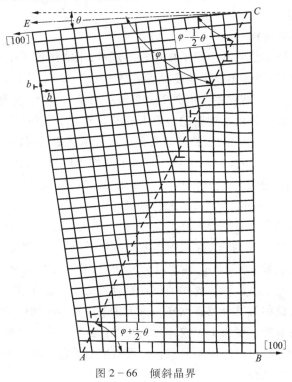

图 2-66　倾斜晶界

（3）扭转晶界：扭转晶界是小角度晶界的又一种类型。它可看成是两部分晶体绕某一轴在一个共同的晶面上相对扭转一个 θ 角所形成的，扭转轴垂直于这一共同的晶面，如图 2-67 所示。它的自由度为 1。该晶界的结构可看成是由两组互相交叉成网络的螺型位错所组成，如图 2-68 所示。

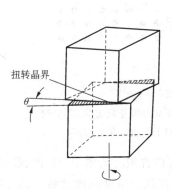

图 2-67　扭转晶界的形成过程

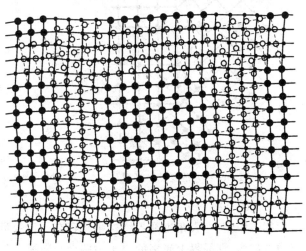

图 2-68　扭转晶界的位错模型

纯扭转晶界和倾侧晶界均是小角度晶界的简单情况,两者不同之处在于倾侧晶界形成时,转轴在晶界的界面上,而扭转晶界的转轴则垂直于晶界。在一般情况下,小角度晶界都可看成是两部分晶体绕某一轴旋转一定角度而形成的,只不过其转轴既不平行于晶界也不垂直于晶界。对这样的任意小角度晶界,可看作是由一系列刃型位错、螺型位错或混合位错的网络所构成,这已被实验所证实。

2.3.2.2 大角度晶界的结构

大角度晶界的结构较复杂,其中原子排列较不规则,不能用位错模型来描述。目前,对于大角度晶界的结构了解得还远不如小角度晶界清楚。

有人认为大角度晶界的结构接近于图 2-69 所示的模型,图中表明取向不同的相邻晶粒的界面不是光滑的曲面,而是由不规则的台阶组成的。界面上既包含有同时属于两个晶粒的原子 D,也包含有不属于任一晶粒的原子 A,既包含有压缩区 B,也包含有扩张区 C,这是由于晶界上的原子同时受到位向不同的两个晶粒中原子的作用所致。总之,大角度晶界上原子排列比较紊乱,但也存在一些比较整齐的区域。因此,晶界可看成坏区与好区交替相间组合而成。随着相邻晶粒间位向差 θ 的增大,坏区的面积将相应增加。

近年来,有人利用场离子显微镜研究了晶界,提出了大角度晶界的"重合位置点阵"模型,并得到实验证实。如图 2-70 所示,在二维正方点阵中,当两个相邻晶粒间的位向差为 36.9°时(相当于晶粒 2 相对晶粒 1 绕某固定轴旋转了 36.9°),若设想两晶粒的点阵彼此通过晶界向对方延伸,则其中一些原子将出现有规律的相互重合。由这些原子重合位置所组成的比原来晶体点阵大的新点阵,就称为重合位置点阵。由于在上述具体图例中,每 5 个原子即有一个是重合位置,故重合位置点阵密度为 1/5 或称为 1/5 重合位置点阵。显然,由于晶体结构及所选旋转轴与转动角度的不同,可以出现不同重合位置密度的重合点阵。表 2-1 列出了立方晶系金属晶体中重要的重合位置点阵。

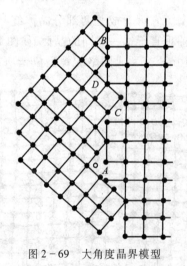

图 2-69 大角度晶界模型

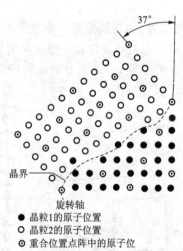

晶界

旋转轴
● 晶粒1的原子位置
○ 晶粒2的原子位置
◉ 重合位置点阵中的原子位

图 2-70 相邻晶粒间位向差为 36.9°时
所存在的 1/5 重合位置点阵

根据该模型,在大角度晶界结构中将存在一定数量的重合位置点阵的原子。显然,晶界上重合位置越多,即晶界上越多的原子为两个晶粒所共有,原子排列的畸变程度就愈小,则晶界能也相应越低。然而,从表 2-3 可知,不同晶体结构中具有重合位置点阵的特殊位向是有限的,所以重合位置点阵模型尚不能解释两相邻晶粒之间具有任意位向差时的晶界结构。总之,对于大角度晶界的结构还正在继续研究和讨论中。

表 2-3　立方晶系金属晶体中重要的重合位置点阵

晶 体 结 构	旋 转 轴	转动角度/(°)	重合位置密度
体心立方	$\langle 100 \rangle$	36.9	1/5
	$\langle 110 \rangle$	70.5	1/3
	$\langle 110 \rangle$	38.9	1/9
	$\langle 110 \rangle$	50.5	1/11
	$\langle 111 \rangle$	60.0	1/3
	$\langle 111 \rangle$	38.2	1/7
面心立方	$\langle 100 \rangle$	36.9	1/5
	$\langle 110 \rangle$	38.5	1/9
	$\langle 111 \rangle$	60.0	1/7
	$\langle 111 \rangle$	38.2	1/7

2.3.2.3　晶界能

由于晶界上的原子排列是不规则的,存在着点阵畸变,从而使系统的自由能增高。晶界能即定义为形成单位面积界面时系统的自由能变化,它等于界面区单位面积的能量减去无界面时该区单位面积的能量。

小角度晶界的能量主要来自位错能量(形成位错的能量和将位错排成有关组态所做的功),而位错密度又取决于相邻晶粒间的位向差,所以小角度晶界的晶界能也和位向差有关。一般,小角度晶界的晶界能是随相邻晶粒间位向差的增大而增加的。实际上,多晶体的晶界一般为大角度晶界,相邻晶粒间的位向差大多为 30°~40°,实验测出各种金属晶体中大角度晶界的晶界能为 0.25~1.0 J/m²,与相邻晶粒间的位向差无关,大体上为定值,如图 2-71 所示。

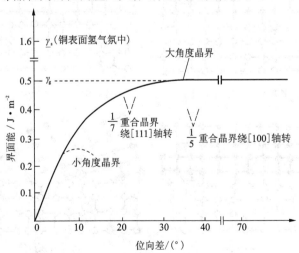

图 2-71　纯铜晶体中不同类型界面的界面能

2.3.2.4 晶界的特性

（1）晶界处点阵畸变大，存在着晶界能，因此，晶粒的长大和晶界的平直化都能减少晶界面积，从而降低晶界的总能量，这是一个自发过程。

（2）晶界处的原子排列不规则，因此在常温下晶界的存在会对位错的运动起阻碍作用，致使晶体的塑性变形抗力提高，宏观上则表现为晶界比晶内具有更高的强度和硬度。

（3）晶界处的原子偏离平衡位置，具有较高的动能，并且晶界处存在着较多的缺陷如空位和位错等，故晶界处原子的迁移速度比在晶内快得多。

（4）在固态相变过程中，由于晶界能量较高且原子活动能力较大，所以新相易于在晶界处优先形核。

（5）由于晶界处常常富集着杂质原子，因此晶界的熔点较低，故在加热过程中，将会因为温度过高而引起晶界熔化和氧化，导致"过热"现象的产生。

（6）由于晶界能量较高，原子处于不稳定状态，加之晶界处富集杂质原子的缘故，与晶内相比，晶界的腐蚀速度一般较快。这就是利用腐蚀剂显示材料显微组织的依据。

2.3.3 相界

具有不同结构的两相之间的分界面称为相界。按结构特点，相界面可分为共格相界、半共格相界和非共格相界三种类型。

所谓共格相界是指界面上的原子同时位于两相晶格的结点上，即两相的晶格是彼此衔接的，界面上的原子为两者所共有。图 2-72(a)所示即是一种无畸变的具有完善共格关系的相界，但这只是一种理想的完全共格界面。对相界而言，其两侧为两个不同的相，即使两个相的晶体结构相同，其点阵常数也不可能相等，因此在形成共格相界时，必然在相界面附近产生一定的弹性畸变，其中晶面间距较小的点阵发生膨胀，晶面间距较大的点阵则发生收缩[见图 2-72(b)]，互相协调，使相界面上的原子相互匹配。

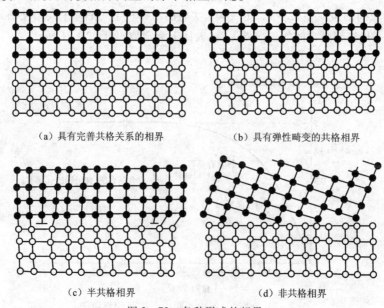

（a）具有完善共格关系的相界　　　（b）具有弹性畸变的共格相界

（c）半共格相界　　　（d）非共格相界

图 2-72　各种形式的相界

　　若两相在界面处的晶面间距相差较大,则在相界面上不可能做到完全的一一对应,于是在界面上便形成一些位错以降低界面处的弹性应变能[见图 2-72(c)]。此时,界面上的两相原子部分地保持匹配,这样的相界面称为半共格相界或部分共格相界。半共格相界上的位错间距取决于界面处两相之间的错配度。错配度 δ 定义为

$$\delta = \frac{a_\alpha - a_\beta}{a_\alpha} \qquad\qquad (2-52)$$

　　其中 a_α 和 a_β 分别表示相界面两侧的 α 相和 β 相的点阵常数,且 $a_\alpha > a_\beta$。由此可求得相界上的位错间距 D 为

$$D = \frac{a_\beta}{\delta} \qquad\qquad (2-53)$$

　　当 δ 很小时, D 很大, α 和 β 相在界面上趋于共格,即成为共格相界。当 δ 很大时,即两相在相界面处的原子排列相差很大时, α 和 β 相在相界面上完全失配,只能形成非共格相界[见图 2-72(d)]。这种相界与大角度晶界相似,可以看成是由原子不规则排列的很薄的过渡层构成。

　　相界也具有一定的能量,称为相界能。从理论上讲,相界能包括两部分,即弹性畸变能和化学交互作用能。弹性畸变能的大小取决于错配度 δ 的大小,而化学交互作用能则取决于相界面上的原子与周围原子的化学键结合状况。相界面结构不同,这两部分能量所占的比例不同。例如,对于共格相界,由于界面上原子保持着匹配关系,故相界面上原子的结合键数目不变,因此弹性畸变能是主要的;而对于非共格相界,由于界面上原子的化学键数目和强度与晶内相比发生了很大变化,故其相界能以化学交互作用能为主,而且总的相界能较高。从相界能的角度来看,从共格至半共格到非共格相界能依次递增。

第3章 固体中的扩散

物质中原子(或离子、分子)的迁移现象称为扩散。扩散是固体中物质传递的唯一方式。扩散也与固体材料中发生的许多变化过程密切相关,诸如合金的凝固、铸件的成分均匀化、变形金属的回复和再结晶、陶瓷的烧结、材料的固态相变以及各种表面处理等。因此,研究扩散问题对于了解和分析材料内部的微观结构变化以及控制这些过程是非常重要的。本章主要讨论固态材料中扩散的宏观规律、微观机制及其影响因素。

3.1 扩散第一定律和第二定律

3.1.1 扩散第一定律

当固体中存在着成分差异时,就会发生大量原子迁移而引起的宏观物质流动——扩散。针对如何描述原子迁移速率的问题,菲克(A·Fick)在1855年进行了研究并指出,扩散过程中原子的扩散通量与其浓度梯度成正比,即

$$J = -D \frac{\mathrm{d}C}{\mathrm{d}x} \tag{3-1}$$

式中,J 为扩散通量,表示单位时间内通过垂直于扩散方向 x 的单位截面积的扩散物质的质量,其单位为 $kg/m^2 \cdot s$;D 为扩散系数,其单位为 m^2/s;C 为扩散物质的浓度,其单位为 kg/m^3。式中的负号表示物质的扩散方向与浓度梯度 $\frac{\mathrm{d}C}{\mathrm{d}x}$ 的方向相反,即表示物质从高浓度区向低浓度区方向迁移。

该方程称为扩散第一定律或菲克第一定律。扩散第一定律所描述的是一种稳态扩散,即扩散物质的浓度不随时间而变化。

3.1.2 扩散第二定律

大多数扩散过程都是非稳态扩散过程,即扩散物质的浓度是随时间而变化的,对于这类扩散问题可以通过扩散第一定律结合质量守恒条件推导出的扩散第二定律来描述。

图 3-1 表示在垂直于物质迁移的方向 x 上,取一个横截面积为 A、长度为 $\mathrm{d}x$ 的小体积元。设流入及流出此体积元的扩散物质的通量分别为 J_1 和 J_2,则根据质量守恒条件可得

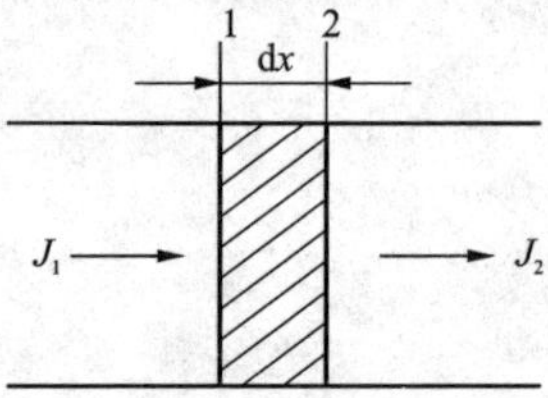

图 3-1 扩散通过小体积元的情况

流入的量 - 流出的量 = 积存的量

或   流入速率 - 流出速率 = 积存速率

显然,对于上述小体积元而言,扩散物质的流入速率 = $J_1 \cdot A$,而流出速率 = $J_2 \cdot A = J_1 \cdot A +$

$\dfrac{\partial(J \cdot A)}{\partial x}\mathrm{d}x$，则积存速率 $= -\dfrac{\partial J}{\partial x} \cdot A \cdot \mathrm{d}x$。扩散物质的积存速率也可用体积元中扩散物质的浓度随时间的变化率来表示，因此可得

$$\frac{\partial C}{\partial t} \cdot A \cdot \mathrm{d}x = -\frac{\partial J}{\partial x} \cdot A \cdot \mathrm{d}x$$

$$\frac{\partial C}{\partial t} = -\frac{\partial J}{\partial x}$$

将扩散第一定律代入上式，可得

$$\frac{\partial C}{\partial t} = \frac{\partial}{\partial x}\left(D\,\frac{\partial C}{\partial x} \right) \tag{3-2}$$

该方程即称为扩散第二定律或菲克第二定律。如果假定 D 与浓度无关，则上式可简化为

$$\frac{\partial C}{\partial t} = D\,\frac{\partial^2 C}{\partial x^2} \tag{3-3}$$

3.1.3　扩散第二定律的解及其应用

对于非稳态扩散过程，则需要对扩散第二定律按所研究问题的初始条件和边界条件求解。显然，不同的初始条件和边界条件将导致方程的不同解。这里只介绍较为简单而实用的扩散第二定律的解及其应用。

3.1.3.1　扩散第二定律的解

求扩散第二定律的解，实际上是求出经过时间 t 的扩散后所引起的扩散物质的浓度分布。解偏微分方程的方法有多种，下面介绍用中间变量代换使偏微分方程变为常微分方程的求解方法。

设中间变量 $\beta = \dfrac{x}{2\sqrt{Dt}}$，则有

$$\frac{\partial C}{\partial t} = \frac{\mathrm{d}C}{\mathrm{d}\beta}\frac{\partial \beta}{\partial t} = -\frac{\beta}{2t}\frac{\mathrm{d}C}{\mathrm{d}\beta}$$

而

$$\frac{\partial^2 C}{\partial x^2} = \frac{\mathrm{d}^2 C}{\mathrm{d}\beta^2}\left(\frac{\partial \beta}{\partial x} \right)^2 = \frac{\mathrm{d}^2 C}{\mathrm{d}\beta^2}\frac{1}{4Dt}$$

将上面两式代入（3-3）式，则得

$$-\frac{\beta}{2t}\frac{\mathrm{d}C}{\mathrm{d}\beta} = D\,\frac{\mathrm{d}^2 C}{\mathrm{d}\beta^2}\frac{1}{4Dt}$$

整理为

$$\frac{\mathrm{d}^2 C}{\mathrm{d}\beta^2} + 2\beta\,\frac{\mathrm{d}C}{\mathrm{d}\beta} = 0$$

上述常微分方程的通解为

$$C = A'\int_0^\beta \exp(-\beta^2)\,\mathrm{d}\beta + B \tag{3-4}$$

根据误差函数定义

$$\mathrm{erf}(\beta) = \frac{2}{\sqrt{\pi}}\int_0^\beta \exp(-\beta^2)\,\mathrm{d}\beta$$

则（3-4）式可改写为

$$C = A\mathrm{erf}(\beta) + B \qquad\qquad (3-5)$$

式中，A 和 B 为待定常数。

可以证明，$\mathrm{erf}(\infty) = 1$，$\mathrm{erf}(-\beta) = -\mathrm{erf}(\beta)$。不同 β 值所对应的误差函数值如表 3-1 所示。

表 3-1   误差函数表(β 值由 0 到 2.7)

β	0	1	2	3	4	5	6	7	8	9
0.0	0.0000	0.0113	0.0226	0.0338	0.0451	0.0564	0.0676	0.0789	0.0901	0.1013
0.1	0.1125	0.1236	0.1348	0.1459	0.1569	0.1680	0.1790	0.1900	0.2009	0.2118
0.2	0.2227	0.2335	0.2443	0.2550	0.2657	0.2763	0.2869	0.2974	0.3079	0.3183
0.3	0.3286	0.3389	0.3491	0.3593	0.3694	0.3794	0.3893	0.3992	0.4090	0.4187
0.4	0.4284	0.4380	0.4475	0.4569	0.4662	0.4755	0.4847	0.4937	0.5027	0.5117
0.5	0.5205	0.5292	0.5379	0.5465	0.5549	0.5633	0.5716	0.5798	0.5879	0.5959
0.6	0.6039	0.6117	0.6194	0.6270	0.6346	0.6420	0.6494	0.6566	0.6638	0.6708
0.7	0.6778	0.6847	0.6914	0.6981	0.7047	0.7112	0.7175	0.7238	0.7300	0.7361
0.8	0.7421	0.7480	0.7538	0.7595	0.7651	0.7707	0.7761	0.7814	0.7867	0.7918
0.9	0.7969	0.8019	0.8068	0.8116	0.8163	0.8209	0.8254	0.8299	0.8342	0.8385
1.0	0.8427	0.8468	0.8508	0.8548	0.8586	0.8624	0.8661	0.8698	0.8733	0.8768
1.1	0.8802	0.8835	0.8868	0.8900	0.8931	0.8961	0.8991	0.9020	0.9048	0.9076
1.2	0.9103	0.9130	0.9155	0.9181	0.9205	0.9229	0.9252	0.9275	0.9297	0.9319
1.3	0.9340	0.9361	0.9381	0.9400	0.9419	0.9438	0.9456	0.9473	0.9490	0.9507
1.4	0.9523	0.9539	0.9554	0.9569	0.9583	0.9597	0.9611	0.9624	0.9637	0.9649
1.5	0.9661	0.9673	0.9687	0.9695	0.9706	0.9716	0.9726	0.9736	0.9745	0.9735

β	1.55	1.6	1.65	1.7	1.75	1.8	1.9	2.0	2.2	2.7
$\mathrm{erf}(\beta)$	0.9716	0.9763	0.9804	0.9838	0.9867	0.9891	0.9928	0.9953	0.9981	0.999

3.1.3.2   两端成分不受扩散影响的扩散偶

设有两根成分均匀的等截面金属棒，其成分为 C_1 和 C_2。首先将两根金属棒对焊在一起，使焊接面垂直于扩散方向(见图 3-2)，并取焊接面的坐标为原点 $x = 0$，然后加热到一定温度使之形成扩散偶。假定两根金属棒均足够长，可以保证扩散偶两端始终维持原始浓度。根据上述情况，可分别确定出相应的初始条件

$$t = 0 \quad \begin{cases} x > 0, \text{则 } C = C_1 \\ x < 0, \text{则 } C = C_2 \end{cases}$$

和边界条件：

$$t > 0 \quad \begin{cases} x = +\infty, \text{则 } C = C_1 \\ x = -\infty, \text{则 } C = C_2 \end{cases}$$

对于两端成分不受扩散影响的扩散偶，可根据式(3-5)及相应的边界条件求出待定常数

$$A = \frac{C_1 - C_2}{2}, \quad B = \frac{C_1 + C_2}{2}$$

因此,扩散物质的浓度随扩散距离 x 和扩散时间 t 变化的解析式为

$$C(x,t) = \frac{C_1 + C_2}{2} + \frac{C_1 - C_2}{2}\mathrm{erf}\left(\frac{x}{2\sqrt{Dt}}\right) \tag{3-6}$$

在焊接面处,$x = 0$,则 $\mathrm{erf}(0) = 0$,所以

$$C(0,t) = \frac{C_1 + C_2}{2}$$

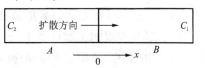

即焊接面上扩散物质的浓度 $C(0,t)$ 始终保持不变,如图 3 - 2 所示。这是由于假定扩散系数与扩散物质的浓度无关所致。

若焊接面右侧金属棒的原始浓度 C_1 为零时,则(3 - 6)式简化为

$$C(x,t) = \frac{C_2}{2}\left[1 - \mathrm{erf}\left(\frac{x}{2\sqrt{Dt}}\right)\right]$$

而焊接界面上的扩散物质浓度始终等于 $\frac{C_2}{2}$。

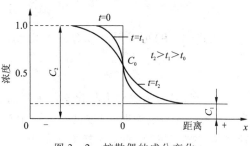

图 3 - 2　扩散偶的成分变化

3.1.3.3　一端成分不受扩散影响的扩散体

渗碳是提高低碳钢表面性能和降低生产成本的一种重要的热处理工艺,也常常被作为非稳态扩散的典型例子。其大致的工艺流程如下:将原始碳浓度为 C_0 的低碳钢零件在一定温度的渗碳炉内加热,由渗碳源释放出的碳很快就使渗碳件表面达到饱和浓度 C_s(通常称为碳势),而以后保持不变,同时碳原子则不断由渗碳件表面向内部扩散。此时,渗碳件可被视为半无限长的扩散体,即远离渗碳源一端的碳浓度在整个渗碳过程中不受扩散的影响,始终保持为 C_0。这样,渗碳层的厚度、渗碳层中的碳浓度和渗碳时间的关系便可利用式(3 - 5)求得。

初始条件:$t = 0$　$x \geqslant 0$,则 $C = C_0$

边界条件:$t > 0$ $\begin{cases} x = 0,则 C = C_s \\ x = +\infty,则 C = C_0 \end{cases}$

可解得

$$\frac{C(x,t) - C_0}{C_s - C_0} = 1 - \mathrm{erf}\left(\frac{x}{2\sqrt{Dt}}\right) \tag{3-7}$$

如果渗碳件为纯铁($C_0 = 0$),则上式可简化为

$$C(x,t) = C_s\left[1 - \mathrm{erf}\left(\frac{x}{2\sqrt{Dt}}\right)\right] \tag{3-8}$$

在实际渗碳时,常需要估算满足一定渗碳层深度所需要的时间,则可分别根据式(3 - 7)和式(3 - 8)求出。

3.2　扩散热力学

扩散第一定律描述了物质从高浓度区向低浓度区扩散的现象,扩散的结果导致扩散物质浓度梯度的减小,使成分趋于均匀,这种扩散称为"顺扩散"或"下坡扩散"。但这并非普遍规

律,有些扩散过程中,物质也可能从低浓度区向高浓度区富集,扩散的结果提高了扩散物质的浓度梯度,这种扩散称为"逆扩散"或"上坡扩散"。事实说明,浓度梯度并不是引起扩散的真正原因。由热力学可知,扩散和其他过程一样,应该向自由能降低的方向进行。在恒温恒压下,自由能变化 $\Delta G < 0$ 才是引起扩散的真正原因。

在多个组元构成的扩散体系中,若 1 摩尔的 i 组元从化学位较高(μ_{iO})的 O 点迁移到化学位较低(μ_{iQ})的 Q 点,O、Q 之间的距离为 $\mathrm{d}x$,则体系的自由能变化为

$$\Delta G = \mu_{iQ} - \mu_{iO} = -\frac{\mathrm{d}\mu_i}{\mathrm{d}x}\mathrm{d}x \tag{3-9}$$

从式(3-9)可以看出,1 摩尔 i 组元原子扩散的驱动力应为

$$F_i = -\frac{\mathrm{d}\mu_i}{\mathrm{d}x} \tag{3-10}$$

其中负号表示驱动力与化学位下降的方向一致,也就是扩散总是向化学位减小的方向进行。式(3-10)也说明,只要两个区域中存在化学位梯度,原子便受到一个化学力的作用而发生扩散,这便是使得原子扩散的驱动力。

在化学位梯度的驱动下,i 组元原子在固体中的平均扩散速度 v_i 正比于驱动力 F_i

$$v_i = B_i F_i$$

式中,比例系数 B_i 为 i 组元原子在单位驱动力作用下的迁移速度,称为原子迁移率。

扩散原子的扩散通量在数值上等于其体积浓度 C_i 与平均扩散速度 v_i 的乘积

$$J_i = C_i v_i$$

由此可得

$$J_i = C_i B_i F_i = -C_i B_i \frac{\mathrm{d}\mu_i}{\mathrm{d}x} \tag{3-11}$$

由热力学可知,i 组元的化学位可以用其活度 $a_i = \gamma_i C_i$(γ_i 称为活度系数)表示,则有

$$\mu_i = \mu_i^0 + kT\ln a_i = \mu_i^0 + kT\ln\gamma_i C_i$$

微分后可得

$$\mathrm{d}\mu_i = kT\left(\frac{1}{C_i} + \frac{\mathrm{d}\ln\gamma_i}{\mathrm{d}C_i}\right)\mathrm{d}C_i \tag{3-12}$$

将式(3-12)代入式(3-11),则有

$$J_i = -C_i B_i kT\left(\frac{1}{C_i} + \frac{\mathrm{d}\ln\gamma_i}{\mathrm{d}C_i}\right)\frac{\mathrm{d}C_i}{\mathrm{d}x}$$

$$= -kTB_i\left(1 + \frac{\mathrm{d}\ln\gamma_i}{\mathrm{d}\ln C_i}\right)\frac{\mathrm{d}C_i}{\mathrm{d}x} \tag{3-13}$$

由扩散第一定律

$$J_i = -D_i\frac{\mathrm{d}C_i}{\mathrm{d}x}$$

比较上式与式(3-13)可得

$$D_i = kTB_i\left(1 + \frac{\mathrm{d}\ln\gamma_i}{\mathrm{d}\ln C_i}\right) \tag{3-14}$$

对于理想固溶体($\gamma_i = 1$)或稀固溶体($\gamma_i =$ 常数),上式括号内的因子(又称热力学因子)等于 1,因而

$$D_i = kTB_i \qquad\qquad (3-15)$$

由此可见,在理想或稀固溶体中,不同组元的扩散系数仅取决于原子迁移率 B_i 的大小。

根据式(3-14)不仅能解释通常的扩散现象,也能解释"上坡扩散"等反常现象。当 $\left(1 + \dfrac{\mathrm{d}\ln\gamma_i}{\mathrm{d}\ln C_i}\right) > 0$ 时,$D > 0$,表明该组元原子是从高浓度区向低浓度区迁移的"下坡扩散";当 $\left(1 + \dfrac{\mathrm{d}\ln\gamma_i}{\mathrm{d}\ln C_i}\right) < 0$ 时,$D < 0$,表明该组元原子是从低浓度区向高浓度区迁移的"上坡扩散"。综上所述可知,决定组元扩散的基本因素是化学位梯度,不管是上坡扩散还是下坡扩散,其结果总是导致扩散组元的化学位梯度减小,直至化学势梯度为零。

在下述情况下也会发生上坡扩散:

(1)弹性应力的作用。固溶体中存在弹性应力梯度时,它促使较大半径的原子向点阵伸长区域迁移,而较小半径的原子则向点阵收缩区域迁移,造成固溶体中溶质原子的不均匀分布。

(2)晶界的内吸附。晶界能量比晶内高,原子规则排列较晶内差,如果溶质原子位于晶界处则可降低体系的总能量,因此溶质原子优先向晶界扩散并富集于晶界处,此时溶质在晶界上的浓度就高于晶内的浓度。

(3)大的电场或温度场也可促使晶体中的原子按一定方向扩散,造成扩散原子的不均匀性。

3.3　扩散机制和扩散激活能

3.3.1　扩散机制

晶体中的原子总是在不停地围绕着其平衡位置(如晶格结点)做热振动。在热激活条件下,原子的热振动加剧,振幅增大。当原子振幅大到足以使自己离开原先的平衡位置时,便发生原子的迁移,即原子跳跃到另一个位置(如晶格结点或间隙),从而发生扩散。原子的扩散可以在晶体内部通过晶体点阵进行,也可以沿晶体的表面或晶体中的缺陷(如晶界、位错)进行。通过晶体点阵进行的扩散过程称为体扩散,亦称晶格扩散。人们提出过多种体扩散机,但实验证明,间隙机制和空位机制是比较符合实际的。

3.3.1.1　间隙机制

间隙扩散机制如图3-3所示,原子从一个晶格间隙位置跳跃到相邻的晶格间隙位置,从而引起原子的扩散。对于间隙固溶体,溶质原子的扩散无疑是通过间隙机制进行的,如 C、N、H、B、O 等尺寸较小的原子在铁中的扩散。

如果一个尺寸比较大的原子进入晶格间隙位置,那么这种原子将难以通过间隙机制从一个间隙位置迁移到相邻的间隙位置,因为这种迁移将导致很大的点阵畸变。为此,提出了一种所谓的篡位式间隙机制,即处于间隙位置的原子将其近邻的晶格结点上的原子挤

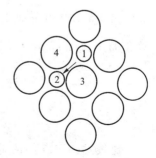

图3-3　间隙扩散机制

到附近的间隙中,而自己则占据被挤出去原子原来的位置。

3.3.1.2 空位机制

空位扩散机制如图 3-4 所示。可以看出,空位机制实际上是原子和空位之间进行位置的交换,原子跳入近邻的空位,相当于空位迁移到扩散原子原来的位置上,所以,空位扩散机制中有空位扩散通量,其大小与原子扩散通量相等,但方向刚好相反。纯金属的自扩散就是通过空位机制进行的,也可以说是空位在纯金属晶体中迁移的结果;在置换固溶体中,溶质原子和溶剂原子的扩散也是通过空位机制实现的。如果两种原子的化学性质及尺寸非常相近,则跳入其近邻空位的难易程度差别很小,跳入的几率也就一样,因此这两种原子的扩散系数也大致相当;若两种原子的化学性质或尺寸相差较大,那么其中一种原子跳跃到空位的几率就比另一种原子大得多,两种原子的扩散系数也不相同。需要指出的是,原子完成一次跃迁之后,要进行下次跃迁则必须等待新的空位移动到它的邻近位置。由此可知,空位机制进行的快慢取决于晶体中空位的浓度。

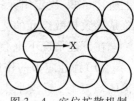

图 3-4 空位扩散机制

3.3.2 原子跳跃和扩散系数

前已述及,原子的扩散是通过原子的跳动实现的。原子一次跳跃只有一个原子间距,其跳跃的方向是随机的,但在一定温度下,原子跳跃的频率 Γ 是一定的。设一块含有 n 个原子的晶体,在 $\mathrm{d}t$ 时间内共跳跃 m 次,则平均每个原子在单位时间内的跳跃次数,即跳跃频率

$$\Gamma = \frac{m}{n \cdot \mathrm{d}t} \tag{3-16}$$

图 3-5 中示意地画出了晶体中的两个相邻平行晶面 1、2,其面间距为 d,且这两个晶面都与纸面垂直。假定晶面 1 和晶面 2 的面积均为单位面积,其上分别有 n_1 和 n_2 个原子,这些原子由晶面 1 跳跃至晶面 2 或者从晶面 2 跳跃至晶面 1 的几率(称为跳跃方向几率)是相同的,均为 P,则在 $\mathrm{d}t$ 时间内,由晶面 1 跳跃至晶面 2 和由晶面 2 跳跃至晶面 1 的原子数分别为

$$N_{1 \to 2} = n_1 P \Gamma \mathrm{d}t \quad N_{2 \to 1} = n_2 P \Gamma \mathrm{d}t$$

如果 $n_1 > n_2$,则原子由晶面 1 到晶面 2 的净流量应为 $J = (N_{1 \to 2} - N_{2 \to 1})/\mathrm{d}t$,所以

$$J = (n_1 - n_2) P \Gamma$$

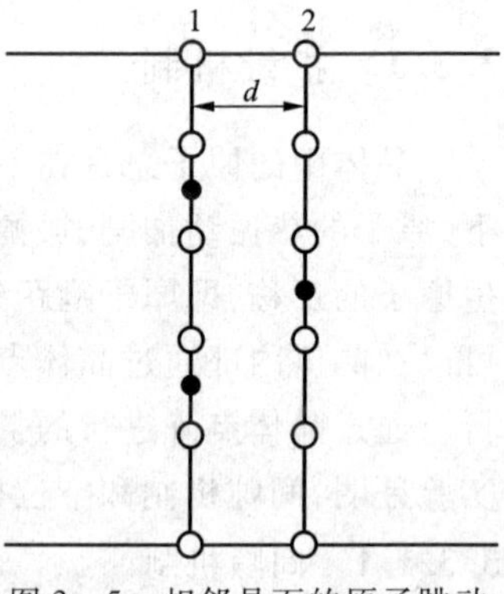

由于晶面 1 和晶面 2 上原子的体积浓度 C_1、C_2 与 n_1、n_2 之间

图 3-5 相邻晶面的原子跳动

存在如下关系:$n_1 = C_1 d$,$n_2 = C_2 d$,并且 $C_2 = C_1 + \dfrac{\mathrm{d}C}{\mathrm{d}x} d$,所以

$(n_1 - n_2) = -\dfrac{\mathrm{d}C}{\mathrm{d}x} d^2$。因而

$$J = -P \Gamma d^2 \frac{\mathrm{d}C}{\mathrm{d}x} \tag{3-17}$$

比较式(3-17)和扩散第一定律的数学表达式(3-1),则可得

$$D = P \Gamma d^2 \tag{3-18}$$

由式(3-18)可以看出,扩散系数与原子跳跃频率 Γ、跳跃方向几率 P 和跳跃距离 d 的平方成正比。其中 P 和 d 是与晶体结构有关的参数,而跳跃频率 Γ 除了与扩散原子本身性质有关外,还与扩散机制和温度密切相关。例如,碳在 $\gamma - Fe$ 中的跳跃频率 Γ 在925℃温度下为 $1.7 \times 10^9 1/s$,而在室温时则仅为 $2.1 \times 10^{-9} 1/s$,两者相差约 10^{18} 倍,这充分说明了温度对原子跳跃频率的重要影响。

3.3.3　扩散激活能

原子的扩散激活能就是原子在从一个平衡位置跳跃到其近邻位置时所需克服周围原子对其束缚的能垒,即原子跳跃激活能,它不仅与原子间结合力有关,也与具体的扩散机制有关。

3.3.3.1　间隙扩散激活能

图 3-6 所示为间隙原子的位置与自由能的关系。可见,间隙原子处于位置 1 和 3 时,其自由能最低(等于 G_1),当间隙原子从位置 1 跳跃至位置 3 时,必须经过位置 2,把 A 原子适当挤开,使点阵产生瞬时的畸变,相应的畸变能即是间隙原子跳跃时所需克服的能垒 $\Delta G = (G_2 - G_1)$。因此,只要间隙原子的自由能大于 G_2 就有可能离开原来的位置跳跃至邻近的间隙位置上去。

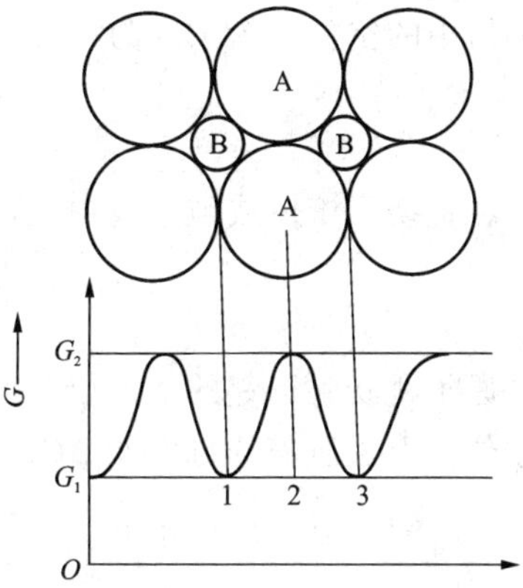

根据麦克斯韦 - 波尔兹曼(Maxwell - Boltzmann)统计分布定律,在 N 个间隙原子中,自由能大于 G_2 的原子数

$$n_2 = N\exp\left(-\frac{G_2}{kT}\right)$$

图 3-6　间隙原子的位置与自由能的关系

同样,自由能大于 G_1 的原子数

$$n_1 = N\exp\left(-\frac{G_1}{kT}\right)$$

则

$$\frac{n_2}{n_1} = \exp\left(-\frac{G_2 - G_1}{kT}\right)$$

由于 G_1 是原子处于间隙位置时的自由能,可以看成是间隙原子的最低能态,故有 $n_1 \approx N$,上式变为

$$\frac{n_2}{N} = \exp\left(-\frac{G_2 - G_1}{kT}\right) = \exp\left(-\frac{\Delta G}{kT}\right) \tag{3-19}$$

式(3-19)也表示了在温度 T 时具有跳跃条件的原子分数 p(或称几率)。

设原子的振动频率为 v,间隙原子最邻近的间隙位置数为 Z(即间隙配位数),则 Γ 应是 v、Z 以及具有跳跃条件的原子分数 p 的乘积,即

$$\Gamma = vZ \exp\left(-\frac{\Delta G}{kT}\right)$$

根据热力学,$\Delta G = \Delta H - T\Delta S \approx \Delta E - T\Delta S$。因此有

$$\Gamma = vZ \exp\left(\frac{\Delta S}{k}\right) \exp\left(-\frac{\Delta E}{kT}\right)$$

代入式(3-18)可得

$$D = Pd^2 vZ \exp\left(\frac{\Delta S}{k}\right) \exp\left(-\frac{\Delta E}{kT}\right)$$

令

$$D_0 = Pd^2 vZ \exp\left(\frac{\Delta S}{k}\right)$$

则

$$D = D_0 \exp\left(-\frac{\Delta E}{kT}\right) \tag{3-20}$$

式中，D_0 为扩散常数；ΔU 为原子跳跃到新位置上去所需的额外内能，称为间隙扩散激活能。

3.3.3.2 空位扩散激活能

与间隙型溶质原子的扩散相比，置换型溶质原子或溶剂原子的扩散除了需要原子从一个位置跳跃到一个空位位置的迁移外，还需要扩散原子近旁出现新的空位。前已指出，温度 T 时晶体中的空位平衡浓度为

$$C_v = \exp\left(-\frac{\Delta E_v}{kT} + \frac{\Delta S_f}{k}\right)$$

在置换固溶体或纯金属中，若其配位数为 Z_0，则在每个原子周围出现空位的几率应为

$$Z_0 C_v = Z_0 \exp\left(-\frac{\Delta E_v}{kT} + \frac{\Delta S_f}{k}\right)$$

原子跳跃到近邻的空位位置上去也需要克服一定的能垒，这个能垒也是空位迁移到相邻原子位置上去所需的自由能 $\Delta G_m \approx \Delta E_m - T\Delta S_m$。那么，原子跳跃频率 Γ 应是原子的振动频率 v、原子周围出现空位的几率 $Z_0 C_v$ 以及具有跳跃条件的原子所占分数 $\exp\left(-\frac{\Delta G_m}{kT}\right)$ 的乘积，即

$$\Gamma = vZ_0 \exp\left(-\frac{\Delta E_v}{kT} + \frac{\Delta S_f}{k}\right) \exp\left(-\frac{\Delta E_m}{kT} + \frac{\Delta S_m}{k}\right)$$

代入(3-18)式并整理，可得

$$D = Pd^2 vZ_0 \exp\left(\frac{\Delta S_f + \Delta S_m}{k}\right) \exp\left(-\frac{\Delta E_v + \Delta E_m}{kT}\right)$$

令扩散常数 $D_0 = Pd^2 vZ_0 \exp\left(\frac{\Delta S_f + \Delta S_m}{k}\right)$，则有

$$D = D_0 \exp\left(-\frac{\Delta E}{kT}\right) \tag{3-21}$$

式中 $\Delta E = \Delta E_v + \Delta E_m$，$\Delta E$ 即为空位扩散激活能。可见，空位扩散除了需要原子跳跃所需的内能外，还比间隙扩散增加了一项空位形成能。

上述式(3-20)和式(3-21)的扩散系数都遵循阿累尼乌斯(Arrhenius)方程

$$D = D_0 \exp\left(-\frac{Q}{RT}\right) \tag{3-22}$$

式中，R 为气体常数，其值为 8.314J/mol·K；Q 代表每摩尔原子的扩散激活能；T 为绝对温度。

由此表明，不同扩散机制的扩散系数表达形式相同，但 D_0 和 Q 值不同。

表3-2列出了若干扩散系统的扩散常数和扩散激活能的数值。由表中的数据可以看出，

空位扩散激活能均比间隙扩散激活能要大。

表 3 - 2 一些扩散系统的 D_0 和 Q 的近似值

扩 散 元 素	基 体 金 属	D_0($\times 10^{-5} m^2/s$)	Q($\times 10^3 J/mol$)
C	$\gamma - Fe$	2.0	140
C	$\alpha - Fe$	0.2	84
N	$\gamma - Fe$	0.33	144
N	$\alpha - Fe$	0.46	75
Fe	$\gamma - Fe$	1.8	270
Fe	$\alpha - Fe$	19	239
Ni	$\gamma - Fe$	4.4	283
Mn	$\gamma - Fe$	5.7	277
Cu	Al	0.84	136
Zn	Cu	2.1	171

如前所述,不同的扩散机制其扩散激活能不同。此外,扩散激活能的大小受晶体结构及扩散元素的类型等因素的影响。但是,在同一扩散过程中,扩散激活能是一个比较稳定的物理量,而扩散机制发生变化时,扩散激活能也发生相应的变化。因此,可以利用扩散激活能的变化来分析扩散过程的机制变化。但是,目前还不能用理论直接计算扩散激活能,只能借助于某些实验数据来计算。下面介绍通过实验求解扩散激活能的方法。

对式(3 - 22)取对数,可得

$$\ln D = \ln D_0 - \frac{Q}{R} \cdot \frac{1}{T} \qquad (3 - 23)$$

由式(3 - 23)可知,$\ln D$ 与 $\frac{1}{T}$ 成直线关系。如果测得两个温度 T_1、T_2 下的扩散系数 D_1 和 D_2,就可以在半对数坐标系中绘出它们的关系曲线。图 3 - 7 所示为金在铅中的扩散系数与温度的关系。图中的直线斜率等于 $-\frac{Q}{R}$,该直线外推至与纵坐标相交的截距则为 $\ln D_0$,由此即可分别求得 D_0 和 Q 的值。

显然,当原子在高温和低温下以两种不同机制进行扩散时,由于扩散激活能不同,将在 $\ln D - \frac{1}{T}$ 图中出现两段不同斜率的折线。

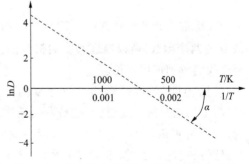

图 3 - 7 金在铅中的扩散系数与温度的关系

3.3.4 柯肯达尔效应

柯肯达尔(Kirkendall)等人在 1947 年设计了如图 3 - 8 所示的扩散实验。在长方形的黄铜棒上敷上很细的钼丝作为标记,再在黄铜上镀铜,将钼丝包在黄铜与铜中间,而后在 785℃ 保温,发现一天后两边的钼丝都向黄铜一侧移动了 0.015mm,56 天后移动了 0.125mm,且在黄铜一侧出现了一些小的孔洞(见图 3-9)。这种现象称为柯肯达尔效应。

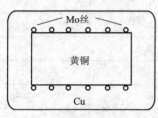

图 3-8　柯肯达尔实验

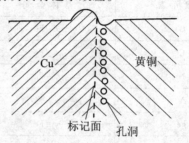

图 3-9　扩散后的断面变化示意图

如果铜锌的扩散系数相等,进行等量的原子交换,由于锌的原子尺寸大于铜,互扩散后外侧的铜点阵常数增大,而内部的黄铜点阵常数缩小,这样也会使钼丝向黄铜一侧移动,称为标记漂移,但是这种移动的计算值仅为实验值的十分之一,所以点阵常数的变化不是钼丝移动的主要原因。实验结果只能说明,扩散过程中锌的扩散通量 J_{Zn} 大于铜的扩散通量 J_{Cu},扩散系数 $D_{Zn} > D_{Cu}$。

柯肯达尔效应最重要的意义之一就是支持了空位扩散机制。空位扩散机制可以使 Cu 原子和 Zn 原子实现不等量扩散,其中 Zn 原子的扩散速率大于 Cu 原子,导致作为标记的钼丝向黄铜一侧漂移。与此同时,在锌、铜原子的互扩散过程中,锌与空位的交换比铜容易。因此,从铜中流入到黄铜中的空位数量就大于从黄铜中流入到铜中的空位数量。而黄铜中的空位超过平衡浓度之后,必然会通过某种途径加以消除,如在某些原子面上聚集形成位错环或使刃型位错攀移等使晶体发生体积收缩。过大的体积收缩会在标记面附近造成拉应力,在这种拉应力作用下,空位将部分地聚集而形成孔洞。

3.4　影响扩散的因素

在扩散系数的表达式(3-22)中,D_0 和 R 是常数,而温度 T 和扩散激活能 Q 是决定扩散系数 D 的两个因数,所以温度和影响扩散激活能的各种因素均会对扩散进行的速度产生影响,下边我们分别加以讨论。

(1)温度:温度是影响扩散速率的最主要因素。温度越高,原子的热激活能量越大,越易发生迁移,扩散系数越大。从式(3-22)可以看出,在扩散激活能不变的情况下,扩散系数与温度是指数关系,如图 3-10 所示。扩散系数随温度的升高急剧增加。理论分析和实验均已证明,在一定范围内提高温度是加速扩散过程的有效措施。

(2)原子间结合力:从扩散的微观机制可以看出,原子跳跃至新位置上去时,必须挤开其周围的原子,引起局部的瞬时点阵畸变,也就是说要部分地破坏原子间的结合键。因此,原

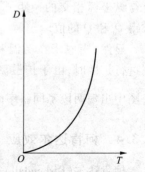

图 3-10　扩散系数与温度的关系

子间结合力越强,扩散激活能 Q 值越高,扩散系数也就越低。同时也可以预期,反映原子间结合力的宏观参量如熔点 T_m、熔化潜热 L_m 和膨胀系数 α 等与扩散激活能 Q 成正比关系,譬如可存在下面的经验关系

$$Q = 32T_m \text{ 或 } Q = 40T_m$$
$$Q = 16.5L_m$$
$$Q = 2.4/\alpha$$

(3) 固溶体类型:不同类型的固溶体中,原子的扩散机制是不同的。扩散原子占据晶格间隙位置而形成间隙固溶体时的扩散激活能小于扩散原子占据正常晶格结点位置而形成置换固溶体时的扩散激活能,例如,C、N 等间隙型溶质原子在铁中的扩散激活能比 Cr、Al 等置换型溶质原子在铁中的扩散激活能小得多,因此,C、N 原子比 Cr、Al 原子在铁中的扩散系数更大。此外,对于置换固溶体而言,组元原子间尺寸差别越小,电负性相差越大,亲和力越强,则各组元原子的扩散越困难。

(4) 晶体结构:晶体结构对原子的扩散有很大影响。相同温度下,同类原子在不同结构的晶体中的扩散系数存在着显著差异。例如,912℃时,铁在 $\alpha - Fe$ 中的自扩散系数大约是在 $\gamma - Fe$ 中的 240 倍;900℃时,镍在 $\alpha - Fe$ 中的扩散系数比在 $\gamma - Fe$ 中的约大 1400 倍;527℃时,氮在 $\alpha - Fe$ 中的扩散系数比在 $\gamma - Fe$ 中的约大 1500 倍。在研究过的所有元素中,它们在 $\alpha - Fe$ 中的扩散系数都比在 $\gamma - Fe$ 中大得多,其原因是体心立方结构的致密度比面心立方结构的致密度小,因此,原子迁移时所需克服的原子间结合力小,扩散激活能相对也小。

晶体的各向异性也对扩散有影响,一般来说,晶体的对称性越低,则扩散各向异性越显著。在高对称性的立方晶体中,未发现 D 有各向异性,而具有低对称性的菱方结构的铋晶体中,沿不同晶向的 D 值差别很大,最高可达近 1000 倍。

(5) 晶体缺陷:在实际使用中的绝大多数材料是多晶材料。对于多晶材料,扩散物质通常可以沿三种途径扩散,即晶格扩散(体扩散)、晶界扩散和表面扩散。若以 Q_L、Q_B 和 Q_S 分别表示晶格、晶界和表面扩散激活能,D_L、D_B 和 D_S 分别表示晶格、晶界和表面的扩散系数,则一般规律是:$Q_L > Q_B > Q_S$,所以 $D_S > D_B > D_L$。图 3-11 所示为银多晶体和单晶体的扩散系数与温度的关系。显然,单晶体的扩散系数表征了晶格扩散系数,而多晶体的扩散系数是晶格扩散和晶界扩散共同起作用的表象扩散系数。由图 3-11 可知,当温度高于 700℃时,多晶体的扩散系数和单晶体的扩散系数基本相同;但当温度低于 700℃时,多晶体的扩散系数明显大于单晶体的扩散系数,晶界对扩散的促进作用就显示出来了。

位错是晶体中的线缺陷,在位错附近的点阵发生畸变,特别是刃型位错还存在着一条有一定空隙度的管道。扩散原子沿位错管道迁移,扩散激活能小,只有晶格扩散激活能的二分之一,扩散速度较快。

总之,晶界、表面和位错等晶体缺陷对扩散起着快速通道的作用。这是由于晶体缺陷处的点阵畸变较大,原子处于较高的能量状态,易于跳跃,使得各种缺陷处的扩散激活能均比晶格扩散激活能小,故可加速原子的扩散。为此,人们常把这些缺陷中的扩散称为"短路"扩散。

(6) 化学成分:为了便于求扩散第二定律的解,曾把扩散系数 D 假定为与浓度无关的量,这与实际情况并不完全符合。在大多数固溶体中,溶质的扩散系数是随其浓度的增加而增大的。图 3-12 所示为某些元素在铜中的扩散系数随其浓度变化的规律。C、Ni、Mn 在 $\gamma - Fe$ 中

的扩散也呈现同样的规律,其中碳在 γ - Fe 中的扩散系数与其浓度之间的关系如图 3 - 13 所示。

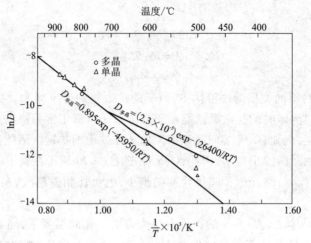

图 3 - 11　Ag 的扩散系数 D 与 $\dfrac{1}{T}$ 的关系

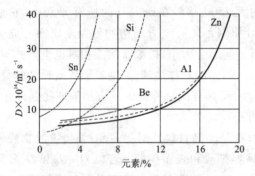

图 3 - 12　某些元素在铜中的扩散系数
与其浓度的关系

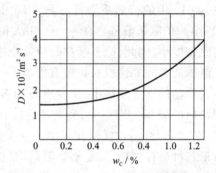

图 3 - 13　碳在 γ - Fe 中的扩散系数
与其浓度的关系

实验证明,溶质浓度对扩散系数的影响是通过 Q 和 D_0 两个参数起作用的。通常是 Q 值增加,D_0 值也增加;而 Q 值减小,D_0 值也减小。例如,各种元素在铜中的扩散,若只考虑浓度对扩散激活能的影响,扩散系数要变化几个数量级,但实际上,扩散组元浓度引起扩散系数的变化量不超过 2 ~ 6 倍,其原因是 D_0 的变化相应地抵消了一部分 Q 值变化的缘故。

第三组元对二元系中原子扩散的影响较为复杂,有的促进扩散,有的阻碍扩散,有的则几乎无作用。图 3 - 14 给出了第三组元对碳在 γ - Fe 中的扩散系数的影响规律,其中强碳化物形成元素如 Mo、W、Cr、V、Ti 等将阻碍碳原子在 γ - Fe 中的扩散(如加入 3% 的 Mo 或 1% 的 W 可使碳在 γ - Fe 中的扩散系数减少一半);对于非碳化物形成元素而言,Mn、Ni 等易溶于碳

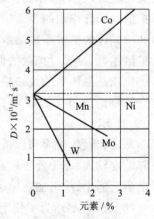

图 3 - 14　某些元素对碳在 γ - Fe
中扩散系数的影响

化物中的元素对碳在 γ-Fe 中的扩散系数影响不大,而易溶于固溶体中的元素或者促进碳在 γ-Fe 中的扩散(如加入 4% 的 Co 可使碳在 γ-Fe 中扩散系数增加一倍),或者阻碍碳在 γ-Fe 中的扩散(如加入 Si)。

值得指出的是,某些第三组元的加入不仅影响扩散速度而且影响扩散方向。例如,由含碳量为 0.441% 的 Fe-C 合金和含碳量 0.478%、含硅量 3.80% 的 Fe-C-Si 合金组成的扩散偶,在初始状态,它们各自所含的碳没有浓度梯度,而且两者的碳含量几乎相同,然而在 1050℃ 扩散 13 天后,碳的分布如图 3-15 所示。可见,在原来不存在浓度差的情况下产生了上坡扩散,这是因为硅提高了碳的化学位,使碳从含硅的一侧向不含硅的一侧扩散所致。非碳化物形成元素 Co、Ni、Al、Cu 等也有类似作用。

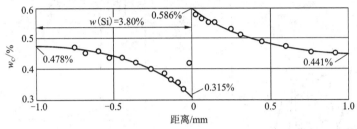

图 3-15　扩散偶在扩散 13 天后碳的分布

(7)外加应力:晶体内部的应力场(譬如残余应力)对原子扩散有很大的促进作用。例如,镍在铜中的扩散,经过变形后扩散系数可提高 1000 倍。这是因为应力会提供原子扩散的驱动力,应力越大,原子扩散的驱动力越大,原子扩散的速度也就越大($v_i = B_i F_i$)。如果在晶体外部施加应力,使晶体中产生弹性应力梯度,也会促进原子向晶体点阵伸长部分迁移,产生扩散现象。

3.5　反应扩散

当某种元素通过扩散自材料表面向内部渗入时,若该扩散元素的含量超过其在基体相中的溶解度,则随着扩散的进行会在表层形成中间相或另一种固溶体,这种伴随有化学反应或固态相变的扩散分别称为反应扩散和相变扩散。

在 850℃ 向纯铁中渗碳是相变扩散最典型的例子。铁在 850℃ 为具有体心立方结构的 α-Fe,其对碳的溶解度很小。而在此温度下,γ-Fe 中的溶碳量则大得多,所以当纯铁表层的碳含量增高时,便发生 α→γ 转变,形成新的 γ 相,即发生所谓的相变扩散。但在 910℃ 以上渗碳时,则不会发生相变扩散,因为此时的纯铁为具有面心立方结构的 γ-Fe,渗碳时不会因碳含量的增加而发生相变。实际上,相变扩散中,新相的形成是溶质浓度改变所引起的固溶体异构转变。

向纯铁中渗氮是反应扩散最典型的例子。反应扩散所形成的新相可参考相图进行分析。例如,由 Fe-N 相图(见图 3-16)即可以确定在 550℃ 所形成的新相。由于纯铁表面氮的质量分数大于内部,因而纯铁表面所形成的新相将对应于高氮含量的中间相。当氮的质量分数超过 7.8% 时,可在表面形成密排六方结构的 ε 相,这是一种氮含量变化范围相当宽的铁氮化合物,其中氮的质量分数大致在 7.8% ~11.0% 之间变化,氮原子位于铁原子构成的密排六方点阵中的间隙位置。越远离表面,氮的质量分数越低,将形成 γ' 相,它是一种氮含量变化范围较窄的中间相,其中氮的质量分数在 5.7% ~6.1% 之间,氮原子位于铁原子构成的面心立方点阵中的间隙位置。再往内部则是氮含量更低的 α 固溶体,它是氮原子占据铁原子构成的体心立方点阵中的间隙位置所形成的一种间隙固溶体。纯铁渗氮后的表层氮浓度和组织如图 3 - 17 所示。

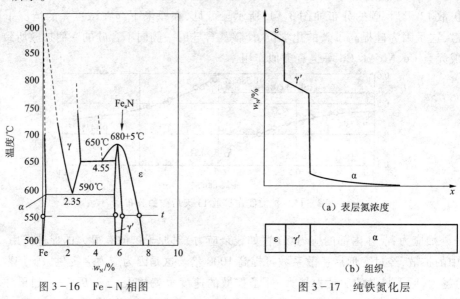

图 3 - 16　Fe - N 相图　　　　　图 3 - 17　纯铁氮化层

　　实验结果表明,二元系反应扩散后的渗层组织中不存在两相混合区,而且在相界面上的浓度是突变的,它对应于该相在一定温度下的极限溶解度。之所以不存在两相混合区的原因为如果渗层组织中出现两相共存区,则两平衡相的化学位必然相等,即化学位梯度等于零,就没有扩散的驱动力,扩散不能进行。同理,三元系反应扩散后的渗层组织中不能出现三相共存区,但可以有两相区。

第4章 材料的凝固

物质从液态到固态的转变过程称为凝固。绝大多数材料的生产或成形都经历熔化、浇注和冷却过程,凝固成固态铸件,再经过其他加工成材。在凝固过程中,由于外界条件的差异,所获铸件的内部组织会有所不同,它们的物理、化学和力学性能也会因之而异,并对随后的加工工艺和使用带来很大的影响。因此,了解材料的凝固过程,掌握其有关规律,对控制铸件质量、提高制品的性能等都是很重要的。

如果固态材料为晶体,则凝固是晶体从液态中的生成过程,也称为结晶。结晶过程是一个相变过程,了解结晶过程也是了解相变过程及相变的普遍规律的重要基础。

4.1 液态结构

通常认为,对于固态时为晶体的材料,其在液态时的结构介于晶态与气态之间,它不像晶体中那样原子作规则的三维排列,但也不像气体中原子那样任意地分布着。一些研究者用 X 射线衍射对液态金属的结构进行了研究,并将测得的结果与固态金属的结构数据进行了对比,如表 4-1 所示。可见:①液体中原子间的平均距离比固体中略大;②液体中原子的配位数比密排结构的固体的配位数减少,通常在 8~11 范围内。上述两点均导致熔化时体积略微增加,但对非密排结构的晶体如 Bi、Sb、Ga、Ge 等,则液态时配位数反而增大,故熔化时体积略微收缩。

表 4-1　用 X 射线衍射法测得的液态和固态金属的结构数据对比

金　属	液　态		固　态	
	原子间距/nm	配　位　数	原子间距/nm	配　位　数
Al	0.296	10~11	0.286	12
Zn	0.294	11	0.265,0.294	6+6
Cd	0.306	8	0.297,0.330	6+6
Au	0.286	11	0.288	12
Bi	0.322	7~8	0.309,0.346	3+3

由于许多不同的几何排列方式都能得到同样的原子间距和相同的配位数,因此,关于液态结构的具体模型很难确定,只能定性地认为:晶体材料的液态结构在长程来说是无序的,而在短程范围内原子的排列则并非是完全混乱的,而是在许多微小区域存在着与晶态的原子排列近似的原子集团(尤其在接近于熔点的液相中)。这种短程有序的原子集团称为晶胚。由于液相中原子的热运动较为剧烈,晶胚中的原子在某一平衡位置上停留的时间甚短,故这种短程有序原子集团也是在不断地变动着,它们只能维持短暂的时间就很快消失,同时新的短程有序原子集团又不断地形成。这种晶胚在液相中各微小区域内此起彼伏的现象称为"结构起伏"。

不同的结构对应着一定的能量状态,加上原子之间能量的不断传递,因此结构起伏将伴随着局部能量也在不断变化,即局部微小区域具有的实际能量偏离平均能量水平而呈现瞬时涨落,这种现象就称为"能量起伏"。

4.2 材料凝固的热力学条件和过程

4.2.1 凝固的热力学条件

材料的凝固大多是在常压和恒温条件下进行的,从液态到固态的转变过程中体积的变化较小($\Delta V < 3\% \sim 5\%$)。在恒温恒压条件下,液、固两相的自由能 G 均可用下式表示

$$G = H - TS \tag{4-1}$$

式中,H 为热焓,T 为绝对温度,S 为熵。可导出

$$\frac{\mathrm{d}G}{\mathrm{d}T} = \frac{\mathrm{d}H}{\mathrm{d}T} - S - T\frac{\mathrm{d}S}{\mathrm{d}T}$$

在恒温条件下,$\mathrm{d}H = \mathrm{d}Q$,而在可逆过程中,$\mathrm{d}S = \dfrac{\mathrm{d}Q}{T}$,因此

$$\frac{\mathrm{d}G}{\mathrm{d}T} = \frac{\mathrm{d}Q}{\mathrm{d}T} - S - T\frac{\mathrm{d}Q}{\mathrm{d}T} \cdot \frac{1}{T} = -S \tag{4-2}$$

由于熵 S 恒为正值,所以液、固两相的自由能均随温度的升高而减小。

纯晶体的液、固两相的自由能随温度变化的规律如图 4-1 所示。由于晶体熔化破坏了晶态原子排列的长程有序,使原子排列的混乱程度增加,因而增加了组态熵;同时,原子热振动的振幅增大,振动熵也略有增加,这就导致液态熵 S_L 大于固态熵 S_S,即液相的自由能随温度变化曲线的斜率较固相的大。这样,两条斜率不同的曲线必然相交于一点,此交点所对应的温度即为理论凝固温度,也就是晶体的熔点 T_m。在此温度时,液、固两相的自由能相等,两相处于平衡共存状态。

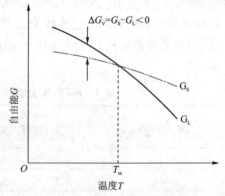

图 4-1 自由能随温度变化的示意图

在一定温度下,从液相转变为固相时的单位体积自由能变化 ΔG_V 为

$$\Delta G_V = G_S - G_L$$

式中,G_S、G_L 分别为固相和液相的单位体积自由能。

根据式(4-1)可得

$$\Delta G_V = (H_S - H_L) - T(S_S - S_L) \tag{4-3}$$

式中,H_S、H_L 分别为固相和液相的热焓。

在恒压条件下,熔化热 L_m(在数值上等于结晶潜热)可定义为

$$L_m = -(H_S - H_L) \tag{4-4}$$

L_m 表示固相转变为液相时,体系向环境吸热,其恒为正值。

当 $T = T_m$ 时，$\Delta G_V = 0$。因此，根据式（4-3）和式（4-4）可得

$$(S_S - S_L) = -\frac{L_m}{T_m} \qquad (4-5)$$

将式（4-4）和式（4-5）代入式（4-3），可得

$$\Delta G_V = -L_m\left(1 - \frac{T}{T_m}\right) = -\frac{L_m \Delta T}{T_m} \qquad (4-6)$$

式中，$\Delta T = T_m - T$，为熔点 T_m 与实际凝固温度 T 之差。

　　根据热力学第二定律，过程自发进行的方向是体系自由能降低的方向。在材料凝固时也必须使体积自由能降低。由式（4-6）可知，要使 $\Delta G_V < 0$，必须使 $\Delta T > 0$，即 $T < T_m$，故 ΔT 称为过冷度。这就从凝固的热力学条件出发，说明了凝固的必要条件是在熔点 T_m 以下某一温度才能进行，即需要有过冷度，此时的 ΔG_V 绝对值称为凝固过程的驱动力。

4.2.2　过冷现象

　　利用图 4-2 所示的热分析装置，先将材料（如金属）加热熔化，然后再缓慢冷却，并将冷却过程中的温度和时间记录下来，获得温度-时间关系曲线，如图 4-3 所示。这一曲线叫做冷却曲线，这种实验方法叫做热分析法。

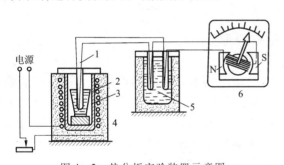

图 4-2　热分析实验装置示意图

1—热电偶；2—坩埚；3—金属；4—电炉；5—冰水；6—温度计

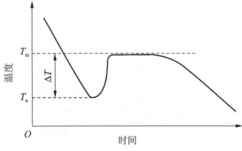

图 4-3　纯金属的冷却曲线

　　由图 4-3 可见，当液态材料冷至理论凝固温度 T_m（熔点）时，并不立即开始凝固，而是在冷却到 T_m 以下的某一温度才开始凝固。液态材料在理论凝固温度以下仍保持液态的现象称为过冷。液态材料冷却到 T_m 之下的某一温度 T_n 时开始凝固，过程开始后，由于释放出结晶潜热而使温度回升到略低于 T_m 的温度。此后，因为结晶潜热的释放刚好补偿冷却过程中向外界散失的热量，这样凝固过程就在一恒定温度下完成，冷却曲线上出现"平台"，凝固完成后由于没有结晶潜热抵消散失的热量，温度又继续下降。由此可见，凝固过程总是在或大或小的过冷度下进行，特别是凝固的开始阶段往往发生在较大的过冷度下，即 $\Delta T = T_m - T_n$，它也是凝固过程中可达到的最大过冷度。最大过冷度不是一个恒定数值，而是受液相中的杂质、冷却速度以及铸模材料性质的影响。通常材料的纯度越高，冷却速度越快，达到的最大过冷度也越大。

4.2.3　晶体材料凝固的一般过程

　　晶体材料的凝固过程可用图 4-4 所示说明。当熔融的液态材料以正常冷却速度降温至

熔点以下开始凝固时,经过一定时间后就会形成一批小晶体,这些小晶体就叫做晶核(晶体核心)。随后这些晶核按其原子规则排列的各自取向长大,与此同时,另一批新的晶核又开始形成和长大,上述过程一直延续到液体全部耗尽为止。由此可知,材料的凝固过程包括晶核的形成和晶核生长两个基本过程。显然,每个晶核生长至互相接触后,将形成外形不规则的小晶体,叫做晶粒。晶粒之间的分界面为晶粒的边界,简称晶界。一般条件下,凝固后的材料都是由许多晶粒组成的多晶体,由于各个晶核形成的位置和取向是随机且均匀分布的,因此凝固后各晶粒的尺寸和取向也为随机均匀分布,它将抵消各个晶粒的各向异性,而呈现"伪各向同性"。

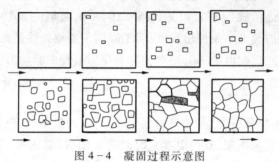

图 4-4 凝固过程示意图

4.3 晶核的形成

如前所述,晶核的形成是晶体材料凝固的一个基本过程。晶核的形成方式按晶核来源和形成机制的不同可以分为两类:①均匀形核,固相晶核在液相内部结构起伏的基础上自发地形成,即晶核由液相中的一些短程有序原子集团或晶胚直接形成,均匀形核亦称为均质形核;②非均匀形核,固相晶核在液相中的固态粒子或铸模内壁等现成表面上优先形成,即依附于液相中的固态粒子或外来表面形核,非均匀形核也称为异质形核。尽管工程实际中材料的凝固主要以非均匀形核方式进行,但非均匀形核的基本原理是建立在均匀形核理论基础之上的,因而先讨论均匀形核。

4.3.1 均匀形核

液相温度降至熔点以下,在液相中时聚时散的晶胚就可能发展成为均匀形核的晶体核心,也就是晶核。晶胚中的原子呈现晶态的规则排列,其外层原子却与液相中不规则排列的原子相接触而构成液-固界面(实际上也是晶胚的表面)。当过冷液体中出现晶胚时,一方面由于在这个区域中原子由液态的聚集状态转变为晶态的规则排列状态,使体系的单位体积自由能降低($\Delta G_v < 0$),这是凝固的驱动力;另一方面,由于晶胚与周围液体之间形成新的表面,又会引起表面自由能的增加,这构成凝固的阻力。因此,过冷液体中形成一个晶胚时,体系总的自由能变化 ΔG 为

$$\Delta G = V\Delta G_v + A\sigma \tag{4-7}$$

式中,V 和 A 分别为晶胚的体积和表面积;σ 为晶胚的单位面积表面能。

假定晶胚为球形,半径为 r,则式(4-7)可写成

$$\Delta G = \frac{4}{3}\pi r^3 \Delta G_V + 4\pi r^2 \sigma \tag{4-8}$$

在一定温度下,ΔG_V 和 σ 为确定的常数,所以 ΔG 是 r 的函数。ΔG 随 r 变化的曲线如图 4 - 5 所示,ΔG 在半径为 r^* 时达到最大值。当晶胚的 $r < r^*$ 时,则其长大将导致体系自由能的增加,故这种尺寸的晶胚不稳定,难以长大,会重新熔化而消失。当 $r \geq r^*$ 时,晶胚的长大使体系自由能降低,这些晶胚就能成为稳定的晶核。因此,半径为 r^* 的晶核称为临界晶核,而 r^* 则称为晶核的临界半径。由此可见,在过冷液体中,不是所有的晶胚都能成为稳定的晶核,只有达到临界半径的晶胚才能成为晶核。晶核的临界半径 r^* 可通过对式(4 - 8)求极值得到。

对式(4 - 8)求导并由 $\dfrac{\mathrm{d}\Delta G}{\mathrm{d}r} = 0$,即可求得

$$r^* = -\frac{2\sigma}{\Delta G_V} \tag{4-9}$$

将式(4 - 6)代入式(4 - 9),得

$$r^* = \frac{2\sigma \cdot T_m}{L_m \cdot \Delta T} \tag{4-10}$$

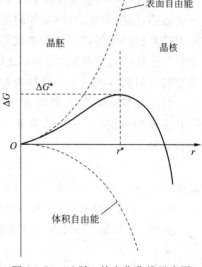

图 4 - 5　ΔG 随 r 的变化曲线示意图

由式(4 - 10)可知,晶核的临界半径 r^* 主要由过冷度 ΔT 决定。过冷度越大,临界半径 r^* 越小,则形核的几率增大,晶核的数目增多。当液相处于熔点 T_m 时,即 $\Delta T = 0$,由式(4 - 10)得 $r^* \rightarrow \infty$,故任何晶胚都不能成为晶核,凝固不能发生。

将式(4 - 9)代入式(4 - 8),则得

$$\Delta G^* = \frac{16\pi\sigma^3}{3(\Delta G_V)^2} \tag{4-11}$$

将式(4 - 6)代入式(4 - 11),得

$$\Delta G^* = \frac{16\pi\sigma^3 T_m^2}{3(L_m \cdot \Delta T)^2} \tag{4-12}$$

式中,ΔG^* 为形成临界晶核所需的功,简称形核功,它与 $(\Delta T)^2$ 成反比。过冷度越大,所需的形核功越小。

由于临界晶核的表面积 $A^* = 4\pi(r^*)^2 = \dfrac{16\pi\sigma^2}{\Delta G_V^2}$,因而

$$\Delta G^* = \frac{1}{3}A^*\sigma \tag{4-13}$$

由此可见,形成临界晶核时体系自由能仍是增高的($\Delta G^* > 0$),其增值相当于临界晶核表面能的1/3。这意味着液、固两相之间的体积自由能差只能补偿形成临界晶核所需表面能的2/3,而其余1/3则需依靠液相中存在的能量起伏来补足。

由以上的分析可以得出:液相必须在一定的过冷条件下才能凝固,而液体中客观存在的结构起伏和能量起伏是促成均匀形核的必要因素。

4.3.2 非均匀形核

除非在特殊的实验室条件下,否则液相中不会发生均匀形核,这是因为液相中总是存在着一些固体颗粒,另外,材料凝固时液体总要与铸模内壁接触,因此,总是存在一些现成的界面,可促进晶核以非均匀形核的方式形成。非均匀形核时,除了原有铸模内壁或固体颗粒(称为非均匀形核的固态基底)与液相之间的界面外,也使体系中增加了两种新的界面,即晶核与固态基底之间的界面以及晶核与液相之间的界面。

假定晶核 α 在固态基底 W 上形成,并且 α 是被 W 平面所截的球冠(其曲率半径为 r),故其顶视图为圆,令其半径为 R,如图 4−6(a)所示。显然,晶核 α 形成时体系表面能的变化 ΔG_S 为

$$\Delta G_S = A_{\alpha L}\sigma_{\alpha L} + A_{\alpha W}\sigma_{\alpha W} - A_{\alpha W}\sigma_{LW} \qquad (4-14)$$

式中,$A_{\alpha L}$、$A_{\alpha W}$ 分别为晶核 α 与液相 L 及基底 W 之间的界面面积,$\sigma_{\alpha L}$、$\sigma_{\alpha W}$、σ_{LW} 分别为 α−L、α−W、L−W 界面的单位面积界面能。

如图 4−6(b)所示,在三种界面的交汇点处,表面张力应达到平衡

$$\sigma_{LW} = \sigma_{\alpha L}\cos\theta + \sigma_{\alpha W} \qquad (4-15)$$

式中,θ 为晶核 α 和基底 W 的接触角,也称为润湿角。

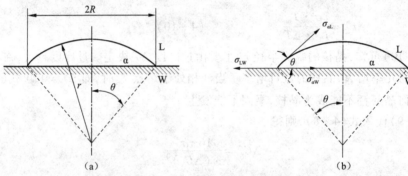

图 4−6 非均匀形核示意图

α−L 界面面积 $A_{\alpha L}$(球冠表面积)和 α−W 界面面积 $A_{\alpha W}$(球冠底圆面积)可分别表示为

$$A_{\alpha L} = 2\pi r^2(1 - \cos\theta) \qquad (4-16)$$

$$A_{\alpha W} = \pi r^2\sin^2\theta \qquad (4-17)$$

把式(4−15)、式(4−16)和式(4−17)代入式(4−14),整理后可得

$$\Delta G_S = \pi r^2\sigma_{\alpha L}(2 - 3\cos\theta + \cos^3\theta) \qquad (4-18)$$

晶核 α 的体积(球冠体积)为

$$V = \pi r^3\left(\frac{2 - 3\cos\theta + \cos^3\theta}{3}\right) \qquad (4-19)$$

形成 α 晶核所引起的体积自由能变化为

$$\Delta G_T = \Delta G_V\pi r^3\left(\frac{2 - 3\cos\theta + \cos^3\theta}{3}\right) \qquad (4-20)$$

晶核形成时体系总的自由能变化为

$$\Delta G = \Delta G_{\mathrm{T}} + \Delta G_{\mathrm{S}} \tag{4-21}$$

将式(4-18)和式(4-20)代入式(4-21),整理可得

$$\Delta G = \left(\frac{4}{3}\pi r^3 \Delta G_{\mathrm{V}} + 4\pi r^2 \sigma_{\alpha \mathrm{L}} \right)\left(\frac{2 - 3\cos\theta + \cos^3\theta}{4} \right) \tag{4-22}$$

如果把式(4-22)与均匀形核的式(4-8)比较,可以看出,两式只差一个与 θ 相关的系数项 $\dfrac{2 - 3\cos\theta + \cos^3\theta}{4}$。

对于一定的体系, θ 为定值,故从 $\dfrac{\mathrm{d}\Delta G}{\mathrm{d}r} = 0$ 可求出非均匀形核时的临界晶核半径 r^*

$$r^* = -\frac{2\sigma_{\alpha \mathrm{L}}}{\Delta G_{\mathrm{V}}} \tag{4-23}$$

由此可见,非均匀形核时的临界晶核半径与均匀形核时的临界晶核半径式相同。

把式(4-23)代入式(4-22),可得非均匀形核的形核功为

$$\Delta G_{\text{非}}^* = \Delta G_{\text{均}}^* \left(\frac{2 - 3\cos\theta + \cos^3\theta}{4} \right) \tag{4-24}$$

从图 4-6(b)可以看出, θ 在 $0° \sim 180°$ 范围内变化。当 $\theta = 180°$ 时, $\Delta G_{\text{非}}^* = \Delta G_{\text{均}}^*$,基底对形核不起作用;当 $\theta = 0°$ 时,则 $\Delta G_{\text{非}}^* = 0$,非均匀形核时无需形核功,即为完全润湿的情况。

在一般情况下, θ 为小于 $180°$ 的某值,故 $\left(\dfrac{2 - 3\cos\theta + \cos^3\theta}{4} \right)$ 必然小于 1,则

$$\Delta G_{\text{非}}^* < \Delta G_{\text{均}}^*$$

可见,非均匀形核时的形核功小于均匀形核时的形核功,故非均匀形核时所需的过冷度较均匀形核时要小。显然,相对于均匀形核而言,非均匀形核更易于进行。

由式(4-15)可知,晶核与基底之间的界面能 $\sigma_{\alpha \mathrm{W}}$ 越小, θ 角越小,形核功也越小,形核时所需的过冷度也越小,非均匀形核越容易。 $\sigma_{\alpha \mathrm{W}}$ 的大小取决于晶核与基底之间的晶体结构(点阵类型和晶格常数)的相似性。例如,若密排六方晶体粒子的(0001)面与面心立方晶核的(111)面相接触,且其晶格常数差别不大,则界面能一定很小,这种规律称为“结构相似,尺寸相应”原理。一般,符合这种匹配条件的固态粒子称为“活性粒子”,而这种粒子可作为非均匀形核的有效基底,对晶核的形成有很大的促进作用。

基底的表面形状对非均匀形核也有很大的影响。若基底表面不是平面而是一曲面,则从图 4-7 中可以看出,当 θ 角和晶核的临界半径相同时,在表面为凹面的基底上形成的晶核体积最小,在平面的基底上形成的居中,而在凸面的基底上形成的晶核体积较大。可见,基底表面为凹面时对形核的促进作用效能更高,因此晶核往往在固态粒子或铸模内壁等基底的裂缝或小孔处优先形成。

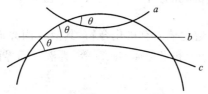

图 4-7　基底表面形状对形核的影响

4.4　晶核的生长

晶核形成之后的生长是材料凝固的另一个基本过程。所谓晶体(或晶核)生长,就是液相中的原子向晶体表面转移的过程,即液-固界面向液相移动的过程。只有当液-固界面温度T_i低于T_m,即有一定的过冷度$\Delta T_k = T_m - T_i$时,液-固界面才能向液相移动,晶体生长才能进行。一般,把液-固界面向液相移动时所需的过冷度ΔT_k称为动态过冷度。

晶体的生长涉及生长方式(决定了晶体长大速度)和生长形态(反映出凝固后晶体的性质)。晶体生长的方式和形态取决于液相中的原子转移到晶体表面的方式,它与液-固界面的微观结构和界面前沿液相中的温度分布有关。

4.4.1　液-固界面的微观结构

从原子尺度划分,液-固界面的微观结构有两种类型,即光滑界面和粗糙界面。所谓光滑界面,是指液-固相界面上的原子排列成平整的原子平面,液、固两相截然分开,如图4-8(a)所示;所谓粗糙界面,是指液-固相界面上的原子排列高低不平,存在几个原子层厚度的过渡层,在过渡层中约有半数的位置被固相原子所占据,如图4-8(b)所示。

光滑界面从微观上看是光滑的,但宏观上它往往由不同位向的小平面(为原子密排面)所组成,故呈折线状,如图4-9(a)所示;而粗糙界面从微观上看是粗糙不平的,两相之间有几个原子层厚度的过渡层,但由于过渡层很薄,因此从宏观上看,粗糙界面显得很平直,不出现曲折的小平面,如图4-9(b)所示。

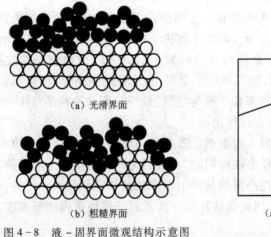

(a) 光滑界面

(b) 粗糙界面

图4-8　液-固界面微观结构示意图

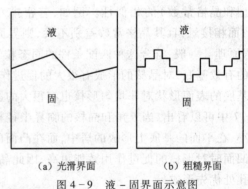

(a) 光滑界面　　　　(b) 粗糙界面

图4-9　液-固界面示意图

一般,对于金属和某些低熔化熵的有机化合物,其液-固界面为粗糙界面;对于多数无机化合物以及亚金属Bi、Sb、Ga、As和半导体Ge、Si等,其液-固界面为光滑界面。

4.4.2　晶体的生长方式

晶体的生长方式与上述的液-固界面微观结构有关,可有连续生长、二维形核、藉螺型位错生长等方式。

（1）连续生长：对于粗糙界面，由于界面上有约一半的原子位置被占据，故液相中的原子可以直接进入液－固界面上空的位置，使整个界面沿其法线方向向液相中呈平面推进，晶体便连续地向液相中生长，这种生长方式称为垂直生长。

（2）二维形核：若液－固界面为光滑面，则液相中的原子转移至界面上会增加界面面积，提高界面能。因此，在此种情况下，晶体的生长以二维形核的方式进行，如图 4－10 所示。因为这样生长，界面能的增加要比原子从液相中直接转移至液－固界面上小很多，况且在液相中二维晶核是很容易形成的。当二维晶核（指一定大小的单分子或单原子的平面薄层）在液－固相界面上形成后，液相原子沿着二维晶核侧边所形成的台阶不断地填充上去，使此薄层很快扩展而铺满整个液－固界面，这时生长中断，需在此界面上再形成二维晶核，又很快地长满一层，如此反复进行，这种生长方式称为台阶式生长。

（3）藉螺型位错生长：若光滑界面上存在螺型位错露头时，由于垂直于位错线的界面呈螺旋面，它可以使界面出现永远填不满的螺旋形台阶。液相中的原子很容易填充台阶，而当一个面上的台阶被原子填满后，又出现螺旋形台阶。在最接近螺型位错处，只需要填入少量原子就可，而离位错较远处则需较多的原子填充。这样，就使晶体表面呈现由螺旋形台阶而形成的蜷线。晶体藉螺型位错生长的模型如图 4－11 所示。在一些非金属晶体上已经观察到藉螺型位错回旋生长的蜷线，表明了晶体藉螺型位错生长机制是可行的。为此，可利用一个螺型位错形成的单一螺旋形台阶生长出晶须，这种晶须除了核心部分外均是完整的晶体，故其具有许多特殊优越的机械性能，如很高的屈服强度等。目前，已经从多种材料中生长出晶须，包括氧化物、硫化物、碱金属、卤化物及许多金属。

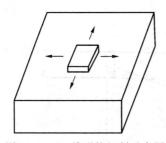

图 4－10　二维形核机制示意图

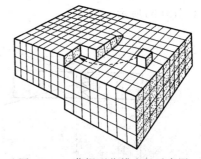

图 4－11　藉螺型位错生长示意图

4.4.3　晶体的生长形态

纯晶体凝固时的生长形态不仅与液－固界面的微观结构有关，而且取决于液－固界面前沿液相中的温度分布情况。液相中的温度分布可分为两种情况：正的温度梯度和负的温度梯度。正的温度梯度指的是随着离开液－固界面的距离 z 增大，液相温度 T 随之升高，即 $\dfrac{\mathrm{d}T}{\mathrm{d}z}>0$，如图 4－12（a）所示；负的温度梯度是指液相温度随着离开液－固界面的距离增大而降低，即 $\dfrac{\mathrm{d}T}{\mathrm{d}z}<0$，如图 4－12（b）所示。一般，当液－固相界面处的温度由于结晶潜热的释放而升高，使液相处于过冷状态时，则可能产生负的温度梯度。

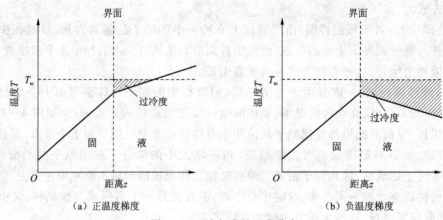

图 4 - 12　液相中的温度分布

（1）在正温度梯度下的情况：结晶潜热只能通过固相散出，液－固界面的移动速度受固相传热速度控制并以平面状向前移动，晶体的生长形态接近平面状。这是由于在正的温度梯度下，当界面上偶尔有凸起部分伸入温度较高的液相中时，它的生长速度就会因过冷度减小而减缓甚至停止，其周围界面会因过冷度较凸起部分大而赶上来，使凸起部分消失，这种过程可使液－固界面保持稳定的平面形态。但晶体的生长形态因界面结构的不同仍有不同。若是具有光滑界面结构的晶体，其生长形态呈台阶状，组成台阶的小平面是晶体的原子密排面，液－固界面向液相移动所对应的平面虽与液相等温面平行，但小平面却与液相等温面呈一定角度，如图 4 - 13（a）所示；若是具有粗糙界面结构的晶体，其生长形态呈平面状，界面与液相等温面平行，如图 4 - 13（b）所示。

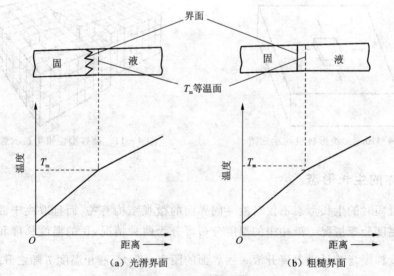

图 4 - 13　正温度梯度下的生长形态

（2）在负温度梯度下的情况：结晶潜热既可通过固相也可通过液相散失，液－固界面的移动速度不只是由固相的传热速度所控制。如果部分液－固界面凸出到前方的液相中，则能处于温度更低(即过冷度更大)的液相中,致使凸出部分的生长速度增大而进一步伸向液相中。在这种情况下,液-固界面就不可能保持平面状而会形成许多伸向液体的枝干(沿一定晶轴),称为一次晶轴,而后又会在这些一次晶轴上长出二次晶轴,在二次晶轴再长出三次晶轴,如图 4-14 所示。晶体的这种生长形态称为枝晶生长。在具有粗糙界面的材料(如金属)中,枝晶生长表现最为显著;而对于具有光滑界面的材料,虽然也呈现枝晶生长的倾向,但往往不甚明显。

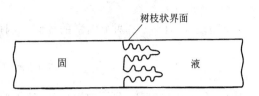

图 4-14　负温度梯度下的树枝晶生长形态

　　需要指出的是,在纯净材料中,枝干和分枝之间最终可互相接触而填满空间,而看不出枝晶形态;如果材料不纯,在枝干和分枝之间存在成分差别或最后凝固部分得不到液体补充时,枝晶的轮廓将会保留下来。图 4-15 所示即为金属锑表面的枝晶形态。

图 4-15　金属锑表面的枝晶形态

4.5　凝固动力学和晶粒尺寸

4.5.1　凝固动力学

　　材料的凝固速度指的是凝固时固相体积随时间的增长率,它是由形核速度和晶体长大速度两个因素决定的。形核速度又称形核率,指的是单位体积的液相中,在单位时间内所形成的晶核数目,用 N 来表示($1/m^2 \cdot s$)。晶体长大速度通常指的是晶体的长大线速度,用 v_g 来表示(m/s)。

4.5.1.1　形核率

　　(1)均匀形核率:当温度低于 T_m 时,均匀形核率受形核功因子 $\exp\left(-\dfrac{\Delta G^*}{kT}\right)$ 和原子扩散的

几率因子 $exp\left(-\dfrac{Q}{kT}\right)$ 两个因素的控制。因此,均匀形核率可表示为

$$N = K\exp\left(-\frac{\Delta G^*}{kT}\right)\exp\left(-\frac{Q}{kT}\right) \tag{4-25}$$

式中,K 为比例常数;ΔG^* 为形核功;Q 为原子越过液 – 固界面的扩散激活能;k 为玻尔兹曼常数;T 为绝对温度。

均匀形核率与过冷度之间的关系如图 4 – 16 所示。由图可见,在某一过冷度下,均匀形核率出现了峰值。其原因为当过冷度较小时,形核率主要受形核功因子控制,随着过冷度增加,所需的晶核临界半径减小,因此形核率迅速增加,并达到最高值;当过冷度进一步增大时,尽管所需的晶核临界半径继续减小,但由于原子在较低温度下难于扩散,故此时的形核率受扩散的几率因子控制,也就是说,超过峰值后,随过冷度的增加,均匀形核率将会减小。

对于易流动液体(如金属液体),其均匀形核率随温度下降至 T^* 时突然显著增大,此温度 T^* 可视为均匀形核的有效形核温度;其后,随着过冷度的增加,形核率继续增大,但在未达到图 4 – 16 中的形核率峰值前凝固已完成,如图 4 – 17 所示。对于大多数易流动液体而言,均匀形核率明显增加的过冷度通常约为 $0.2T_{\mathrm{m}}$。

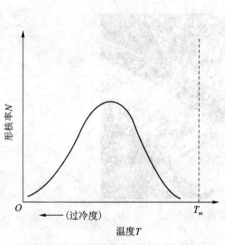

图 4 – 16　形核率与温度的关系

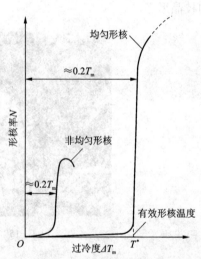

图 4 – 17　均匀形核率和非均匀形核率
随过冷度的变化示意图

(2)非均匀形核率:前已述及,非均匀形核时的形核功小于均匀形核时的形核功,因而非均匀形核率明显增加时所需的过冷度也比均匀形核小。如图 4 – 17 所示,非均匀形核时,在约为 $0.02T_{\mathrm{m}}$ 的过冷度下,非均匀形核率就已达到最大值。另外,非均匀形核率由低向高的过渡较为平缓,而且达到最大值后,凝固并未结束,非均匀形核率将继续下降直至凝固完毕。这是因为非均匀形核需要合适的基底,而基底是随着固相晶核的增多而减少的,当基底减少到一定程度时,非均匀形核率必然降低。

4.5.1.2　晶体的长大速度

晶体的长大速度 v_{g} 主要取决于晶体的生长方式和过冷度。

当晶体以连续生长方式生长时,随着过冷度的增大,晶体的平均长大线速度 v_{g} 呈线性增

大,如图 4-18 所示。此种情况下,晶体的平均长大速度与过冷度之间的关系可描述为

$$v_g = v_1 \Delta T_k \tag{4-26}$$

式中,v_1 为材料相关的比例常数,单位是 m/s·K。

有人估计 v_1 约为 10^{-2} m/s·K,故在较小的过冷度下,即可获得较大的晶体长大速度。凝固时晶体的长大速度还受所释放潜热的传导速度控制,对于具有粗糙界面的晶体材料,其结晶潜热一般较小,因此,连续生长时的长大速度较高。

在二维形核生长方式中,晶体的生长是不连续的,其平均长大速率由下式决定

$$v_g = v_2 \exp\left(-\frac{b}{\Delta T_k}\right) \tag{4-27}$$

式中,v_2 和 b 均为常数。

当 ΔT_k 很小时,v_g 非常小,这是因为二维形核所需形核功较大,且二维晶核需达到一定临界尺寸后才能进一步扩展。

藉螺型位错生长方式的平均长大速率为

$$v_g = v_3 \Delta T_k^2 \tag{4-28}$$

式中,v_3 为比例常数。

由于液-固界面上所提供的螺型位错露头有限,也就是可填充原子的位置有限,故藉螺型位错生长时的长大速度相对于连续生长时要低。

图 4-19 给出了上述三种晶体生长方式中 v_g 与 ΔT_k 之间的关系。

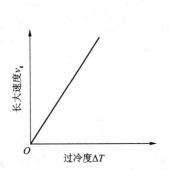

图 4-18 连续生长时长大速度与
过冷度的关系

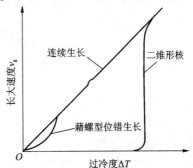

图 4-19 连续生长、二维形核和
藉螺型位错生长时长大速度与
过冷度之间的关系比较示意图

4.5.2 凝固后的晶粒尺寸及其控制

材料凝固后的晶粒尺寸对材料的性能有着重要的影响。例如,就金属材料而言,其强度、硬度、塑性和韧性都随着晶粒的细化而提高,因此,细化晶粒是提高铸件力学性能及改善材料压力加工性能的重要手段。

材料凝固后的晶粒尺寸可用单位体积内的晶粒数目或用单位面积上的晶粒数目 Z 来表示,它取决于凝固过程中的形核率 N 和晶体长大速度 v_g,三者之间的关系为

$$Z = 0.9 \left(\frac{N}{v_g}\right)^{3/4} \tag{4-29}$$

可见,晶粒尺寸随形核率的增大而减小,随着晶体长大速度的增加而增大。控制晶粒尺寸主要从控制这两个因素着手,主要的途径有:

(1)增大过冷度。如前所述,随着过冷度的增大,凝固时形核率 N 和生长速度 v_g 都将增加,且 N 的增加率大于 v_g 的增加率,即增大过冷度会提高 N/v_g 的比值,Z 将增大,晶粒变细。增大过冷度靠提高凝固时的冷却速度来实现,即通过改变铸造条件如降低浇注温度、提高铸型的吸热能力和导热性能等来实现。但利用提高冷却速度增大过冷度来细化晶粒往往只适用于小件和薄件,对大件就难以办到。值得指出的是,过快的冷却可能导致铸件出现裂纹,造成废品。

(2)加入形核剂。由于实际的凝固都为非均匀形核,为了提高形核率,可在熔液凝固之前加入一些细小的人工形核剂(也称孕育剂或变质剂),使之分散在熔液中作为不均匀形核所需的现成基底,这样能使晶核数目大大提高,晶粒显著细化,这种方法又称为孕育处理或变质处理。例如,纯铝和形变铝合金熔液浇注前加入 Ti、B 元素,会在熔液中生成 TiB_2 和 $TiAl_2$ 化合物质点,二者的晶体结构和点阵常数与铝相近,可以有效地成为结晶的外来核心,从而细化铝和形变铝合金的晶粒。在实际生产中,主要通过试验来确定有效的形核剂。

(3)采用振动或搅拌等物理方法。实践证明,在熔液凝固时施加振动或搅拌作用能得到细小的晶粒,具体实现方式可为机械振动、电磁搅拌、超声波振动等。通常认为,采用上述物理方法对晶粒的细化作用主要是通过两个方面来实现的:由于能量的输入使液相的形核率提高;振动或搅拌使生长的晶体破碎,从而提供更多的结晶核心。

第5章 相 图

在实际生产中,广泛使用的是由两个以上组元组成的多元系材料。尽管多组元的加入使材料的凝固过程和凝固后的组织趋于复杂,但也为材料性能的多变性及其选择提供了契机。材料的性能与其成分和内部组织结构有着密切的关系,因此,研究材料的性能必须把握材料的成分和组织结构的变化规律。

相图是描述在热力学平衡状态下,材料的相和组织与其成分和温度之间关系的图形。从相图中可以确定不同成分的材料在不同温度下所含相的种类和相对数量,通过相图可以预测材料的性能,所以相图是研究新材料和制订材料的生产工艺如熔炼、铸造、塑性加工以及热处理规范的重要工具。本章将主要介绍相图的表示和测定方法,着重对不同类型的相图特点及相应的组织进行分析。

5.1 相图的基本知识

5.1.1 相平衡条件和相律

材料中的各个相都有其稳定存在的成分、温度及压力范围,超过这个范围,就可能发生相的转变,即相变,而处于这个范围,就呈稳定平衡或相平衡。由热力学原理可知,当组元在不同相间转移时,将引起体系自由能的变化。对于一个多元系,这种自由能变化可用下式表示

$$dG = Vdp - SdT + \sum \mu_i dn_i \qquad (5-1)$$

式中,S 和 V 分别为体系的熵和体积;p 为压力;T 为温度;μ_i 为组元 i 的化学位,它代表体系内组元在相间转移的驱动力;dn_i 为 i 组元在相间的转移量。

在等温等压条件下,式(5-1)可简化为

$$dG = \sum \mu_i dn_i \qquad (5-2)$$

如果体系中只有 α 和 β 两相,当极少量(dn_i)的 i 组元从 α 相转移到 β 相中,则引起的体系自由能变化为

$$dG = \mu_i^\alpha dn_i^\alpha + \mu_i^\beta dn_i^\beta$$

由于 $$dn_i^\alpha = - dn_i^\beta$$

所以 $$dG = (\mu_i^\alpha - \mu_i^\beta) dn_i^\alpha$$

在 α 相和 β 相处于平衡时,$dG = 0$,故

$$\mu_i^\alpha = \mu_i^\beta \qquad (5-3)$$

式(5-3)就是 α、β 两相平衡的条件,即两相平衡的条件是两相中同一组元的化学位相等。此时,在各相之间没有组元的转移。

若多元系中有 C 个组元，P 个相，则它们的相平衡条件可以写成

$$\mu_1^\alpha = \mu_1^\beta = \mu_1^\gamma = \cdots\cdots = \mu_1^P$$
$$\mu_2^\alpha = \mu_2^\beta = \mu_2^\gamma = \cdots\cdots = \mu_2^P \qquad\qquad (5-4)$$
$$\cdots\cdots$$
$$\mu_C^\alpha = \mu_C^\beta = \mu_C^\gamma = \cdots\cdots = \mu_C^P$$

即处于平衡状态下的多相体系，每个组元在各相中的化学势都必须彼此相等。

在平衡条件下，多元多相体系中的组元数与相数之间存在着一定的关系，这种关系称为相律。下面我们就利用上述含有 C 个组元和 P 个相的体系来推导相律。

如果这种体系的状态不受电场、重力场等外力场的影响，那么对于每个相来说，独立可变变量只是温度、压力及其成分（所含各组元的浓度）。欲确定每个相的成分，需要确定 $(C-1)$ 个组元浓度，因为每个相中 C 个组元的浓度之和为 100%。现有 P 个相，故有 $P(C-1)$ 个浓度变量。在平衡条件下，各相均有温度和压力两个变量，所以要描述整个体系的状态共有 $[P(C-1)+2]$ 个总变量。然而，这些变量并不都是彼此独立可变的，即总变量中应包括独立变量和非独立变量两部分，其中的独立变量数称为自由度，用 f 表示，则有

$$f = 总变量数 - 非独立变量数$$

由式（5-4）可以看出，有 $C(P-1)$ 个方程式表明各个组元在不同相中的化学位之间的关系，而化学势是组元浓度的函数，因此，用来确定体系状态的总变量中应有 $C(P-1)$ 个浓度变量不能独立变化。这样，整个体系的自由度数应为

$$f = [P(C-1)+2] - C(P-1) = C - P + 2 \qquad\qquad (5-5)$$

对于不含气相的凝聚态体系，压力在通常范围的变化对平衡状态的影响极小，一般可认为是常量。因此，相律可写成如下形式

$$f = C - P + 1 \qquad\qquad (5-6)$$

相律给出了平衡状态下多元多相体系中中存在的相数与组元数及温度、压力之间的关系，对分析和研究相图有重要的指导作用。

5.1.2　相图的表示方法

材料的状态是由成分、温度和压力决定的，但是压力对液固相之间或固相之间的变化影响不大，而且材料的状态变化多数是在常压下进行的，因此，研究材料的相变时往往不考虑压力的作用。这样，影响材料状态的因素就只有成分和温度两个参数了。所以相图就是以材料的成分和温度为坐标所构成的图形。对于二元相图，则是以横坐标表示成分、纵坐标表示温度的温度-成分平面图形。

材料的成分可以用质量分数（w）或摩尔分数（x）表示。如果没有特别说明，通常是以质量分数表示材料的成分。对于 A、B 两个组元组成的二元系，质量分数和摩尔分数之间可按下式进行换算

$$w_A = \frac{M_A x_A}{M_A x_A + M_B x_B}$$

$$w_B = \frac{M_B x_B}{M_A x_A + M_B x_B} \qquad\qquad (5-7)$$

$$x_A = \frac{w_A/M_A}{w_A/M_A + w_B/M_B}$$

$$w_B = \frac{w_B/M_B}{w_A/M_A + w_B/M_B}$$

(5 - 8)

式中，w_A、w_B 分别为 A、B 组元的质量分数；x_A、x_B 分别为组元 A、B 的摩尔分数；M_A、M_B 分别为组元 A、B 的相对原子质量，并且 $w_A + w_B = 1$（或 100%），$x_A + x_B = 1$（或 100%）。

5.1.3 二元相图的建立

二元相图是根据不同成分材料的临界点绘制的，临界点表示材料结构状态发生本质变化的转变点。测定材料临界点的方法有动态法和静态法两种，前者包括热分析法、膨胀法、电阻法等，后者包括金相法、x 射线衍射分析法等。相图的精确测定必须由多种方法配合使用。下面介绍用热分析法测量临界点来绘制二元相图的过程。

以 Cu - Ni 二元合金为例。先配制一系列含 Ni 量不同的 Cu - Ni 合金，测出它们从液态到室温的冷却曲线，得到各个临界点。图 5 - 1(a) 所示为纯 Cu 和 w_{Ni} 分别为 30%、50%、70% 的 Cu - Ni 合金以及纯 Ni 的冷却曲线。由图可见，纯 Cu 和纯 Ni 的冷却曲线相似，都有一个平台，表示其凝固在恒温下进行，凝固温度分别为 1 083℃ 和 1 452℃；其他三条 Cu - Ni 合金的冷却曲线不出现平台，而为二次转折，温度较高的转折点（临界点）表示凝固的开始温度，而温度较低的转折点对应着凝固的终了温度，这说明三种 Cu - Ni 合金的凝固与纯金属不同，是在一定温度范围内进行的。将各个临界点对应的温度和成分分别标在二元相图的纵坐标和横坐标上，则每个临界点在二元相图中均对应着一个点。再将凝固的开始温度和终了温度分别连接起来，就得到图 5 - 1(b) 所示的 Cu - Ni 二元相图。

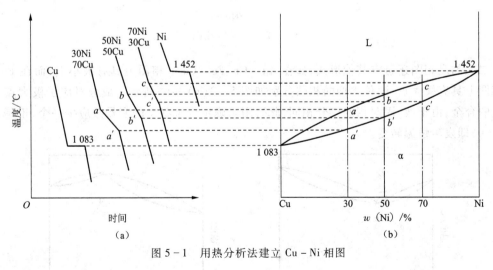

图 5 - 1 用热分析法建立 Cu - Ni 相图

由凝固开始温度连接起来的相界线称为液相线，由凝固终了温度连接起来的相界线称为固相线。相图中由相界线划分出来的区域称为相区，表明在此范围内存在的平衡相类型和数目。

为了精确测定临界点，用热分析法测定相图时必须非常缓慢地冷却以达到热力学的平衡条件，冷却速度一般控制在每分钟 0.5 ~ 0.15 ℃。

5.2 二元匀晶相图

5.2.1 匀晶相图

由液相中直接结晶出单相固溶体的过程称为匀晶转变,只发生匀晶转变的相图称为匀晶相图。二元匀晶相图中,两组元在液态、固态均无限互溶。绝大多数的二元相图都包括匀晶转变部分;有些二元合金如 Cu – Ni、Au – Ag、Au – Pt 等只发生匀晶转变,而有些二元陶瓷如 NiO – CoO、CoO – MgO、NiO – MgO 等也只发生匀晶转变。图 5 – 2 所示为 Cu – Ni 二元匀晶相图。液相线以上为液相区,固相线以下为固相区,而液相线与固相线所包围的区域则为液、固两相平衡共存区。

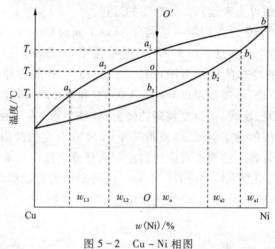

图 5 – 2　Cu – Ni 相图

二元匀晶相图还可有其他形式,如在 Au – Cu、Fe – Co 等相图上具有极小点,而在 Pb – Ti 等相图上具有极大点,两种类型的相图分别如图 5 – 3(a)、(b)所示。成分对应于极大点和极小点的合金,由于液、固两相的成分相同,此时用来确定合金状态的变量数应少一个,于是自由度 $f = 0$,即发生恒温转变。

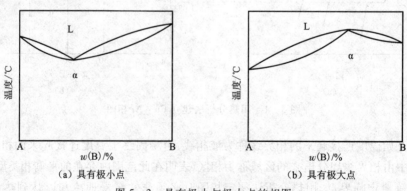

(a) 具有极小点　　　　　　　(b) 具有极大点

图 5 – 3　具有极小与极大点的相图

5.2.2　固溶体的平衡凝固

平衡凝固是指凝固过程中以极缓慢的速度冷却,使每个阶段都能达到平衡,即在相变过程中有充分的时间进行组元间的扩散以达到平衡相的成分。

现以成分为 w_o 的 Cu-Ni 合金为例来描述固溶体的平衡凝固过程(见图 5-2)。液态合金自高温冷却,当冷却到直线 OO'(称为合金线)与液相线的交点 a_1(对应的温度为 T_1,液相成分为 w_o)后开始凝固,所形成固相的成分应为连接线 a_1b_1 与固相线的交点 b_1 对应的成分 $w_{\alpha 1}$,此时,成分为 o 的液相和成分为 $w_{\alpha 1}$ 的固相在该温度下处于两相平衡状态。随着温度继续降低,固相成分沿固相线变化,液相成分沿液相线变化。当冷却到 T_2 温度时,由连接线 a_2b_2(水平线)与液、固相线的交点 a_2、b_2 可确定出液相成分为 w_{L2},而固相线成分为 $w_{\alpha 2}$。当冷却到 T_3 温度时,固溶体的成分即为原合金的成分 w_o,它和最后一滴液相(成分为 w_{L3})形成平衡。当温度略低于 T_3 温度时,这最后一滴液体也凝固成固相。合金凝固完毕后,得到的是单相均匀固溶体。该固溶体合金在整个凝固过程中的组织变化如图 5-4 所示。

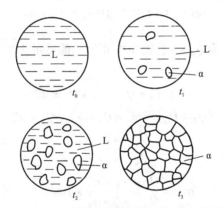

图 5-4　Cu-Ni 固溶体平衡凝固时组织变化示意图

固溶体的凝固过程与纯金属一样,也包括形核与长大两个阶段,但由于存在第二组元,使其凝固过程与纯金属的凝固过程也有所不同。这种不同之处在于:

(1)固溶体的凝固是在一个温度范围内完成的,而纯金属的凝固是在恒温下完成的。

(2)固溶体凝固时所形成的固相成分与液相不同,所以形核时除需要结构起伏和能量起伏外,还需要一定的成分起伏(液相中成分不均匀的现象即称为成分起伏)。

(3)固溶体凝固过程中,液、固两相共存,此时自由度 $f=2-2+1=1$,亦即要维持两相平衡共存,只能有一个独立变量。若温度是独立变化的,那么温度一定时,两相的成分就随之而定了,温度变化时,各相的成分也随之而变。因此,为了满足不同温度下两相平衡共存的成分要求,液、固两相的成分必须随温度下降而不断地发生变化,这种成分的变化必然依赖于两组元原子的扩散来完成。

需要着重指出的是,在每一温度下,固溶体的平衡凝固实质包括三个过程,即液相内的扩散、固相的继续长大以及固相内的扩散过程。固溶体平衡凝固时,由于在每一温度下扩散均可充分进行,故各个晶粒内的成分是均匀一致的。因此,平衡凝固得到的固溶体显微组织中,除了晶界外,各晶粒之间和晶粒内部的成分都是相同的。

如前所述,随着固溶体凝固过程的进行,液相的量不断减少,而固相的量则不断增加。在液、固两相平衡共存区,两相的相对量与它们各自的成分有关。如图5-5所示,设合金的成分为 w_B^o、总质量为 Q_o,在 T 温度时液相的成分为 w_B^L、质量为 Q_L,固相 α 的成分为 w_B^α、质量为 Q_α。显然,T 温度时液、固两相的质量和应等于合金的总质量,即

$$Q_o = Q_L + Q_\alpha$$

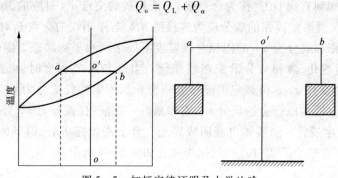

图 5-5　杠杆定律证明及力学比喻

液相中 B 组元的质量应为 $Q_L \times w_B^L$,固相中 B 组元的质量应为 $Q_\alpha \times w_B^\alpha$,合金中 B 组元的质量应为 $Q_o \times w_B^L$。由此可得

$$Q_o \times w_B^o = Q_L \times w_B^L + Q_\alpha \times w_B^\alpha$$

又有
$$(Q_L + Q_\alpha) \times w_B^o = Q_L \times w_B^L + Q_\alpha \times w_B^\alpha$$

整理得
$$\frac{Q_\alpha}{Q_L} = \frac{w_B^o - w_B^L}{w_B^\alpha - w_B^o} \tag{5-9}$$

又
$$\left.\begin{aligned} \alpha\% &= \frac{Q_\alpha}{Q_o} = \frac{w_B^o - w_B^L}{w_B^\alpha - w_B^L} \times 100\% \\ L\% &= \frac{Q_\alpha}{Q_o} = \frac{w_B^\alpha - w_B^o}{w_B^\alpha - w_B^L} \times 100\% \end{aligned}\right\} \tag{5-10}$$

可以看出,式(5-9)表示的两相相对量的关系很像力学中的杠杆原理,故得此名。

应当注意,杠杆定律只适用于处于平衡状态的两相区,且对相的类型不作限制。

合金凝固时,要发生溶质的重新分布,重新分布的程度可用平衡分配系数 k_0 表示。k_0 定义为平衡凝固时固相的质量分数 w_s 和液相质量分数 w_L 之比,即

$$k_0 = \frac{w_s}{w_L} \tag{5-11}$$

图5-6所示为合金匀晶转变时的两种情况。图5-6(a)所示为 $k_0 < 1$ 的情况,也就是随溶质增加,合金凝固的开始温度和终结温度降低;反之,随溶质的增加,合金凝固的开始温度和终结温度升高,此时 $k_0 > 1$。k_0 越接近1,表示该合金凝固时重新分布的溶质成分与原合金成分越接近,即重新分布的程度越小。当固、液相线假定为直线时,由几何方法不难证明 k_0 为常数。

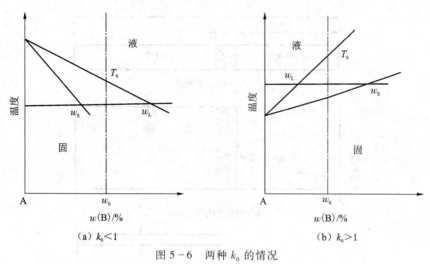

图 5 - 6 两种 k_0 的情况

将成分为 w_0 的单相固溶体合金的熔液置于圆棒形锭子内,由左向右进行定向凝固,如图 5 - 7(a)所示,在平衡凝固条件下,则在任何时间已凝固的固相成分是均匀的,其对应该温度下的固相线成分。凝固终结时的固相成分就变成 w_0 的原合金成分,如图 5 - 7(b)所示。

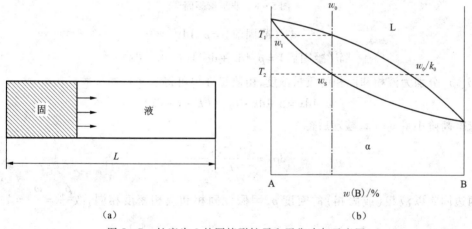

(a)   (b)

图 5 - 7 长度为 L 的圆棒形锭子和平衡冷却示意图

但在非平衡凝固时,已凝固的固相成分随着凝固的先后而变化,即随凝固距离 x 而变化。现以 5 个假设条件来推导固溶体非平衡凝固时,质量浓度 ρ_s 随凝固距离变化的解析式:

(1)液相成分任何时候都是均匀的。

(2)液 - 固界面是平直的。

(3)液 - 固界面处维持着这种局部的平衡,即在界面处满足 k_0 为常数。

(4)忽略固相内的扩散。

(5)固相和液相密度相同。

设圆棒的截面积为 A,长度为 L。若取体积元 $A\mathrm{d}x$ 发生凝固,如图 5 - 8(a)中所示的阴影区,体积元的质量为 $\mathrm{d}M$,其凝固前后的质量变化如图 5 - 8(b)、(c)所示。

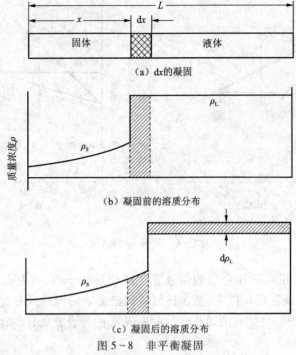

（a）dx的凝固

（b）凝固前的溶质分布

（c）凝固后的溶质分布

图 5 - 8　非平衡凝固

$$dM（凝固前）= \rho_L A dx$$

$$dM（凝固后）= \rho_S A dx + d\rho_L A（L - x - dx）$$

式中，ρ_L，ρ_S 分别为液相和固相的质量浓度，由质量守恒可得

$$\rho_L A dx = \rho_S A dx + d\rho_L A（L - x - dx）$$

忽略高阶小量 $d\rho_L dx$，整理后得

$$d\rho_L = \frac{（\rho_L - \rho_S）dx}{L - x}$$

两边同除以液相（或固相）的密度 ρ，因假设固相和液相密度相同，故 $\dfrac{\rho_L}{\rho_S} = \dfrac{\omega_S}{\omega_L} = k_0$，并积分，有

$$\int_{\rho_0}^{\rho_L} \frac{d\rho_L}{\rho_L} = \int_0^x \frac{1 - k_0}{L - x} dx \qquad (5-12)$$

因为最初结晶的液相质量浓度为 ρ_0（即原合金的质量浓度），故上式积分下限值为 ρ_0，积分得

$$\rho_L = \rho_0 \left(1 - \frac{x}{L}\right)^{k_0 - 1} \qquad (5-13)$$

式（5-13）称为正常凝固方程，它表示了固相质量浓度随凝固距离的变化规律。

固溶体经正常凝固后，整个锭子的质量浓度分布如图 5-9 所示（$k_0 < 1$），这符合一般铸锭中的浓度分布，因

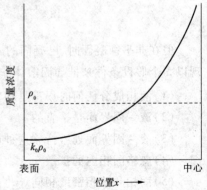

图 5 - 9　正常凝固后溶质质量浓度在铸锭内的分布

此称为正常凝固。这种溶质质量浓度由锭表面向中心逐渐增加的不均匀分布,称为正偏析,它是宏观偏析的一种,这种偏析通过扩散退火也难以消除。

5.2.3 固溶体的非平衡凝固

固溶体的凝固依赖于组元原子的扩散,要达到平衡凝固,必须有足够的时间使扩散进行充分。但在工业生产中,液态材料浇铸后的冷却速度较快,在每一温度下不能保证足够的扩散时间,从而使凝固过程偏离平衡条件,称为非平衡凝固。

在非平衡凝固中,液、固两相的成分将偏离平衡相图中的液相线和固相线。由于固相内组元扩散比液相内组元扩散慢得多,故偏离固相线的程度就大得多。图 5-10(a)为非平衡凝固时液、固两相成分变化的示意图。合金 o 在 T_1 温度时首先结晶出成分为 α_1 的固相,因其含 B 量远低于合金的原始成分,故与之相邻的液相含 B 量势必升高至 L_1。随着冷却至 T_2 温度,固相的平衡成分应为 α_2,液相成分则应为 L_2,但由于冷却较快,液相和固相(尤其是固相)中的扩散不充分,固相内部成分仍低于 α_2,甚至保留为 α_1,从而出现成分不均匀现象。此时,整个固相的平均成分 α'_2 应在 α_1 和 α_2 之间,而整个液相的平均成分 L'_2 应在 L_1 和 L_2 之间。再继续冷却至 T_3 温度,凝固后的固相平衡成分应变为 α_3,液相成分应变为 L_3,同样,因液、固两相中扩散不充分而达不到平衡成分,固相的实际成分为 α_1、α_2 和 α_3 的平均值 α'_3,而液相的实际成分则为 L_1、L_2 和 L_3 的平均值 L'_3。直至合金冷却到 T_4 温度时,凝固才结束,此时固相的平均成分从 α'_3 变为 α'_4(即原合金的成分)。若把每一温度下的固相和液相的平均成分点分别连接起来,则可得到图 5-10(a)中所示的虚线 $\alpha_1\alpha'_2\alpha'_3\alpha'_4$ 和 $L_1L'_2L'_3L'_4$,分别称为固相平均成分线和液相平均成分线。非平衡凝固时液、固两相的成分及组织变化如图 5-10(b)所示。

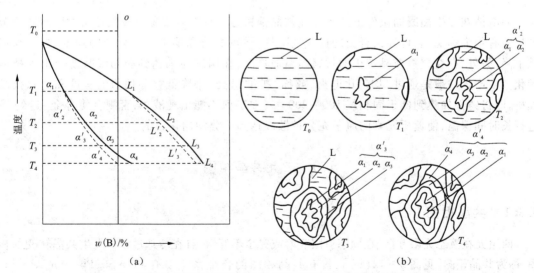

图 5-10 固溶体在非平衡凝固时液、固两相的成分变化及组织变化示意图

从上述对非平衡凝固过程的分析可得到如下几点结论:

(1)固相平均成分线和液相平均成分线与固相线和液相线不同,它们和冷却速度有关,冷却速度越快,它们偏离固、液相线越严重;反之,冷却速度越慢,它们越接近固、液相线,表明冷

却速度越接近平衡冷却条件。

（2）先凝固部分总是富含高熔点组元,后凝固部分总是富含低熔点组元。

（3）非平衡凝固总是导致凝固的终了温度低于平衡凝固时的终了温度。

不平衡凝固的固溶体内部富含高熔点组元,而后结晶的外部则富含低熔点组元,这种在晶粒内部出现的成分不均匀现象,称为晶内偏析。由于固溶体通常以树枝状生长方式生长,故非平衡凝固将导致先结晶的枝干和后结晶的枝间的成分不同,称为枝晶偏析。一个树枝晶通常是由一个晶核生长而成的,故枝晶偏析属于晶内偏析。图 5 – 11 所示为 Cu – Ni 合金的铸态组织,树枝晶形貌的显示是由于枝干和枝间的成分差异引起侵蚀后颜色的深浅不同。如用电子探针测定,可以得出枝干是富镍的(不易侵蚀而呈白色),而枝间则是富铜的(易受侵蚀而呈黑色)。

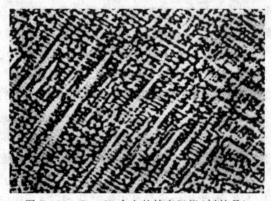

图 5 – 11　Cu – Ni 合金的铸态组织(树枝晶)

固溶体在非平衡凝固条件下产生上述枝晶偏析是一种普遍现象。枝晶偏析对固溶体合金的性能有很大影响,它可导致合金的抗蚀性降低,严重的枝晶偏析会使合金的强度、塑性和韧性下降,另外,存在严重枝晶偏析的材料高温加热时,在温度还未达到固相线时便会出现枝晶熔化。生产上一般是通过"均匀化退火"或称"扩散退火"来降低枝晶偏析的程度和消除枝晶偏析,即将铸件加热到低于固相线 100 ~ 200 ℃(要确保不能出现液相,否则会使合金"过烧")进行长时间保温,使偏析元素的原子充分扩散以达到成分均匀化目的。

5.3　二元共晶相图

5.3.1　共晶相图

两组元在液态无限互溶、在固态有限互溶或完全不互溶,且在冷却过程中发生共晶转变的相图,称为共晶相图[见图 5 – 12(b)],具有共晶相图的合金系主要有 Pb – Sn、Pb – Sb、Al – Si、Ag – Au、Pb – Bi 等,此外一些硅酸盐也具有共晶相图。

下面以 Pb – Sn 二元共晶相图为例对共晶相图进行分析。在图 5 – 12(a)中,Pb 的熔点为327.5 ℃,Sn 的熔点为 231.9 ℃。α 是 Sn 溶入 Pb 中形成的以 Pb 为基的固溶体,β 是 Pb 溶入Sn 中形成的以 Sn 为基的固溶体。图中的 ae 和 be 为液相线,分别表示 α 相和 β 相凝固的开始温度,而 am 和 bn 为固相线,分别表示 α 相和 β 相凝固的终了温度;mf 为 Sn 在 Pb 中的固溶度曲线,同样 ng 为 Pb 在 Sn 中的固溶度曲线。需要指出的是,组成共晶相图的两组元的混合将使各组元的熔点降低,因此,液相线从两端纯组元向中间凹下。图中有三个单相区,即液相区 L、固相 α 相区及固相 β 相区;三个两相区 L+α、L+β 及 α+β 分别与三个单相区相接触;三个两相区的接触线为水平线,此线表示 L+α+β 三相平衡共存区。在三相平衡共存水平线 men 上,两条液相线交于 e 点。从图中可以看出,e 点以上为液相区,e 点下方为 α+β 两相共存区,这说明在 e 点所对应的温度下,将会由成分为 e 的液相中同时凝固出成分为 m 的 α 相和成分为 n 的 β 相。相应的反应式可写为

$$L_e \xrightarrow{T_e} \alpha_m + \beta_n$$

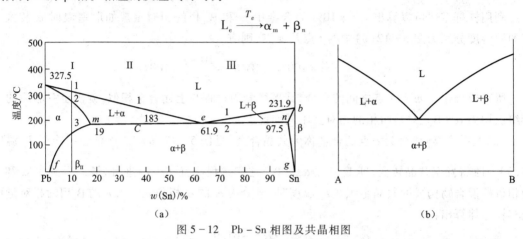

图 5 – 12　Pb – Sn 相图及共晶相图

由相律可知,对于二元系,三相平衡共存时系统的自由度 $f = 0$,上述转变必然在恒温下进行,而且在转变过程中三个相的成分也固定不变。这种由某一成分的液相在恒温下同时结晶出两个成分不同的固相的转变,称为共晶转变。发生共晶转变的温度称为共晶温度,共晶转变的产物即两个固相的机械混合物称为共晶组织或共晶体,三相平衡共存水平线(men 线)称为共晶转变线,两条液相线与共晶转变线的汇交点(e 点)称为共晶点。

5.3.2　共晶系的平衡凝固及平衡组织

仍以 Pb – Sn 二元合金系为例分析共晶系合金的平衡凝固过程。

(1) $w_{Sn} \leqslant 19\%$ 的合金:以 $w_{Sn} = 10\%$ 的合金 I 为例。当合金熔液缓慢冷却至图 5 – 12(a)中的 1 点(液相线与和合金线的交点)时,发生匀晶转变,开始从液相中凝固出 α 相,随着温度的下降,α 相不断增多,而液相则不断减少。在凝固过程中,固相成分沿固相线 am 变化,液相成分沿液相线 ae 变化。冷至 2 点(固相线与和合金线的交点)时,凝固完毕。继续冷却,温度在 2 ~ 3 点范围内,无任何变化发生。当温度降至 3 点以下,呈过饱和状态的 α 相中将不断析出富 Sn 的 β 相,这种析出过程称为脱溶过程,析出相称为次生相或二次相,用 β_{II} 表示,以区别于由液相中直接凝固出的初生 β 相。次生相可在晶界上析出,也可在晶内缺陷处析出。随着温度继续下降,α 相的固溶度逐渐减小,此析出过程不断进行,而 α 相和 β_{II} 相的平衡成分将分别沿 mf 和 ng 固溶度曲线变化。显然,$w_{Sn} = 10\%$ 的合金凝固至室温后的平衡组织应为 $\alpha + \beta_{II}$。图 5 – 13 为该成分合金缓冷时的平衡凝固过程示意图。此凝固过程也可用如下方式表述

$$L \xrightarrow{1 \sim 2} L + \alpha \xrightarrow{2 \sim 3} \alpha \xrightarrow{3 \text{ 以下}} \alpha + \beta_{II}$$

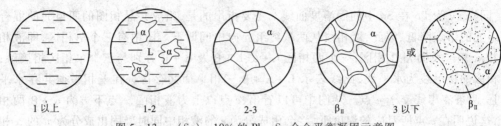

图 5 - 13 $w(\text{Sn}) = 10\%$ 的 Pb - Sn 合金平衡凝固示意图

利用杠杆定律可以算出 $w_{\text{Sn}} = 10\%$ 的合金中 α 和 β_{II} 相的相对量。如取室温时 α 相及 β 相的固溶度分别为图 5 - 12(a) 中的 f 点及 g 点,则有

$$\alpha\% = \frac{g - 10}{g - f} \times 100\% \qquad \beta_{\text{II}}\% = \frac{10 - f}{g - f} \times 100\%$$

所有成分位于 m 和 f 点之间的合金,其平衡凝固过程与上述合金相似,凝固至室温后的平衡组织均为 $\alpha + \beta_{\text{II}}$,只是两相的相对量不同而已。

(2)共晶合金:成分为 e 点的合金称为共晶合金[见图 5 - 12(a)]。该合金缓冷至 T_e 温度 (183℃)时将发生共晶转变,即 $L_e \xrightarrow{T_e} \alpha_m + \beta_n$,这一过程一直在恒温进行,最终得到由 α 和 β 两相机械混合物构成的共晶组织。T_e 温度时,成分为 m 的 α 相和成分为 n 的 β 相的相对量可由杠杆定律算出:

$$\alpha_m\% = \frac{n - e}{n - m} \times 100\% = \frac{97.5 - 61.9}{97.5 - 19} \times 100\% \approx 45.4\%$$

$$\beta_n\% = \frac{e - m}{n - m} \times 100\% = \frac{61.9 - 19}{97.5 - 19} \times 100\% \approx 54.6\%$$

温度继续降低时,共晶组织中的 α 相及 β 相将分别析出次生相 β、α,由于此种次生相常依附于同类相上形核、长大,在显微镜下难以区分,故一般不予考虑。

图 5 - 14 所示为 Pb - Sn 共晶合金的室温平衡组织,α 相与 β 相呈片层状相间分布,称为片层状共晶,其中黑色层片为富 Pb 的 α 相,白色层片为富 Sn 的 β 相。

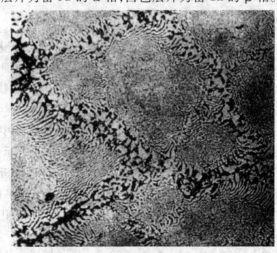

图 5 - 14 Pb - Sn 共晶组织(250 ×)

除上述片层状共晶外,共晶组织的形态还有其他类型。共晶组织的形态受多种因素影响,如两相的相对量、两相之间界面的界面能、相界面结构、冷却速度等。

(3)亚共晶合金:在图 5 - 12(a)中,成分位于共晶点 e 以左、m 点以右的合金叫做亚共晶合金,因为此类合金的成分低于共晶成分,故只有部分液相可凝固成共晶组织。下面以 $w_{Sn} = 35\%$ 的合金 Ⅱ 为例分析其平衡凝固过程。

从图中可以看出,合金熔液冷却时首先发生匀晶转变,从液相中不断凝固出 α 相。冷却至共晶温度 T_e 时,α 相的成分为 m 点,剩余液相的成分为 e 点。此时为 L_e 和 α_m 两相平衡共存,两相的相对量分别为

$$\alpha_m\% = \frac{e-c}{e-m} \times 100\% = \frac{61.9-35}{61.9-19} \times 100\% \approx 62.7\%$$

$$L_e\% = \frac{c-m}{e-m} \times 100\% = \frac{35-19}{61.9-19} \times 100\% \approx 37.3\%$$

此时,剩余的液相 L_e 在共晶温度 T_e 发生共晶转变,形成 $(\alpha+\beta)$ 共晶组织。共晶转变刚完成时(T_e 温度),合金的平衡组织为 $\alpha + (\alpha+\beta)$。通常将共晶转变前由液相中直接凝固出的固相称为先共晶相或初生相。随着温度继续下降,初生相 α 中将不断析出次生相 β_{II}(共晶组织中的次生相的析出可以忽略)。冷却至室温时,合金的平衡组织为 $\alpha + \beta_{II} + (\alpha+\beta)$。图 5 - 15 所示为亚共晶合金的平衡凝固过程示意图。此凝固过程也可描述为

$$L \xrightarrow{1 \sim c} L + \alpha \xrightarrow{c} \alpha_m + (\alpha_m + \beta_n) \xrightarrow{c\text{以下}} \alpha + \beta II + (\alpha + \beta)$$

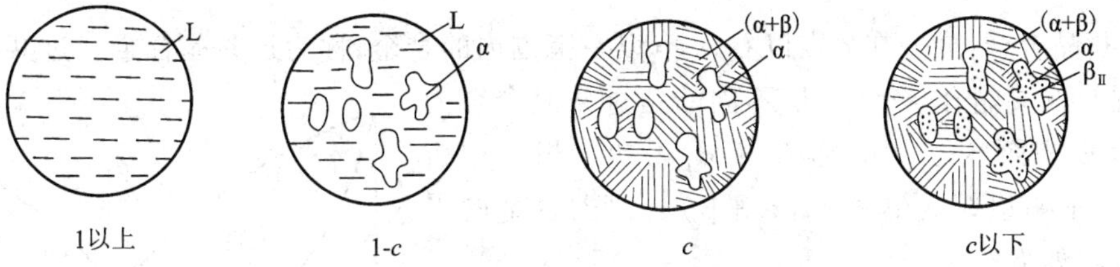

图 5 - 15 $w_{sn} = 10\%$ 的 pb - Sn 二元合金平衡凝固过程

图 5 - 16 所示为 Pb - Sn 亚共晶合金的室温平衡组织,其中黑色斑状(三维形态为粗大树枝状)组织为初生相 α,其间的白色颗粒状组织为次生相 β_{II},其余黑白相间部分为共晶组织 $(\alpha+\beta)$。初生相 α、次生相 β_{II} 以及共晶组织都有其明显的形貌特征,很容易将它们区分开。所以,一般将显微组织中能清晰分辨的独立组成部分,称为组织组成物。组织组成物可以是单相(如 α 相、β_{II} 相),也可以是多相(如共晶组织 $\alpha+\beta$)。另外,上述组织是由 α 相和 β 相组成的,故称 α、β 相为相组成物。组织组成物和相组成物的相对量均可用杠杆定律求出。

如室温时 $w_{Sn} = 5\%$ 的 Pb - Sn 亚共晶合金的组织组成物和相组成物的相对量分别为:

$$(\alpha+\beta)\% = \frac{c-m}{e-m} \times 100\% = \frac{35-19}{61.9-19} \times 100\% \approx 37.3\%$$

组织组成物
$$\alpha\% = \frac{e-c}{e-m} \times \frac{g-m}{g-f} \times 100\% = \frac{61.9-35}{61.9-19} \times \frac{100-19}{100-2} \times 100\% \approx 51.8\%$$

$$\beta_{II}\% = \frac{e-c}{e-m} \times \frac{m-f}{g-f} \times 100\% = \frac{61.9-35}{61.9-19} \times \frac{19-2}{100-2} \times 100\% \approx 10.9\%$$

相组成物

$$\alpha\% = \frac{g-c}{g-f} \times 100\% = \frac{100-35}{100-2} \times 100\% \approx 66.3\%$$

$$\beta\% = \frac{c-f}{g-f} \times 100\% = \frac{35-2}{100-2} \times 100\% \approx 33.7\%$$

上述计算中,取 f 点成分为 $w_{Sn} \approx 2\%$,g 点成分为 $w_{Sn} \approx 100\%$。

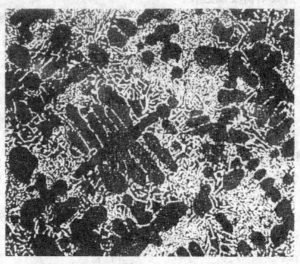

图 5-16 Pb-Sn 亚共晶合金的室温平衡组织

(4)共晶合金:成分在 e 点以右、n 点以左范围内的合金,称为过共晶合金。过共晶合金的凝固过程与亚共晶合金类似,所不同的是过共晶合金的初生相为 β 相而不是 α 相,次生相 α_{II} 由初生相 β 中析出,其室温平衡组织为 $\beta + \alpha_{II}(\alpha+\beta)$。此类合金的平衡凝固过程如下:

$$L \xrightarrow{1\sim2} L + \beta \xrightarrow{2} \beta_n + (\alpha_m + \beta_n) \xrightarrow{2\,以下} \beta + \alpha_{II} + (\alpha+\beta)$$

为了方便地分析、研究合金的组织,常把合金平衡凝固的组织直接填注在合金相图上,如图 5-17 所示。此种填注方法称为相图的组织组成物填注法。从按组织组成物填注的相图中可以直观地了解任一成分的合金在不同温度下的组织状态以及冷却过程中组织的转变情况。

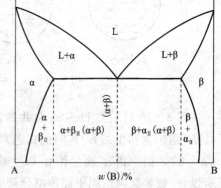

图 5-17 相图的组织组成物填注法

5.3.3 共晶系的非平衡凝固

5.3.3.1 伪共晶

平衡凝固条件下,只有共晶成分的合金才能获得完全的共晶组织,任何偏离这一成分的合金,平衡凝固时都不能获得百分之百的共晶组织。但在非平衡凝固条件下,成分在共晶点附近的合金也可能全部转变成共晶组织,这种非共晶成分的共晶组织即称为伪共晶组织。

在非平衡凝固条件下,由于冷却速度较快,将产生过冷。由图 5-18 可知,当共晶点附近

成分的液相合金过冷到两条液相线的延长线所包围的阴影
区时,合金溶液将处于两条液相线的延长线 ea' 及 eb' 之下,这
说明过冷液相对于 α 相和 β 相的凝固均处于过冷状态。这
样,过冷液相就具备了同时凝固出 α 相和 β 相的热力学条
件,α 相和 β 相就会在过冷液相中同时形核并长大,形成具
有共晶组织特征(但不是共晶成分)的伪共晶组织,所以
图 5-18 中的阴影区叫做伪共晶区。

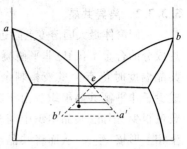

图 5-18　共晶系合金的不平衡凝固

　　实际上,伪共晶的形成不但要考虑热力学条件,同时还
应考虑动力学条件,即 α 相和 β 相的凝固速度问题。如果共晶组织中的某一组成相的成分与
液相的成分相差较大,这一个相要通过原子扩散来达到其形成时所需的成分就较为困难,因而
长大速度就较慢。这样,热力学、动力学条件均有利的那一个相就会优先地单独形成而成为先
共晶相,这种情况下,便不会得到全部共晶组织。如果共晶组织中两组成相生成的热力学、动
力学条件相差不大,即形成和长大速度基本相同,伪共晶区的形状就如图 5-18 所示的关于共
晶点对称的三角形区域。如果两组成相的热、动力学条件相差的较大,伪共晶区的形状就会发
生变化,一般有如下规律:两组元有相近熔点时,出现对称型伪共晶区;两组元熔点相差较大
时,共晶点通常偏向低熔点组元一方,而伪共晶区则偏向高熔点组元一方,如图 5-19 所示伪
共晶区的四种情况。一般认为其原因是由于共晶组织中两组成相的成分与液相不同,它们的
形核和生长都需要两组元的扩散,而以低熔点组元为基的组成相与液相的成分相差较小,则通
过扩散而达到该组成相的成分就较为容易,其凝固速度较大。因此,当共晶点偏向低熔点组元
时,为了满足两组成相形成对扩散的要求,伪共晶区的位置必须偏向高熔点组元一侧。

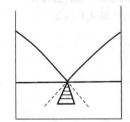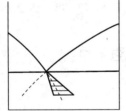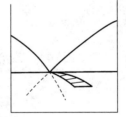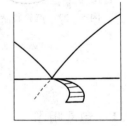

图 5-19　伪共晶区的四种情况

　　伪共晶区的概念对于分析合金中出现的非平衡组织有
一定的帮助。例如 Al-Si 合金系中,在非平衡凝固条件下,
共晶成分的合金得不到全部共晶组织,总会出现一些初生 α
相,其原因就是因伪共晶区的偏移所致。从图 5-20 可以看
出,当合金快冷至 a 点时,过冷合金溶液处于伪共晶区域之
外,故只能先凝固出初生 α 相而使合金溶液富集 Si 原子,当
剩余溶液的浓度达到 b 点时,才能发生共晶转变。对于
Al-Si 合金系,在非平衡凝固条件下,若要得到全部共晶组
织,合金成分应选择在共晶点以右适当位置,在一定的冷却
条件下方可得到全部共晶组织(伪共晶组织)。

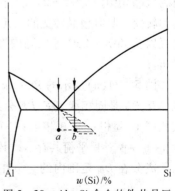

$w(\text{Si})/\%$

图 5-20　Al-Si 合金的伪共晶区

5.3.3.2 离异共晶

在固溶体最大固溶度点附近的合金(如图 5-21 所示的 m 点附近成分的合金 I 和 II)非平衡凝固时,由于固相线下移,使其冷却到共晶温度时仍有少量液相剩余,这部分液相将发生共晶转变而形成少量非平衡共晶组织。由于其中的初生相数量很多而共晶组织数量很少,因此,共晶组织中与初生相相同的那一相就会依附在初生相上形核、生长,从而将共晶组织中的另一相推到最后凝固的初生相的晶界处(见图 5-22),导致两相的分布完全失去了共晶组织的形貌特征,这种两相分离的共晶组织称为离异共晶。图 5-23 所示为 $w_{Sb}=3.54\%$ 的 Pb-Sb 合金的离异共晶组织。共晶组织中的 α 相依附于初生 α 相形核、生长,形成离异的网状 β 相(白色)。

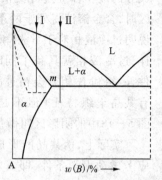

图 5-21 合金非平衡凝固图

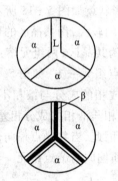

图 5-22 离异共晶组织示意

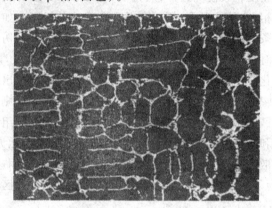

图 5-23 Pb-Sb 合金的离异共晶组织

5.4 二元包晶相图

5.4.1 包晶相图

两组元在液态无限互溶,而固态下有限互溶(或完全不互溶),并发生包晶转变的二元相图,称为包晶相图(见图 5-24)。所谓包晶转变就是已凝固的固相与剩余液相反应形成另一固相的恒温转变。具有包晶转变的二元系有 Pt-Ag、Fe-C、Cu-Zn、Cu-Sn、Sn-Sb、Ag-Sn 等二元合金系以及 ZrO_2-CaO 等二元陶瓷系。下面以两组元在固态下有限互溶的包晶相图为例进行分析。

图 5-24(a)所示的 Pt-Ag 相图是具有包晶转变的相图中的典型代表。其中 ACB 是液相线,AD、PB 是固相线,DE、PF 分别是 α 相和 β 相的固溶度曲线。图中有三个单相区,分别为液相区 L、固相 α 和 β 相区;三个两相区分别为 L+α、L+β、α+β;三个两相区的接触线 DPC 为 L+α+β 三相平衡共存区。该三相平衡共存水平线称为包晶转变线,其上的 P 点称为包晶点。成分在 DC 范围内的合金在 P 点对应的温度下都将发生包晶转变

$$L_C + \alpha_D \xrightarrow{T_P} \beta_P$$

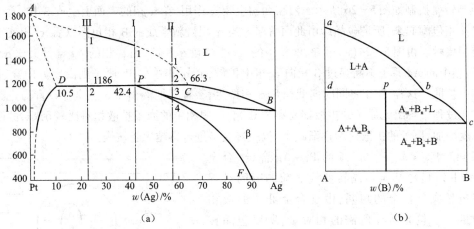

（a）　　　　　　　　　　　　　　　　（b）

图 5 - 24　Pt - Ag 相图及包晶相图

这种由一个成分一定的液相与一个成分一定的固相作用,形成另一个成分一定的固相的恒温转变,称为包晶转变。

5.4.2　包晶系的平衡凝固及平衡组织

仍以 Pt - Ag 二元合金系为例分析包晶系合金的平衡凝固过程。

（1）$w_{Ag} = 42.4\%$ 的 Pt - Ag 合金（合金 I）:由图 5 - 24(a)可知,合金自高温液态冷至 1 点(合金线与液相线的交点)时,开始凝固出初生相 α。随着温度下降,α 相的量逐渐增多,液相的量不断减少,α 相和液相的成分分别沿着固相线 AD 和液相线 AC 变化。当温度降至包晶反应温度 1 186 ℃时,合金中初生相 α 的成分达到 D 点,液相成分达到 C 点,在该温度下将发生包晶转变,生成 P 点成分的 β 相。在开始进行包晶转变时,α 相和液相的相对量可由杠杆定律求出

$$\alpha_D\% = \frac{C - P}{C - D} \times 100\% = \frac{66.3 - 42.4}{66.3 - 10.5} \times 100\% \approx 42.8\%$$

$$L_C\% = \frac{P - D}{C - D} \times 100\% = \frac{42.4 - 10.5}{66.3 - 10.5} \times 100\% \approx 57.2\%$$

包晶转变结束后,液相和 α 相反应正好全部转变为 β 固溶体。随着温度继续下降,由于 Pt 在 β 相中的溶解度随温度降低而沿 PF 线减小,因此将不断从 β 固溶体中析出 α_{II}。因此该合金的室温平衡组织为 $\beta + \alpha_{II}$。其平衡凝固过程如图 5 - 25 所示,此凝固过程也可描述为

$$L \xrightarrow{1 \sim P} L + \alpha \xrightarrow{P} \beta \xrightarrow{P 以下} \beta + \alpha_{II}$$

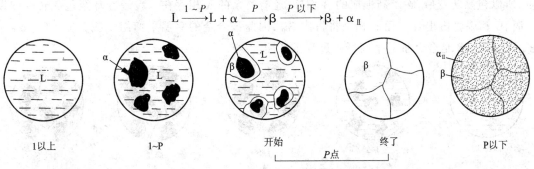

图 5 - 25　合金 I 的平衡凝固示意图

包晶转变机制如图 5-26 所示。液相和初生相 α 作用,在 α 相的表面上生成 β 相,所生成的 β 相把 α 相包围起来,所谓包晶即由此而得名。当 α 相被新生成的 β 相包围以后,α 相就不能直接与液相接触。由图 5-24(a)可知,液相中的 Ag 含量较 α 相高,而 β 相的 Ag 含量又比 α 相高,因此,液相中的 Ag 原子不断穿过 β 相向 α 相中扩散,而 α 相中的 Pt 原子则沿反方向穿过 β 相向液相中扩散。这样,β 相将同时向液相和 α 相中生长,直至把液相和 α 相全部吞食为止。由于包晶转变过程中各组元原子的扩散都要穿过 β 相,而固相中的原子扩散相对比较困难,故随着 β 相的厚度增加,原子的扩散速度逐渐减小,包晶转变将进行得越来越缓慢。

(2)42.4% $< w_{Ag} <$ 66.3% 的 Pt-Ag 合金(合金 II):合金 II 缓慢冷却至包晶转变线之前的凝固过程与上述包晶成分合金的相同,由于合金 II 中的液相的相对量大于包晶转变所需的相对量,所以包晶转变后,剩余的液相在继续冷却过程中将按匀晶转变方式直接凝固出 β 相,其成分沿 CB 线变化,而 β 相的成分沿 PB 线变化,直至 3 点时,全部液相凝固完毕,此时 β 相的成分为原合金的成分。在 3~4 点之间,单相 β 相无任何变化。在 4 点以下,随着温度下降,将从 β 相中不断地析出 $α_{II}$。因此,该合金的室温平衡组织为 β + $α_{II}$。该合金的平衡凝固过程如图 5-27 所示,此凝固过程也可描述为

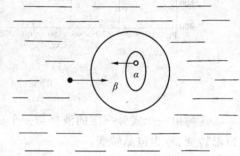

● Ag原子   ○ Pt原子

图 5-26　包晶反应时原子迁移示意图

$$L \xrightarrow{1~2} L+α \xrightarrow{2} L+β \xrightarrow{2~3} β \xrightarrow{3~4} β \xrightarrow{4以下} β+α_{II}$$

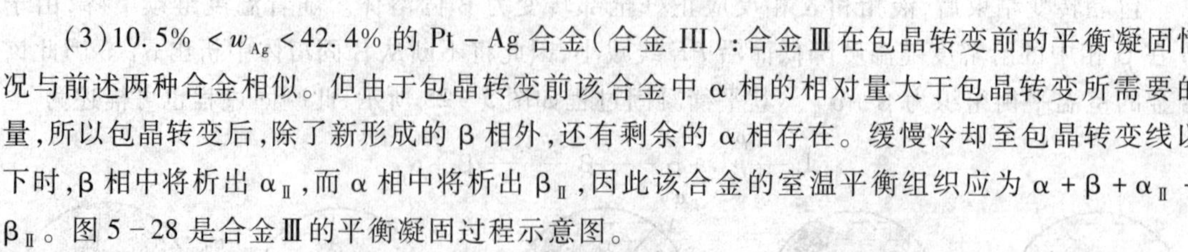

图 5-27　合金 II 的平衡凝固示意图

(3)10.5% $< w_{Ag} <$ 42.4% 的 Pt-Ag 合金(合金 III):合金 III 在包晶转变前的平衡凝固情况与前述两种合金相似。但由于包晶转变前该合金中 α 相的相对量大于包晶转变所需要的量,所以包晶转变后,除了新形成的 β 相外,还有剩余的 α 相存在。缓慢冷却至包晶转变线以下时,β 相中将析出 $α_{II}$,而 α 相中将析出 $β_{II}$,因此该合金的室温平衡组织应为 α + β + $α_{II}$ + $β_{II}$。图 5-28 是合金 III 的平衡凝固过程示意图。

图 5-28　合金 III 的平衡凝固示意图

5.4.3 包晶系的非平衡凝固

　　如前所述,包晶转变的产物 β 相若要生长,就必须借助原子穿过 β 相的扩散来进行。由于原子在固相中的扩散比在液相中慢得多,所以包晶转变往往是一个十分缓慢的过程。在实际生产中,由于冷却速度较快,包晶转变所依赖的固体中的原子扩散往往不能充分进行,导致包晶转变的不完全性,即在低于包晶温度时,本应完全消失的 α 相部分地被保留下来,剩余的液相则在低于包晶转变温度下将发生匀晶转变直接凝固出 β 相,使得所形成的 β 相成分极为不均匀。这种由于包晶转变不能充分进行而产生的成分不均匀现象称为包晶偏析。

　　例如,w_{Cu} =35% 的 Cu - Sn 合金缓慢冷却至 415℃ 时将发生 L + ε→η 的包晶转变,如图 5 - 29(a) 所示,剩余的液相冷至 227℃ 时又将发生 L + η→Sn 的共晶转变,所以最终的平衡凝固组织应为 η + (η + Sn),而实际的非平衡凝固组织中却保留着相当数量的初生相 ε (灰色),包围它的是 η 相 (白色),再外面则是黑色的共晶组织 (η + Sn),如图 5 - 29(b) 所示。

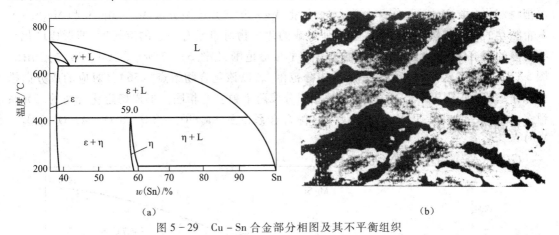

(a)　　　　　　　　　　　　　　　　　　　　(b)

图 5 - 29　Cu - Sn 合金部分相图及其不平衡组织

　　另外,某些原来不发生包晶转变的合金,如图 5 - 30 中的合金 I,在平衡冷却条件下并不发生包晶转变,但在非平衡冷却条件下,由于 α 固溶体的平均成分线下移,致使合金冷却到包晶转变温度时仍有少量残余液相存在,此时就有可能发生包晶转变,以至形成某些平衡状态下不应出现的相。与非平衡共晶组织一样,包晶转变产生的非平衡组织也可通过扩散退火来消除。

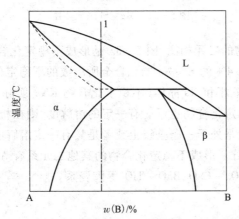

图 5 - 30　因快冷而可能发生的包晶反应示意图

5.5 其他类型的二元相图

5.5.1 形成化合物的二元相图

在某些二元系中,可形成一个或几个化合物,由于这些化合物通常位于相图的中间,故又称中间相。根据化合物的稳定性可分为稳定化合物和不稳定化合物。所谓稳定化合物是指有确定的熔点,可熔化成与固态相同成分液体的化合物;而不稳定化合物不能熔化成与固态相同成分的液体,当加热到一定温度时会发生分解,转变为两个相。

(1)形成稳定化合物的二元相图:无溶解度的化合物在相图中是一条垂线,可把它看作为一个独立组元而把相图分成两个独立部分。图5-31所示为Mg-Si二元相图,当含Si量等于36.6%时形成稳定化合物Mg_2Si,它具有确定的熔点(1 087 ℃),熔化后Si含量不变,所以可把稳定化合物Mg_2Si看作一个独立组元,把Mg-Si二元相图分成Mg-Mg_2Si和Mg_2Si-Si两个独立的二元相图进行分析。如果所形成的化合物对组元有一定的溶解度,即形成以化合物为基的固溶体,则化合物在相图中有一定的成分范围,如图5-32所示的Cd-Sb二元相图。图5-32中稳定化合物β相有一定的成分范围,若以该化合物熔点(456℃)对应的成分向横坐标作垂线(如图中虚线),该垂线可把相图分成两个独立的相图。形成稳定化合物的二元系很多,如Cu-Mg、Fe-P、Mn-Si、Ag-Sr等合金系以及Na_2SiO_3-SiO_2、BeO-Al_2O_3、SiO_2-MgO等陶瓷系。

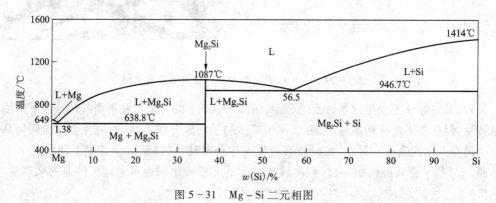

图5-31 Mg-Si二元相图

(2)形成不稳定化合物的二元相图:图5-33是形成不稳定化合物(KNa_2)的K-Na二元合金相图,当含Na量为54.4%的K-Na二元合金所形成的不稳定化合物被加热到6.9 ℃,便会分解为成分与之不同的液相和Na晶体(不稳定化合物KNa_2实际上是由包晶转变L+Na→KNa_2得到的)。同样,不稳定化合物也可能有一定的溶解度,则在相图上为一个相区。值得注意的是,不稳定化合物无论是处于一条垂线上或者是具有一定溶解度的相区,均不能作为组元而将整个相图划分为两部分。形成不稳定化合物的其他二元系有Al-Mn、Be-Ce、Mn-P等合金系以及SiO_2-MgO、ZrO_2-CaO、BaO-TiO_2等陶瓷系。

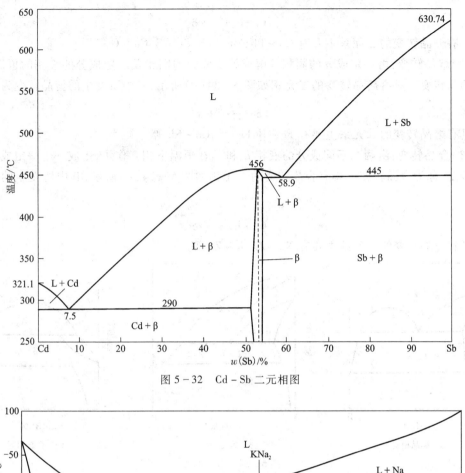

图 5－32 Cd－Sb 二元相图

图 5－33 K－Na 相图

5.5.2 具有偏晶、熔晶、合晶转变的二元相图

从相律可知,在恒压下,对于二元系而言,最多只能三相平衡共存,相应的恒温转变显然也只可能有两种类型:分解型(X→Y＋Z)及合成型(X＋Y→Z)。共晶转变与包晶转变分别属于这两种类型。除了共晶转变与包晶转变外,属于这两种类型的恒温转变还有如下几种:

(1)偏晶转变:由一定成分的液相 L_1 分解成另一成分的液相 L_2 ,并同时凝固出一定成分的固相的恒温转变,称为偏晶转变。具有偏晶转变的二元相如图 5－34(a)所示,其中所发生的偏晶转变为

$$L_1 \xrightarrow{T} L_2 + \delta$$

具有偏晶转变的二元系主要有 Cu – Pb、Mn – Pb、Cu – S、Cu – O 等。

(2)熔晶转变:由一定成分的固相分解成另一成分的固相及一定成分的液相的恒温转变,称为熔晶转变。具有熔晶转变的二元相如图 5 – 34(b)所示,其中所发生的熔晶转变为

$$\delta \xrightarrow{T} L + \alpha$$

具有熔晶转变的二元系主要有 Fe – B、Fe – S、Cu – Sb 等。

(3)合晶转变:由两个不同成分的液相 L_1 和 L_2 在恒温下相互作用,生成一个一定成分的固相的转变,称为合晶转变。具有合晶转变的二元相如图 5 – 34(c)所示,其中所发生的合晶转变为

$$L_1 + L_2 \xrightarrow{T} \delta$$

具有合晶转变的二元系主要有 Na – Zn、K – Zn 等。

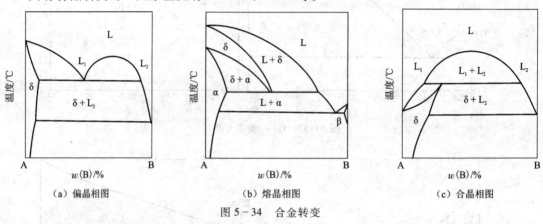

(a)偏晶相图   (b)熔晶相图   (c)合晶相图

图 5 – 34 合金转变

5.5.3 具有固态转变的二元相图

固态材料在温度或压力变化时,其晶体结构可发生变化,同时已有固相亦可分解或合成为新的固相,这种在固态材料中所发生的晶体结构或相的变化即称为固态转变。二元系中固态转变的类型很多,这里只介绍其中的两种:共析转变和包析转变。

(1)共析转变:一定成分的固相在恒温下同时分解成两个成分与结构均不相同的固相的转变,称为共析转变。具有共析转变的二元相如图 5 – 35(a)所示,其中所发生的共析转变为

$$\gamma \xrightarrow{T} \alpha + \beta$$

具有共析转变的二元系主要有 Fe – C、Fe – Ti、Cu – Sn 等。

(2)包析转变:两个不同成分的固相在恒温下相互作用而生成另一固相的转变,称为包析转变。具有包析转变的二元相如图 5 – 35(b)所示,其中所发生的包析转变为

$$\gamma + \alpha \xrightarrow{T} \beta$$

具有包析转变的二元系主要有 Fe – B、Cu – Sn 等。

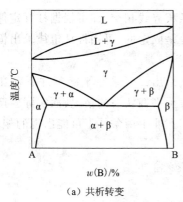

（a）共析转变

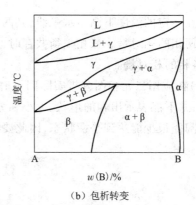

（b）包析转变

图 5 - 35 具有共析转变的相图及具有包析转变的相图

5.5.4 复杂二元相图的分析方法

复杂二元相图都是由前述的基本相图组合而成的,只要掌握各类相图的特点和转变规律,就能化繁为简。一般的分析方法如下:

(1)先看相图中是否存在稳定化合物。如存在稳定化合物,则以这些化合物为界,把相图分成几个区域进行分析。

(2)根据相区接触法则,区别各相区。所谓相区接触法则是指相邻相区的平衡相数差 1(点接触除外),因此,任何单相区总是和两相区相邻,而两相区不是和单相区相邻就是和三相区相邻。

(3)找出三相平衡共存水平线,分析其所对应的三相恒温转变的类型。表 5 - 1 所示为二元系中各类三相恒温转变的类型、反应式及相图特征,可借此进行分析。

表 5 - 1 二元系各类恒温转变图

恒温转变类型		反 应 型	图 型 特 征
共晶式	共晶转变	$L \leftrightarrows \alpha + \beta$	α — L — β
	共析转变	$\gamma \leftrightarrows \alpha + \beta$	α — γ — β
	偏晶转变	$L_1 \leftrightarrows L_2 + \alpha$	L_2 — L_1 — α
	熔晶转变	$\delta \leftrightarrows L + \gamma$	L — δ — γ
包晶式	包晶转变	$L + \beta \leftrightarrows \alpha$	L — α — β
	包析转变	$\gamma + \beta \leftrightarrows \alpha$	γ — α — β
	合晶转变	$L_1 + L_2 \leftrightarrows \alpha$	L_1 — α — L_2

(4)应用相图分析具体合金随温度改变而发生的相变和组织变化的规律。在单相区,该相的成分与原合金相同。在两相平衡共存区,随着温度的变化,两相的成分分别沿其相界线而

变化。在一定的温度下画出水平线,其两端分别与两条相界线相交,即可根据杠杆定律求出该温度下两相的相对量。三相平衡共存时,三个相的成分是固定的,可用杠杆定律求出恒温转变前、后各相的相对量。

(5)在应用二元相图分析实际问题时,切记相图只给出二元系在平衡条件下存在的相和相对量,并不能表示出相的形状、大小和分布;相图只表示平衡状态的情况,而实际生产条件下合金和陶瓷很少能达到平衡状态,因此要特别重视它们在非平衡条件下可能出现的相和组织。

5.6 铁碳相图及铁碳合金

碳钢和铸铁是最为广泛使用的金属材料,铁碳平衡相图是研究钢铁材料的组织和性能及其热加工和热处理工艺的重要工具。

碳在钢铁中可以有4种形式存在:碳原子溶于 $\alpha - Fe$ 中形成间隙固溶体,称为铁素体(体心立方结构);或溶于 $\gamma - Fe$ 中形成间隙固溶体,称为奥氏体(面心立方结构);或与铁原子形成复杂结构的间隙化合物 Fe_3C,称为渗碳体(复杂正交点阵);碳也可能以游离态石墨稳定相存在(六方结构)。在通常情况下,铁碳合金是按 $Fe - Fe_3C$ 系进行转变的,其中 Fe_3C 是亚稳相,在一定条件下可以分解为铁和石墨,即 $Fe_3C \rightarrow 3Fe + C$(石墨)。因此,铁碳相图可以有两种形式:$Fe - Fe_3C$ 相图(碳以 Fe_3C 形式存在,可把 Fe_3C 看作一个组元)和 $Fe -$ 石墨相图(碳以石墨形式存在)。由于石墨相的吉布斯自由能较 Fe_3C 相低,所以前者称为介稳定系相图,后者称为稳定系相图。为了便于应用,通常将两者画在一起,称为铁碳双重相图,如图 5 - 36 所示。

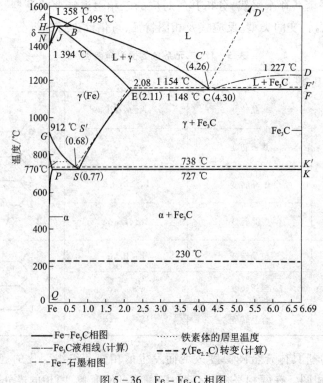

图 5 - 36 $Fe - Fe_3C$ 相图

5.6.1　Fe－Fe₃C 相图分析

Fe－Fe₃C 相图中各特性点的温度、成分及意义如表 5－2 所示。各特性点的符号是国际通用的,不能随意更改。Fe－Fe₃C 相图中(见图 5－36)$ABCD$ 为液相线,$AHJECF$ 为固相线。整个 Fe－Fe₃C 相图中有三个恒温转变。

表 5－2　Fe－Fe₃C 相图中主要特性点的温度、含碳量及意义

点的符号	温度/℃	含碳量 w_C/%	说　明
A	1538	0	纯铁的熔点
B	1495	0.53%	包晶反应时液态合金的成分
C	1148	4.3%	共晶点,$L_C \rightarrow \gamma_E + Fe_3C$
D	1227	6.69%	渗碳体熔点(计算值)
E	1148	2.11%	碳在 $\gamma - Fe$ 中的最大溶解度
F	1148	6.69%	渗碳体的成分
G	912	0	$\alpha - Fe \leftrightarrow \gamma - Fe$ 同素异构转变点
H	1495	0.09%	碳在 $\delta - Fe$ 中的最大溶解度
J	1495	0.17%	包晶点,$L_B + \delta_H \rightarrow \gamma_J$
K	727	6.69%	渗碳体的成分
N	1394	0	$\gamma - Fe \leftrightarrow \delta - Fe$ 同素异构转变点
P	727	0.021 8%	碳在 $\alpha - Fe$ 中的最大溶解度
S	727	0.77%	共析点,$\gamma_S \rightarrow \alpha_P + Fe_3C$
Q	室温	0.000 8%	碳在 $\alpha - Fe$ 中的溶解度

(1)包晶转变:在 HJB 水平线(1 495 ℃)发生包晶转变

$$L_B + \alpha_D \xrightarrow{1\,495\,℃} \beta_P$$

即在 1 495 ℃恒温下,w_C 为 0.53% 的液相与 w_C 为 0.09% 的 δ 铁素体之间发生反应,生成 w_C 为 0.17% 的奥氏体,转变产物是奥氏体。完全包晶反应时,由杠杆定律可求得

$$\frac{L_B\%}{\delta_H\%} = \frac{0.17 - 0.09}{0.53 - 0.17} \times 100\%$$

(2)共晶转变:在 ECF 水平线(1 148 ℃)发生共晶转变

$$L_C \xrightarrow{1\,148\,℃} \gamma_E + Fe_3C$$

转变产物是奥氏体和渗碳体的机械混合物,称为莱氏体,用 Ld 表示。Ld 中奥氏体及渗碳体相对量的比值为

$$\frac{\gamma_E\%}{Fe_3C\%} = \frac{6.69 - 4.3}{4.3 - 2.11} \times 100\%$$

莱氏体中的渗碳体称为共晶渗碳体。含碳量在 $E \sim F$ 点(w_C 为 2.11% ~6.69%)之间的铁碳合金均要发生共晶转变。

(3)共析反应:在 PSK 水平线(727℃)发生共析转变

$$\gamma_S \xrightarrow{727℃} \alpha_P + Fe_3C$$

共析转变产物称为珠光体,用符号 P 表示。PSK 线称为共析转变线,常用符号 A_1 表示。从相图中可以看出,凡是 w_C 大于 0.0218% 的铁碳合金都将发生共析转变。

经共析转变形成的珠光体是片层状的,组织中的渗碳体称为共析渗碳体。珠光体中渗碳体与铁素体相对量的比值为

$$\frac{Fe_3C\%}{\alpha_P\%} = \frac{0.77 - 0.021\ 8}{6.69 - 0.77} \times 100\%$$

此外,Fe – Fe_3C 相图中还有几条重要的固态转变线:

(1)GS 线:又称 A_3 线,它是在冷却过程中,由奥氏体析出铁素体的开始线,或加热时铁素体全部溶入奥氏体的终了线。

(2)ES 线:它是碳在奥氏体中的固溶度曲线,常称为 A_{cm} 线。当温度低于此线时,奥氏体中将析出 Fe_3C,称为二次渗碳体 Fe_3C_{II},以区别从液相中直接凝固而形成的一次渗碳体 Fe_3C_I。

(3)PQ 线:它是碳在铁素体中的固溶度曲线。碳在铁素体中的最大固溶度在727℃时为 0.021 8%,600℃时降为 0.008%,300℃时约为 0.001%,因此铁素体从 727℃冷却下来时,也将析出渗碳体,称为三次渗碳体 Fe_3C_{III}。

Fe – Fe_3C 相图中 770℃的水平线表示铁素体的磁性转变温度,常称为 A_2 温度。230℃的水平线表示渗碳体的磁性转变温度。

5.6.2 铁碳合金的平衡结晶过程及平衡组织

铁碳合金通常可按含碳量及其室温平衡组织分为三大类:工业纯铁、碳钢和铸铁。碳钢和铸铁是按有无共晶转变来区分的:无共晶转变(即无莱氏体)的铁碳合金称为碳钢(w_C 为 0.021 8% ~ 2.11%),而有共晶转变(即有莱氏体)的铁碳合金则称为铸铁(w_C 为 2.11% ~ 6.69%)。按 Fe – Fe_3C 系凝固的铸铁,因其断口呈白亮色,故称为白口铸铁。

在工程上,按获得的不同组织特征又将铁碳合金细分为七种类型,所划分的各类铁碳合金的名称及含碳量范围如下:

① 工业纯铁,$w_C < 0.021\ 8\%$;　　　② 共析钢,$w_C = 0.77\%$;

③ 亚共析钢,$0.021\ 8\% < w_C < 0.77\%$;　　④ 过共析钢,$0.77\% < w_C < 2.11\%$;

⑤ 共晶白口铸铁,$w_C = 4.3\%$;　　　⑥ 亚共晶白口铸铁,$2.11\% < w_C < 4.3\%$;

⑦ 过共晶白口铸铁,$4.3\% < w_C < 6.69\%$。

现对每种类型选择一个合金来分析其平衡凝固时的转变过程和室温平衡组织。

(1)$w_C = 0.01\%$ 的合金(工业纯铁)。此合金在 Fe – Fe_3C 相图上的位置如图 5 – 37 中的①所示。合金熔液冷至 1 ~ 2 点之间发生匀晶转变 L→δ,凝固出 δ 固溶体;2 ~ 3 点之间为单相固溶体 δ;继续冷至 3 ~ 4 点之间发生多晶型转变 δ→γ,奥氏体相不断在 δ 相的晶界上形核并长大,直至 4 点转变结束,合金全部为单相奥氏体,并保持到 5 点温度以上;冷至 5 ~ 6 点之间又发生多晶型转变 γ→α,铁素体相同样在奥氏体相的晶界上优先形核并长大,至 6 点温度变结束,合金全部为单相铁素体,并保持到 7 点温度以上;当温度降至 7 点以下时,铁素体呈过饱和状态,将从铁素体中析出 Fe_3C_{III}。在缓慢冷却条件下,这种渗碳体以断续网状沿铁素体晶界析出。工业纯铁的平衡凝固过程及室温平衡组织分别如图 5 – 38 和图 5 – 39 所示。上述凝

固过程也可描述为

$$L \xrightarrow{1\sim2} L+\delta \xrightarrow{2\sim3} \delta \xrightarrow{3\sim4} \delta+\gamma \xrightarrow{4\sim5} \gamma \xrightarrow{5\sim6} \gamma+\alpha \xrightarrow{6\sim7} \alpha \xrightarrow{7\text{以下}} \alpha+Fe_3C_{III}$$

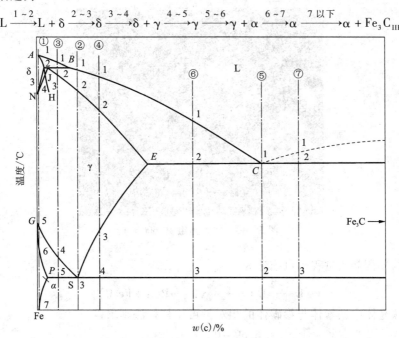

图 5 - 37　典型铁碳合金冷却时的组织转变过程分析

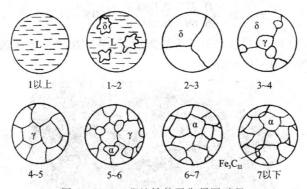

图 5 - 38　工业纯铁的平衡凝固过程

（2）$w_C = 0.77\%$ 的合金（共析钢）。此合金在相图上的位置见图 5-37 中的②。合金熔液在 1~2 点之间发生匀晶转变 L→γ，凝固出奥氏体；在 2 点凝固结束后全部转变成单相奥氏体，并使这一状态保持到 3 点温度以上；当冷至 3 点温度（727℃）时，发生共析转变 $\gamma_{0.77}$ →$\alpha_{0.0218}$ + Fe₃C，转变结束后奥氏体全部转变为珠光体，它是片层状铁素体与渗碳体交替重叠的两相机械混合物如图 5-40 所示，其中白色片状是铁素体，黑色薄片是渗碳体。当温度继续降低时，从铁素体中析出少量

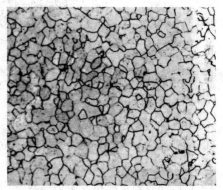

图 5 - 39　工业纯铁的组织（300 ×）

Fe_3C_{III},其与共析渗碳体混在一起无法辨认。

图 5-40 珠光体组织(600×)

共析钢的平衡凝固过程也可描述为

$$L \xrightarrow{1\sim2} L+\gamma \xrightarrow{2\sim3} \gamma \xrightarrow{3} P(\alpha+Fe_3C)$$

室温下珠光体中铁素体与渗碳体的相对量可用杠杆法则求得

$$\alpha\% = \frac{6.69-0.77}{6.69-0.000\,8} \times 100\% \approx 88\%$$

$$Fe_3C\% = \frac{0.77-0.000\,8}{6.69-0.000\,8} \times 100\% \approx 12\%$$

珠光体中层片状的 Fe_3C 经适当的退火处理后,可呈球粒状分布在铁素体基体上,称为球状(或粒状)珠光体,如图 5-41 所示。

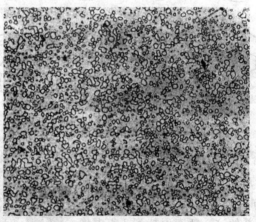

图 5-41 球状珠光体组织(400×)

(3)w_C =0.4% 的合金(亚共析钢)。此合金在相图上的位置见图 5-37 中的③。合金熔液在 1~2 点间发生匀晶转变,凝固出 δ 固溶体;冷至 2 点(1 495℃)时,发生包晶转变:$L_{0.53} + \delta_{0.09} \rightarrow \gamma_{0.17}$,由于合金的碳含量大于包晶点的成分(0.17%),所以包晶转变结束后还有剩余液相;在 2~3 点之间,剩余液相发生匀晶转变,凝固成奥氏体,温度降至 3 点,合金全部由 w_C 为 0.40% 的奥氏体组成;继续冷却,单相奥氏体不变,直至冷至 4 点时,开始析出铁素体,随着温度下降,铁素体量不断增多,其含碳量沿 *GP* 线变化,而剩余奥氏体的含碳量则沿 *GS* 线变化;当温度达到 5 点(727℃)时,剩余奥氏体的含碳量达到 0.77% ,发生共析转变形成珠光体;在 5 点以下,先共析铁素体中将析出三次渗碳体,但其数量很少,一般可忽略。该合金的室温平衡组织由先共析铁素体和珠光体组成,如图 5 - 42 所示。该亚共析钢的平衡凝固过程也可描述为

$$L \xrightarrow{1\sim2} L + \delta \xrightarrow{2} L + \gamma \xrightarrow{2\sim3} L + \gamma \xrightarrow{3\sim4} \gamma \xrightarrow{4\sim5} \gamma + \alpha \xrightarrow{5} \alpha + P$$

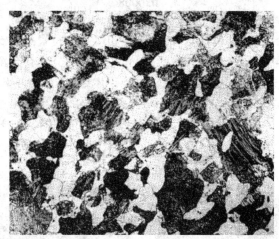

图 5 - 42　亚共析钢室温平衡(200 ×)

　　亚共析钢平衡凝固后,其室温组织均由先共析铁素体和珠光体组成。钢的含碳量越高,室温平衡组织中珠光体的含量也越多(见图 5 - 43)。

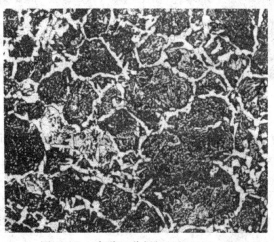

图 5 - 43　高碳亚共析钢组织(200 ×)

　　若设亚共析钢的含碳量为 *c*,利用杠杆定律可推出其室温平衡组织中组织组成物(珠光体和铁素体)的相对量的近似表达式

$$P\% = \frac{c - 0.0218}{0.77 - 0.0218} \times 100\% \qquad \alpha\% = \frac{0.77 - c}{0.77 - 0.0218} \times 100\%$$

利用上式可方便地估算出不同含碳量的亚共析钢中珠光体和铁素体的相对量,若忽略珠光体与铁素体的密度差别,也可以根据组织中 P 所占的面积百分比,反推出亚共析钢的碳含量c。

同样,利用杠杆定律也可推出含碳量为c的亚共析钢的室温平衡组织中相组成物(铁素体和渗碳体)的相对量的近似表达式

$$\alpha\% = \frac{6.69 - c}{6.69 - 0.0008} \times 100\%$$

$$Fe_3C\% = \frac{c - 0.0008}{6.69 - 0.0008} \times 100\%$$

(4)$w_C = 1.2\%$ 的合金(过共析钢)。此合金在相图上的位置见图 5 - 37 中的④。合金熔液在 1 ~ 2 点之间发生匀晶转变,凝固出奥氏体;在 2 ~ 3 点之间,合金全部由 w_C 为 1.2% 单相奥氏体组成,冷至 3 点开始从奥氏体中析出二次渗碳体,直至 4 点为止,期间奥氏体的成分沿 ES 线变化,因 Fe_3C_{II} 通常沿奥氏体晶界析出,故呈网状分布;当冷至 4 点温度(727℃)时,奥氏体的含碳量降为 0.77% ,并在恒温下发生共析转变,最终得到的室温平衡组织为网状的二次渗碳体和珠光体(见图 5 - 44)。该过共析钢的平衡凝固过程也可描述为

$$L \xrightarrow{1 \sim 2} L + \gamma \xrightarrow{2 \sim 3} \gamma \xrightarrow{3 \sim 4} \gamma + Fe_3C_{II} \xrightarrow{4} P + Fe_3C_{II}$$

图 5 - 44　过共析钢室温平衡组织(500 ×)

由奥氏体中析出的二次渗碳体的数量随着奥氏体含碳量的增加而增加,当奥氏体含碳量为 2.11% 时,所析出的二次渗碳体的量达最大值

$$Fe_3C_{II}\% = \frac{2.11 - 0.77}{6.69 - 0.77} \times 100\% \approx 22.6$$

利用杠杆定律可求出 $w_C = 1.2\%$ 的过共析钢的室温平衡组织中组织组成物(珠光体和二次渗碳体)的相对量

$$P\% = \frac{6.69 - 1.2}{6.69 - 0.77} \times 100\% \quad Fe_3C_{II}\% = \frac{1.2 - 0.77}{6.69 - 0.77} \times 100\%$$

而 $w_C = 1.2\%$ 的过共析钢的室温平衡组织中相组成物的相对量

$$\alpha\% = \frac{6.69 - 1.2}{6.69 - 0.0008} \times 100\% \quad Fe_3C\% = \frac{1.2 - 0.0008}{6.69 - 0.0008} \times 100\%$$

(5) $w_C = 4.3\%$ 的合金(共晶白口铸铁)。此合金在相图上的位置如图 5-37 中的⑤。合金熔液冷至 1 点(1 148℃)时,发生共晶转变:$L_{4.3} \rightarrow \gamma_{2.11} + Fe_3C$,形成莱氏体(Ld);继续冷却至 1~2 点间,由共晶奥氏体中不断析出二次渗碳体,它通常依附在共晶渗碳体上而不能分辨;当温度降至 2 点(727℃)时,共晶奥氏体的含碳量降至共析点成分 0.77%,此时在恒温下发生共析转变,形成珠光体;忽略 2 点以下冷却时析出的 Fe_3C_{III},最后得到的组织是室温莱氏体,亦称为变态莱氏体,用 Ld′ 表示,它保持原莱氏体的形态,只是共晶奥氏体已转变为珠光体,如图 5-45 所示。

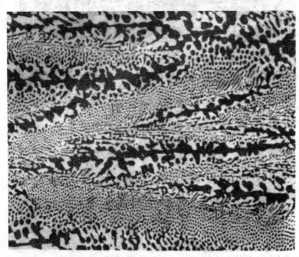

图 5-45 共晶白口铸铁的室温组织(250×)

共晶白口铸铁的平衡凝固过程也可描述为

$$L \xrightarrow{1} Ld(\gamma_{2.11} + Fe_3C_{共晶}) \xrightarrow{1~2} Ld(\gamma + Fe_3C_{II} + Fe_3C_{共晶}) \xrightarrow{2} Ld'(P + Fe_3C_{II} + Fe_3C_{共晶})$$

(6) $w_C = 3.0\%$ 的合金(亚共晶白口铸铁)。此合金在相图上的位置见图 5-37 中的⑥。合金熔液在 1~2 点发生匀晶转变,凝固出奥氏体,此时液相成分沿 BC 线变化,而奥氏体成分则沿 JE 线变化;当温度到达 2 点(1 148℃)时,初生奥氏体的含碳量变为 2.11%,液相的含碳量变为 4.3%,此时发生共晶转变,生成莱氏体;在 2 点以下,初生奥氏体(或称先共晶奥氏体)和共晶奥氏体中都会析出二次渗碳体,奥氏体成分随之沿 ES 线变化;当温度降至 3 点(727℃)时,所有奥氏体都发生共析转变成为珠光体,合金的室温平衡组织最终为 $P + Fe_3C_{II} + Ld'$(见图 5-46)。该亚共晶白口铸铁的平衡凝固过程也可描述为

$$L \xrightarrow{1~2} L + \gamma \xrightarrow{2} \gamma + Ld \xrightarrow{2~3} \gamma + Fe_3C_{II} + Ld \xrightarrow{3} P + Fe_3C_{II} + Ld'$$

根据杠杆定律可计算该亚共晶白口铸铁的室温平衡组织中组织组成物(珠光体、二次渗碳体和变态莱氏体)的相对量为

$$Ld'\% = \frac{3.0 - 2.11}{4.3 - 2.11} \times 100\%$$

$$P\% = \frac{4.3 - 3.0}{4.3 - 2.11} \times \frac{6.69 - 2.11}{6.69 - 0.77} \times 100\%$$

$$Fe_3C_{II}\% = \frac{4.3 - 3.0}{4.3 - 2.11} \times \frac{2.11 - 0.77}{6.69 - 0.77} \times 100\%$$

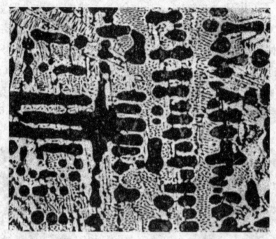

图 5-46 亚共晶白口铸铁在室温下组织(80×)

而其室温平衡组织中相组成物的相对量则为

$$\alpha\% = \frac{6.69 - 3.0}{6.69 - 0.0008} \times 100\%$$

$$Fe_3C\% = \frac{3.0 - 0.0008}{6.69 - 0.0008} \times 100\%$$

(7) $w_C = 5.0\%$ 的合金(过共晶白口铸铁)。此合金在相图上的位置如图 5-37 中的⑦。合金熔液冷至 1~2 点之间发生匀晶转变,由液相中直接凝固出一次渗碳体(亦称为先共晶渗碳体),它不是以树枝状方式生长,而是以条状形态生长,其余的转变过程与共晶白口铸铁的相同。过共晶白口铸铁的室温平衡组织为 Ld′ + Fe_3C_I,如图 5-47 所示。该过共晶白口铸铁的平衡凝固过程也可描述为

$$L \xrightarrow{1\sim2} L + Fe_3C_I \xrightarrow{2} Ld + Fe_3C_I \xrightarrow{2\sim3} Ld + Fe_3C_I \xrightarrow{3} Ld' + Fe_3C_I$$

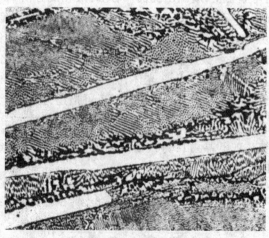

图 5-47 过共晶白口铸铁的平衡凝固组织(250×)

根据杠杆定律可计算该过共晶白口铸铁的室温平衡组织中组织组成物(变态莱氏体和一次渗碳体)的相对量为

$$Ld'\% = \frac{6.69 - 5.0}{6.69 - 4.3} \times 100\%$$

$$Fe_3C_I\% = \frac{5.0 - 4.3}{6.69 - 4.3} \times 100\%$$

而其室温平衡组织中相组成物的相对量则为

$$\alpha\% = \frac{6.69 - 5.0}{6.69 - 0.0008} \times 100\%$$

$$Fe_3C\% = \frac{5.0 - 0.0008}{6.69 - 0.0008} \times 100\%$$

根据以上对各类铁碳合金的平衡凝固过程的分析,可以将 Fe - Fe₃C 相图中的相区按组织组成物加以标注,如图 5 - 48 所示。

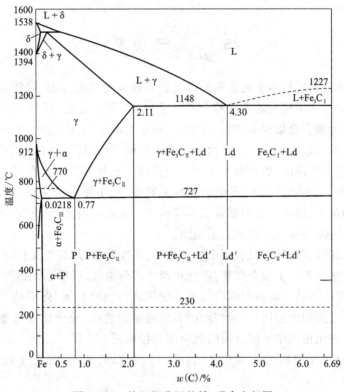

图 5 - 48　按组织分区的铁-碳合金相图

5.6.3　含碳量对铁碳合金平衡组织和性能的影响

(1)含碳量对平衡组织的影响:随着含碳量的增加,铁碳合金的室温平衡组织发生如下变化

$$\alpha + Fe_3C_{III} \rightarrow \alpha + P \rightarrow P \rightarrow P + Fe_3C_{II} \rightarrow P + Fe_3C_{II} + Ld' \rightarrow Ld' \rightarrow Ld' + Fe_3C_I$$

由相组成角度考虑,铁碳合金在室温下的平衡组织皆由铁素体和渗碳体两相所组成。当碳含量为零时,合金为单一的铁素体,随含碳量增加,铁素体量直线下降。与此相反,渗碳体则由零增至百分之百,其形态也发生如下变化:Fe_3C_{III}(薄片状)→共析 Fe_3C(层片状)→Fe_3C_{II}(网状)→共晶 Fe_3C(连续基体)→Fe_3C_{I}(粗大片状)。

(2)含碳量对力学性能的影响:铁碳合金的室温平衡组织均由铁素体和渗碳体两相组成。含碳量对力学性能的影响主要是通过改变显微组织及其中各组成相的相对量来实现的。由于铁素体是软韧相,而渗碳体是硬脆相,因此珠光体的强度比铁素体高、比渗碳体低,而珠光体的塑性和韧性比铁素体低、比渗碳体高,而且珠光体的强度随珠光体的层片间距的减小而提高。如果合金的基体是铁素体,则随着碳含量的增加,渗碳体量越多,合金的强度越高;但若渗碳体这种脆性相分布在晶界上,特别是形成连续的网状分布时,则合金的塑性和韧性显著下降。例如,当 $w_C > 1\%$ 以后,因二次渗碳体的数量增多而呈连续的网状分布,则使碳钢具有很大的脆性,塑性很低,抗拉强度也随之降低;若当渗碳体成为基体时,如白口铸铁,则合金硬而脆。

5.7 三元相图

工业上应用的金属材料多半是由两种以上组元构成的多元合金,陶瓷材料也往往含有不止两种化合物。含有三个组元的系统称为三元系统,或称三元系,如 Fe – C – Si、Fe – C – Cr、Al – Mg – Cu 等三元系合金以及 $K_2O – Al_2O_3 – SiO_2$、$CaO – Na_2O – SiO_2$ 等三元系陶瓷。三元系与二元系比较,组元数增加了一个。由于组元间的相互作用,不能简单地用二元系合金的性能来推断三元系合金的性能,因为组元间的作用往往不是加和性的。在二元系中加入第三组元后会改变原来组元间的溶解度,可能出现新的转变,产生新的组成相。而且这些材料的组织、性能与相应的加工、处理工艺等通常都不等同于二元系。因此,要研究三元系材料的成分、组织和性能间关系,需要首先了解三元系相图。

对于二元系,在恒压条件下只有两个独立变量:温度和成分,故二元相图是一个平面图形。对于三元系,在恒压下有三个独立变量:温度和两个成分参数,所以三元相图是一个立体图形。构成三元相图主要应该是一系列空间曲面及其所围成的空间区域,而不是二元相图中那些平面曲线。所以,与二元相图相比,三元相图的类型繁多而复杂,至今比较完整的相图只测出了十几种,更多的是三元相图中某些有用的截面图和投影图。

本节主要介绍三元相图的一般概念,讨论三元相图的使用,着重于截面图和投影图的分析。

5.7.1 三元相图的成分表示方法

二元系的成分可用一条直线上的点来表示,而表示三元系成分的点则位于两个坐标轴所限定的三角形内,这个三角形叫做成分三角形或浓度三角形。常用的成分三角形是等边三角形,有时也采用等腰三角形或直角三角形,现分别介绍如下。

5.7.1.1 等边成分三角形

图 5 – 49 所示为三元系成分的等边三角形表示法。三角形的三个顶点 A、B、C 分别表示

三个纯组元,三角形的三个边 AB、BC、CA 分别表示三个二元系 A – B、B – C 和 C – A 的成分,则三角形内的任一点都代表某一个三元系的成分。例如,在等边三角形 ABC 内任取一点 x,其所代表的成分可通过下述方法求出:

将等边三角形的三个边各定为 100% ,依顺序 AB、BC、CA 分别代表 B、C、A 三组元的含量。由 x 点分别向 A、B、C 顶角的对边 BC、CA、AB 引平行线,交三边于 a、b、c 三点。根据等边三角形的性质,可得

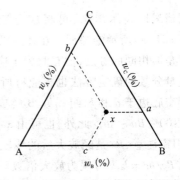

图 5 – 49　三元系成分的等边三角形表示

$$xa + xb + xc = AB = BC = CA = 100\%$$

其中,$xa = Cb = w_A\%$,$xb = Ac = w_B\%$,$xc = Ba = w_C\%$ 。于是,Cb、Ac、Ba 线段分别代表成分为 x 的材料(或相)中三个组元 A、B、C 的各自质量分数。反之,如已知三个组元的质量分数时,也可确定出 x 点在等边成分三角形中的位置。应特别注意等边三角形三个边上成分标注方向的一致性(例如,都采用逆时针方向或都采用顺时针方向)。

在等边成分三角形中,存在下列两条具有特定意义的线:

(1)凡成分点位于与等边三角形某一边相平行的直线上的各三元系,它们所含与此线对应顶角代表的组元的质量分数相等。如图 5 – 50 所示,平行于 AB 边的 ab 线上的所有三元系(如 x_1、x_2 合金)所含 C 组元的质量分数均为 $Bb(\%)$。

(2)凡成分点位于通过三角形某一顶角的直线上的所有三元系,所含此线两旁的另两顶点所代表的两组元的质量分数的比值相等。如图 5 – 50 中 CE 线上的所有三元系中(如 o_1、o_2、o_n 合金)所含 A 和 B 两组元的质量分数的比值相等,即

$$\frac{W_A}{W_B} = \frac{Ca_1}{Cc_1} = \frac{Ca_2}{Cc_2} = \frac{Ca_n}{Cc_n}$$

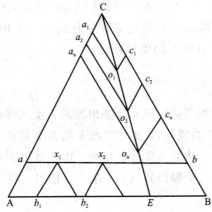

图 5 – 50　等边成分三角形中的特殊线

5.7.1.2　等腰成分三角形

上述等边三角形应用较广,其优点是成分标尺处处都是一致的。当三元系中某一组元含量较少,而另两个组元含量较多时,合金的成分点将靠近等边三角形的某一边。为了使该部分

相图清晰地表示出来,可将成分三角形两腰放大,成为等腰三角形,并取其中一部分,如图 5 - 51(a)所示的梯形。在此等腰三角形上,成分的标示及组元质量分数的确定可采用与等边三角形相同的方法,但有时为了应用上的方便,也采用图 5 - 51(a)所示的成分标示方法,组元质量分数的确定方法也相应有所改变。如图 5 - 51(a)中的 x 点,由 x 点作两腰的平行线,分别交底边于 a 和 b,组元 A、B 的成分 w_A、w_B 分别以线段 Ba 和 Ab 来表示;而组元 C 的含量为 $ba = 100 - Ba - Ab$。此外,也可由 x 点作底边的平行线交其一腰于 c,Bc 即为 C 组元的质量分数,但需注意,Bc 是经放大后的线段,虽其长度大于 ba,但两者表示的量是相等的,两线段长度之比 $Bc/ba = k$,k 可视为放大倍数。

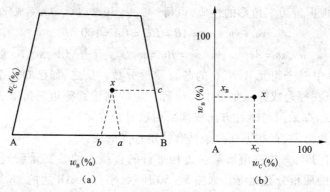

图 5 - 51 等腰成分三角形

5.7.1.3 直角成分三角形

当三元系成分以某一组元为主,其他两个组元含量很少时,合金成分点将靠近等边三角形某一顶角。若采用直角坐标表示成分,则可使该部分相图清楚地表示出来。在直角成分三角形中,多以直角顶点(直角坐标原点)代表主要组元(高含量的组元),而两个互相垂直的坐标轴即代表其他两个组元的质量分数,如图 5 - 51(b)所示,成分的标示方法同一般直角坐标系。例如,图 5 - 51(b)中的 x 点,组元 B、C 的成分分别为 x_B、x_C,从 100% 中减去 B、C 组元的质量分数之和($x_B + x_C$),即可求得组元 A 的质量分数。

5.7.2 三元匀晶相图

如前所述,包含成分和温度变量的三元合金相图是一个三维的立体图形。最常见的是以等边的浓度三角形表示三元系的成分,在浓度三角形的各个顶点分别作与浓度平面垂直的温度轴,构成一个外廓是正三棱柱体的三元合金相图。由于浓度三角形的每一条边代表一组相应的二元系,所以三棱柱体的三个侧面分别是三组二元相图。在三棱柱体内部,由一系列空间曲面分隔出若干相区。

5.7.2.1 相图分析

三元系中,若任意二组元在液态和固态都可以无限互溶,那么它们组成的三元系也可以在液态无限互溶,在固态形成三组元无限固溶体。通常把三元系中三个组元在液态和固态均无限互溶的三元相图叫做三元匀晶相图。具有匀晶转变的三元合金系主要包括 Fe - Cr - V、Cu - Ag - Pb等。

三元匀晶相图中有两个曲面,即液相面和固相面。两个曲面相交于三个纯组元的熔点 a、b 和 c,这两个曲面把相图分为三个相区,即液相面以上的液相区,固相面以下的固相区,以及两面之间的液、固两相平衡共存区,如图 5 - 52(a)、(b)所示。三元匀晶相图的三个侧面即为 A - B、B - C、C - A 二元系的匀晶相图。

三元立体相图模型的优点是直观,但由于相图中曲面的形状在立体模型上很难精确表达,所以利用此模型难以在相图上准确地确定出相变时的温度及各相的成分点,如图 5 - 52(b)中的 o' 点。因此,在实际中,常常根据需要设法减少一个变量,将三维立体图形分解成二维平面图形。例如,可将温度固定,只剩下两个成分变量,所得的平面图表示一定温度下三元系状态随成分变化的规律;也可将一个成分变量固定,剩下一个成分变量和一个温度变量,所得的平面图表示温度与该成分变量组成的变化规律。无论选用哪种方法,得到的图形都是三元立体相图的一个截面,故称为截面图。

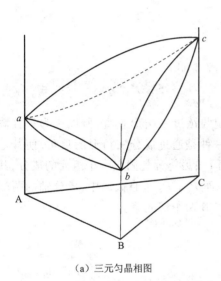

（a）三元匀晶相图   （b）三元匀晶相图中的液相面及固相面

图 5 - 52　三元相图分析

5.7.2.2　水平截面图

三元相图中的温度轴和浓度三角形垂直,所以固定温度的截面图必定平行于浓度三角形,这样的截面图称为水平截面图,又称为等温截面图,它表示三元系统在某一温度下的状态。

假定已知 A - B - C 三元系的立体相图,在温度 T 作水平截面［见图 5 - 53(a)］,该截面与液相面及固相面分别交截于 $l_1 l_2$ 及 $s_1 s_2$,将此水平截面投影于成分三角形 ABC 上,即可得到图 5 - 53(b)所示的水平截面图。其中 $l_1 l_2$ 为水平截面与液相面的交线,$s_1 s_2$ 为水平截面与固相面的交线,这两条曲线称为共轭曲线。共轭曲线把水平截面图分为三个相区,即固相区 α、液相区 L 及液固两相共存区 L + α。此外,直线 mn 为 o 点成分的合金在 T 温度下的两个平衡相成分点（m、n 分别为固相 α 和液相 L 的成分点）的连线,这种过合金成分点 o 连接两相成分点的直线称为共轭线。需要说明的是,实际应用的三元系的水平截面图并不是从立体相图中截取而得的,而是通过实验方法直接测定的。

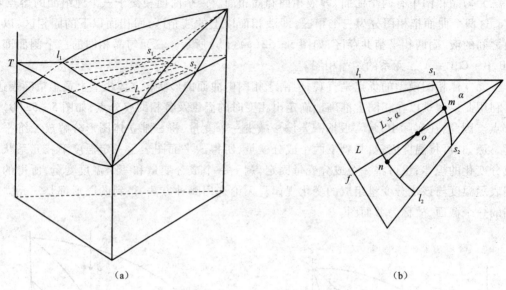

（a）   （b）

图 5 - 53   三元合金的水平截面图

5.7.2.3   垂直截面图

固定一个成分变量并保留温度变量的截面图必定与浓度三角形垂直,所以称为垂直截面图,或称为变温截面图。常用的垂直截面图有两种:一种是通过成分三角形的顶角,使其他两组元的含量比固定不变,如图 5 - 54(a)中的垂直截面 P_1;另一种是固定一个组元的成分,其他两组元的成分可相对变动,如图 5 - 50(a)中的垂直截面 P_2。P_2 垂直截面中,成分轴的两端并不代表纯组元,而是代表 B 组元为定值的 A - B 和 C - B 两个二元系。

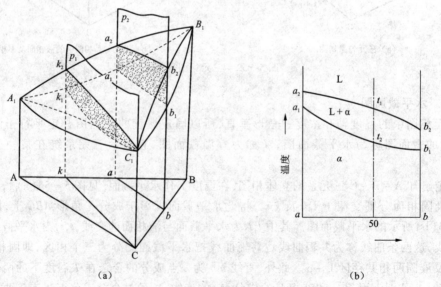

（a）   （b）

图 5 - 54   三元匀晶相图上的垂直截面

例如图 5-54(b)中 a 点的成分为 $w_B = 10\%$，$w_A = 90\%$ 和 $w_C = 0$；而横坐标"50"处的成分为 $w_B = 10\%$，$w_A = 40\%$ 和 $w_C = 50\%$。需要指出的是，尽管三元相图的垂直截面图与二元相图的形状很相似，但是它们之间存在着本质上的差别。二元相图中的液相线与固相线可以用来表示合金在平衡凝固过程中液相与固相成分随温度变化的规律，而三元相图的垂直截面图就不能表示相成分随温度而变化的关系，只能用于了解冷却过程中的相变温度和分析合金的凝固过程，不能应用杠杆定律计算两相的相对量。

5.7.2.4　三元相图中的杠杆定律及重心法则

在研究多元系时，往往要了解已知成分的材料在不同温度下的组成相的成分及相对量，又如在研究加热或冷却转变时，由一个相分解为两个或三个平衡相，那么新相和旧相的成分间有何关系，新相的相对量各为多少等等，要解决上述问题，就要应用杠杆定律或重心法则。

（1）直线法则：在一定温度下三组元材料两相平衡时，材料的成分点和其两个平衡相的成分点必然位于同一条直线上，该规律称为直线法则或三点共线原则。

由直线法则可作出下列推论：当给定材料在一定温度下处于两相平衡状态时，若其中一相的成分给定，另一相的成分点必在两已知成分点连线的延长线上；若两个平衡相的成分点已知，材料的成分点必然位于此两个平衡相成点的连线（共轭线）上。

需要指出的是，一定成分的合金在一个温度下只有一条共轭线，所以在一定温度下欲知两平衡相的成分，只能通过实验分析确定出其中一相的成分，然后作共轭线求得另一相的成分。

（2）杠杆定律：当三元系合金的成分给定，同时又确定出其唯一的共轭线，则两平衡相的相对量可用杠杆定律来计算。如图 5-55 中的合金 o，其中的 α 相与 β 相的相对量分别为

$$\alpha\% = \frac{mo}{mn} \times 100\%$$

$$\beta\% = \frac{on}{mn} \times 100\%$$

总之，只要三元系处于两相平衡共存状态，即可以共轭线为参考，利用杠杆定律确定出两个平衡相的相对量。

（3）重心法则：当一个相完全分解成三个新相或者一个相分解成两个新相时，研究它们之间的成分和相对量的关系，则须用重心法则。

根据相律，三元系处于三相平衡时，自由度为 1。在给定温度下，这三个平衡相的成分应为确定值，合金的成分点应位于三个平衡相的成分点所连成的三角形内。图 5-56 中，O 为合金的成分点，P、Q、S 分别为三个平衡相 α、β、γ 的

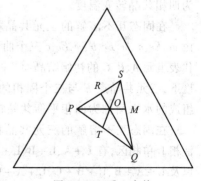

图 5-56　重心定律

成分点。计算合金中各相的相对含量时，可设想先把三相中的任意两相，例如 α 和 γ 相混合成一体，然后再把这个混合体和 β 相混合成合金 O。根据直线法则，α-γ 混合体的成分点应

在 PS 线上,同时又必定在 β 相和合金 O 的成分点连线 QO 的延长线上。由此可以确定,QO 延长线与 PS 线的交点 R 便是 $\alpha-\gamma$ 混合体的成分点。进一步由杠杆定律可以得出 β 相的相对量应为

$$\beta\% = \frac{OR}{QR} \times 100\%$$

用同样的方法可以求出 α 相和 γ 相的相对量分别为

$$\alpha\% = \frac{OM}{PM} \times 100\%$$

$$\gamma\% = \frac{OT}{ST} \times 100\%$$

结果表明,O 点正好位于 $\triangle PQS$ 的质量重心,这就是三元系的重心法则。

5.7.3 固态互不溶解的三元共晶相图

5.7.3.1 相图分析

图 5-57 所示为三组元在液态完全互溶、固态互不溶解的三元共晶空间模型。它是由 A-B、B-C、C-A 三个简单的二元共晶相图所组成,图 5-57 中 a、b、c 分别为组元 A、B、C 的熔点,e_1、e_2、e_3 分别为三个二元共晶系的共晶点。由于第三组元的加入,三个二元共晶点在三元系中均伸展为共晶转变线 e_1E、e_2E 和 e_3E,当液相成分沿着这三条曲线变化时,分别发生三相共晶转变

$$e_1E \quad L \rightarrow A+B$$
$$e_2E \quad L \rightarrow B+C$$
$$e_3E \quad L \rightarrow A+C$$

三条共晶转变线相交于 E 点,这是该合金系中液体最终凝固的温度。成分为 E 的液相在该点温度下发生四相平衡共晶转变

$$L_E \rightarrow A+B+C$$

故 E 点称为三元共晶点,其所对应的温度成为四相共晶转变温度。

在固态互不溶解的三元共晶相图中,液相面由 ae_1Ee_3a、be_1Ee_2b、ce_2Ee_3c 三个曲面所构成,分别代表组元 A、B、C 的初始结晶面。四相共晶转变温度下,三元共晶点 E 与三个固相的成分点 m、n、p 组成的水平面称为四相平衡共晶转变平面。

在固态互不溶解的三元共晶相图中,有一个液相 L 单相区,有 L + A、L + B、L + C 三个两相区,以及 L + A + B、L + B + C、L + A + C、A + B + C 四个三相区,而 mnp 平面可以看成是一个无限薄的空间,它是一个 L + A + B + C 四相平衡共存区。

三个两相区和三个含有液相 L 的三相区之间分别

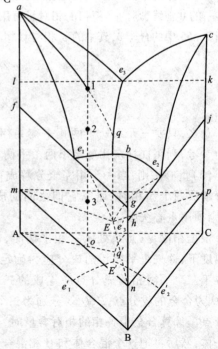

图 5-57 组元在固态完全不互溶的三元共晶相

由 fe_1Em、ge_1En、he_2En、je_2Ep、ke_3Ep、le_3Em 六个空间曲面所分开,这六个面同时也是 L→A + B、L →B + C、L→A + C 三相共晶转变的三对开始面。四相平衡共晶转变平面与上方的三个含有液相的三相区直接相接,其中三角形 mEn 为 L + A + B 三相区的底面(L→A + B 三相共晶转变的终了面),三角形 nEp 为 L + B + C 三相区的底面(L→B + C 三相共晶转变的终了面),三角形 pEm 为 L + A + C 三相区的底面(L→A + C 三相共晶转变的终了面)。三个含有液相的三相平衡区以及三相共晶转变的开始面单独示于图 5 - 58 中。三个含有液相的三相平衡区的形状是相似的,均为上起自二元相图的共晶线且底面位于四相平衡共晶转变平面上的三棱柱;此外,图 5 - 58 中所示的 L + A + C 三相区中的直线都是分别从 lm、kp 和 e_3E 三条线上引出的水平直线,均为共轭线。A + B + C 四相区是相图下方的正三棱柱,其顶面为四相平衡共晶转变平面。

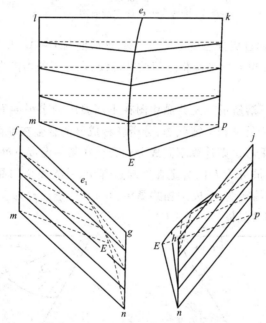

图 5 - 58　三相平衡区和两相共晶面

5.7.3.2　垂直截面图

固态互不溶解的三元共晶相图在成分三角形上的投影如图 5 - 59(a)所示,过其中的特性线 rs 和 At 所作的垂直截面图分别如图 5 - 59(b)、(c)所示。rs 截面的成分轴与成分三角形的 AC 边平行,图中的 $r'e'$ 和 $e's'$ 是液相线,相当于截面与立体相图中的液相面 Ae_1Ee_3A 和 Ce_2Ee_3C 的交线;曲线 r_1d' 是截面与 L→A + B 三相共晶转变开始面 fe_1Em 的交线;曲线 $d'e'$ 和 $e'i'$ 分别是截面与 L→A + C 三相共晶转变开始面 le_3Em 和 ke_3Ep 的交线;$i's_1$ 是截面与 L→B + C 三相共晶转变开始面 je_2Ep 的交线;水平线 r_2s_2 是截面与四相平衡共晶转变平面的交线。利用这个垂直截面可以分析成分点在 rs 线上的所有合金的平衡凝固过程,并可确定其相变临界温度。以合金 o 为例:当其冷到 1 时,开始凝固出初晶 A,从 2 点开始进入 L + A + C 三相平衡区,发生 L →A + C 三相共晶转变,形成两相共晶体(A + C),3 点在共晶平面 mnp 上,冷至此点发生四相平衡共晶转变 L→A + B + C,形成三相共晶体(A + B + C),继续冷却时,合金不再发生其他变化。其室温组织为初晶 A + 两相共晶体(A + C) + 三相共晶体(A + B + C)。

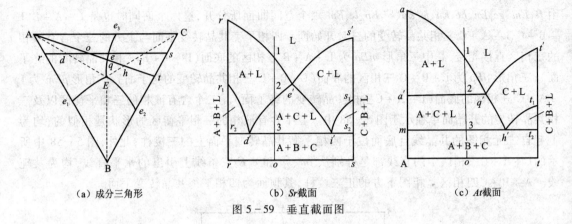

（a）成分三角形　　　　　　（b）Sr截面　　　　　　（c）At截面

图 5 - 59　垂直截面图

At 垂直截面的成分轴过成分三角形的顶点 A，该截面与 L→A + C 三相共晶转变开始面 le_3 Em 的交线是固相 A 与液相 L 两平衡相之间的共轭线，在垂直截面图中为水平线 $a'q'$。

5.7.3.3　水平截面图

图 5 - 60 是固态互不溶解的三元共晶相图在不同温度的水平截面图，利用这些截面图可以了解合金在不同温度所处的相平衡状态，分析各种成分的合金在平衡冷却时的凝固过程，同时亦可利用杠杆定律和重心法则计算不同成分的合金在某一温度下处于两相或三相平衡时各平衡相的相对量。例如，成分为 R 的合金在冷却过程中，首先发生匀晶转变，由液相中凝固出初晶 B，然后发生三相共晶转变，形成两相共晶体（B + C），继续冷却至 E 点温度，将发生四相平衡共晶转变，形成三相共晶体（A + B + C）。

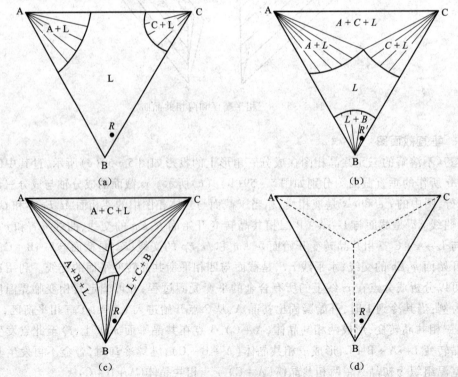

图 5 - 60　水平截面图

5.7.3.4 投影图

把三元立体相图中所有相区的交线都垂直投影到成分三角形中,就可得到三元相图的投影图。图 5-61 所示的投影图中,e_1E、e_2E、e_3E 是三条共晶转变线的投影,它们的交点 E 是三元共晶点的投影,e_1E、e_2E 和 e_3E 线把投影图划分成三个区域,这些区域是三个液相面的投影;AE、BE、CE 分别是 L + A、L + B、L + C 三个两相区与四相平衡共晶转变平面 mnp 的接触线的投影,它们也把投影图划分成三个区域,这些区域则是三个三相共晶转变开始面的投影。

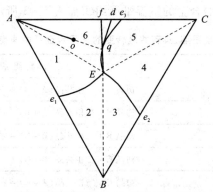

图 5-61 在固态完全不溶的三元共晶相图投影图

利用这个投影图不仅可以分析合金的凝固过程,还能确定相的成分和相对量。仍以合金 o 为例:当冷却到液相面 Ae_1Ee_3A 时,开始凝固出初晶 A,这时液相的成分等于合金成分,两平衡相成分连接线的投影为 Ao 线;继续冷却时,不断地凝固出初晶 A,液相中 A 组元的含量不断减少,而 B、C 组元的含量则不断增加,但液相中 B、C 组元的含量比不会发生变化,因此液相的成分应沿 Ao 连线的延长线变化;随着温度下降,当液相成分改变至 e_3E 线上的 q 点,开始发生 L→A + C 三相共晶转变;此后温度继续下降时,不断形成两相共晶体(A + C),而液相成分则沿着 qE 线变化,直到冷却至 E 点温度,发生 L→A + B + C 四相平衡共晶转变;在略低于 E 点温度凝固完毕,不再发生其他转变。故合金在室温时的平衡组织为初晶 A + 两相共晶体(A + C)+ 三相共晶体(A + B + C)。

合金中室温组织组成物的相对量可以利用杠杆定律进行计算。如合金 o 刚要发生三相共晶转变时,液相的成分为 q,此时初晶 A 和液相 L 的相对量分别为

$$A\% = \frac{oq}{Aq} \times 100\%$$

$$L\% = \frac{Ao}{Aq} \times 100\%$$

成分为 q 的液相刚开始发生 L→A + C 三相共晶转变时,液相的相对量几乎为百分之百,而(A + C)共晶体的相对量近乎为零,所以此时(A + C)共晶体的成分点应是过 q 点所作的切线与 AC 边的交点 d。继续冷却时,液相和(A + C)共晶体的成分都将不断变化,其中液相成分沿 qE 线变化,而每瞬间析出的(A + C)共晶体的成分相应地沿着 AC 边变化。当液相成分达到 E 点时,先后析出的(A + C)共晶体的平均成分点应为 f(Eq 连线的延长线与 AC 边的交点)。由于剩余液相与所有(A + C)两相共晶体的混合物的平均成分应与开始发生三相共晶

转变时的液相成分 q 相等,且成分为 E 的剩余液相全部转变为 $(A+B+C)$ 三相共晶体,因此合金 o 中 $(A+C)$ 两相共晶体以及 $(A+B+C)$ 三相共晶体的相对量为

$$(A+C)\% = \frac{Ao}{Aq} \times \frac{Eq}{Ef} \times 100\%$$

$$(A+B+C)\% = \frac{Ao}{Aq} \times \frac{qf}{Ef} \times 100\%$$

利用上述方法同样可以分析该合金系中所有合金的平衡凝固过程及相应的室温平衡组织。位于投影图中各个区域的合金的室温平衡组织如表 5-3 所示。

表 5-3　固态完全不溶、具有共晶转变的三元合金系中典型合金的室温组织

区　　域	室　温　组　织
1	初晶 A + 二相共晶$(A+B)$ + 三相共晶$(A+B+C)$
2	初晶 B + 二相共晶$(A+B)$ + 三相共晶$(A+B+C)$
3	初晶 B + 二相共晶$(B+C)$ + 三相共晶$(A+B+C)$
4	初晶 C + 二相共晶$(B+C)$ + 三相共晶$(A+B+C)$
5	初晶 C + 二相共晶$(A+C)$ + 三相共晶$(A+B+C)$
6	初晶 A + 二相共晶$(A+C)$ + 三相共晶$(A+B+C)$
AE 线	初晶 A + 三相共晶$(A+B+C)$
BE 线	初晶 B + 三相共晶$(A+B+C)$
CE 线	初晶 C + 三相共晶$(A+B+C)$
e_1E 线	二相共晶$(A+B)$ + 三相共晶$(A+B+C)$
e_2E 线	二相共晶$(B+C)$ + 三相共晶$(A+B+C)$
e_3E 线	二相共晶$(A+C)$ + 三相共晶$(A+B+C)$
E 点	三相共晶$(A+B+C)$

5.7.4　固态有限互溶的三元共晶相图

5.7.4.1　相图分析

组元在固态有限互溶的三元共晶相图如图 5-62 所示。它与图 5-57 固态完全不溶解的三元共晶相图之间的区别仅在于增加了固态溶解度曲面,在靠近纯组元的地方出现了单相固溶体区:α、β 和 γ 相区。

图 5-62 中每个液、固两相平衡区和单相固溶体区之间都存在一个和液相面共轭的固相面,即固相面 $afmla$ 和液相面 ae_1Ee_3a 共轭;固相面 $bgnhb$ 和液相面 be_1Ee_2b 共轭;固相面 $cipkc$ 和液相面 ce_2Ee_3c 共轭。

与简单的三元共晶相图类似,三个发生两相共晶转变的三相平衡区,分别以 6 个过渡面为界与液、固两相区相邻,并且在 t_E 温度汇聚于三相共晶水平面 mnp,即成分为 E 的液相在这里发生四相平衡的共晶转变。

$$Le_{1 \sim E} \rightarrow a_{f \sim m} + \beta_{g \sim n}$$
$$Le_{2 \sim E} \rightarrow \beta_{h \sim n} + \gamma_{i \sim p}$$
$$Le_{3 \sim E} \rightarrow \gamma_{k \sim p} + a_{l \sim m}$$
$$\Bigg\} \, L_E \rightarrow \alpha_m + \beta_m + \gamma_p$$

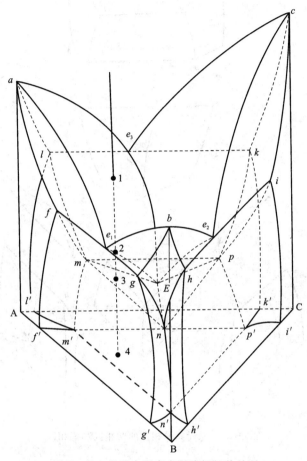

图 5 – 62　组元在固态有限溶解的共晶图

　　四相平衡平面 mnp 下面的不规则三棱柱体是 α、β、γ 三相三平衡区,室温时这三相的连接三角形为 $m'n'p'$。

　　每两个固溶体单相区之间的固态两相区,分别由一对共轭的溶解度曲面包围,它们是 α + β 两相区为 $fmm'f'f$ 和 $gnn'g'g$ 面;β + γ 两相区为 $hnn'h'h$ 和 $ipp'i'i$ 面;γ + α 两相区为 $kpp'k'k$ 和 $lmm'l'l$ 面。

　　因此,组元间在固态有限互溶的三元共晶相图中主要存在 5 种相界面,即 3 个液相面,6 个两相共晶转变起始面,3 个单相固相面,3 个两相共晶终止面(即为两相固相面),1 个四相平衡共晶平面和 3 对共轭的固溶度曲面。它们把相图划分成六种区域,即液相区,3 个单相固溶体区,3 个液、固二相平衡区,3 个固态两相平衡区,3 个发生两相共晶转变的三相平衡区及 1 个固态二相平衡区。为便于理解,图 5 – 63 单独描绘了三相平衡区和固态二相平衡区的形状。

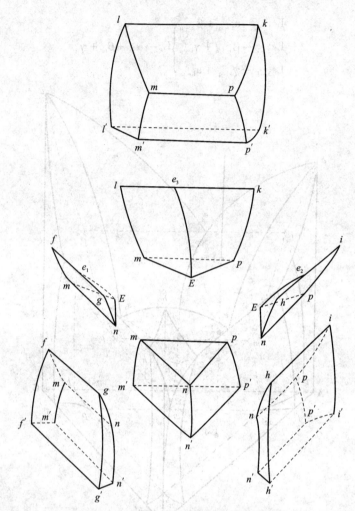

图 5 - 63　三元共晶相图的两相区和三相区

5.7.4.2　投影图

图 5 - 64 为二元共晶相图的投影图,从中可清楚看到三条共晶转变线的投影 e_1E,e_2E 和 e_3E 把浓度三角形划分成三个区域 Ae_1Ee_3A、Be_1Ee_2B 和 Ce_2Ee_3C,这是三个液相面的投影。当温度冷到这些液相面以下分别生成初晶 α、β 和 γ 相。液、固二相平衡区中与液相面共轭的三个固相面的投影分别是 $AfmlA$,$BgnhB$ 和 $CipkC$。固相面以外靠近纯组元 A、B、C 的不规则区域,即为 α,β 和 γ 的单相区。三个发生共晶转变的三相平衡区(呈空间三棱柱体),在投影图上可看到相当于棱边的三条单变量线的投影:L + α + β 三相平衡区中相应的单变量线为 e_1E (L),$fm(α)$ 和 $gn(β)$;L + β + γ 三相平衡区中相应的单变量线为 $e_2E(L)$,$hn(β)$ 和 $ip(γ)$;L + γ + α 三相平衡区中相应的单变量线为 $e_3E(L)$,$kp(γ)$ 和 $lm(α)$。这三个三相平衡区分别起始于二元系的共晶转变线 fg,hi 和 kl,终止于四相平衡平面上的连接三角形 mEn,nEp 和 pEm。投影图中间的三角形 mnp 为四相平衡共晶平面。成分为 E 的熔体在 T_E 温度发生四相平衡共晶转变以后,形成 α + β + γ 三相平衡区。

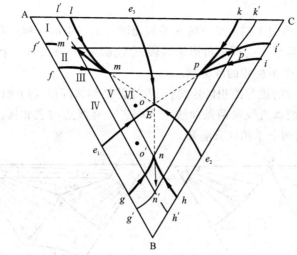

图 5 - 64　三元共晶相图的投影

　　为了醒目起见,投影图中所有单变量线都以粗线画出,并用箭头表示其从高温到低温的走向。可以看出,每个零变量点都是三条单变量线的交点。其中三条液相单变量线都自高温面下聚于四相平衡共晶转变点 E。投影图上三条液相单变量线箭头齐指四相平衡共晶点 E,这是三元共晶型转变投影图的共同特征。

　　图 5 - 65 为该二元共晶系四相平衡前后的三相浓度三角形。从图中可看到在四相平衡三元共晶转变之前可具有 L→α + β,L→β + γ,L→γ + α 共 3 个三相平衡转变,而四相平衡共晶转变后,则存在 α + β + γ 三相平衡。四相平衡时,根据相律,其自由度为零,即平衡温度和平衡相的成分部是固定的,故此四相平衡三元共晶转变面为水平三角形。反应相的成分点在三个生成相成分点连接的三角形内。

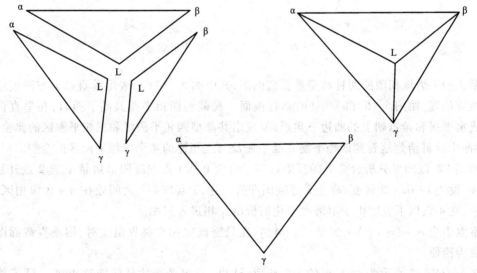

图 5 - 65　三元共晶系四相平衡前、后的三相浓度三角形

5.7.4.3 截面图

图 5-66 为该二元系的不同温度下的水平截面图。由图中可看到它们的共同特点如下:

(1)三相区都呈三角形。这种三角形是共轭三角形,三个顶点与三个单相区相连。这三个顶点就是该温度下三个平衡相的成分点。

(2)三相区以三角形的边与两相区连接,相界线就是相邻两相区边缘的共轭线。

(3)两相区一般以两条直线及两条曲线作为周界。直线边与三相区接邻,一对共轭的曲线把组成这个两相区的两个单相区分隔开。

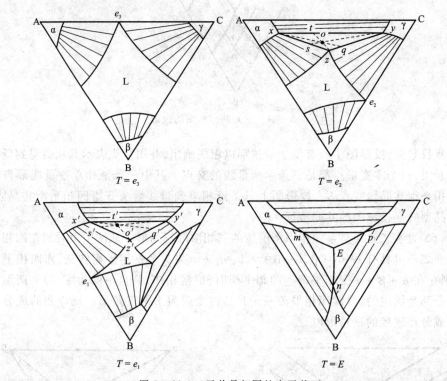

图 5-66 三元共晶相图的水平截面

图 5-67 为该相图的两种典型垂直截面图,其中图 5-67(a)表示垂直截面在浓度三角形上的相应位置,而图 5-67(b)为 VW 垂直截面。凡截到四相平衡共晶平面时,在垂直截面中都形成水平线和顶点朝上的曲边三角形,呈现出共晶型四相平衡区和三相平衡区的典型特性。VW 截面中就可清楚地看到四相平衡共晶平面及与之相连的 4 个三相平衡区的全貌。

利用 VW 截面可分析合金 P 的凝固过程。合金 P 从 1 点起凝固出初晶 α,至 2 点开始进入三相区,发生 L→α + β 转变,冷至 3 点凝固即告终止,3 点与 4 点之间处在 α + β 两相区,无相变发生,在 4 点以下温度由于溶解度变化而析出 γ 相进入三相区。

室温组为 α + (α + β) + 少量 $γ_c$。显然,在只需确定相变临界温度时,用垂直截面图比投影图更为简便。

图 5-67(c)所示为过 E 点的 QR 截面,这里,四相平衡共晶转变这里可一目了然地观察到。

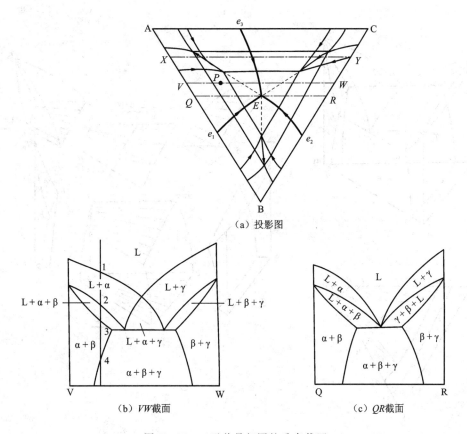

（a）投影图

（b）*VW*截面

（c）*QR*截面

图 5 - 67 三元共晶相图的垂直截面

5.7.5 两个共晶型二元系和一个匀晶型二元系构成的二元相图

图 5 - 68（a）为该三元相图的空间模型,从中可以看出 A - B、B - C 均为组元间固态有限互溶的共晶型二元系,A - C 二元系为匀晶型。这里 α 是以 A 或 C 组元为溶剂的三元固溶体,β 是以 B 组元为溶剂的固溶体;$T_A ee_1 T_C T_A$ 和 $T_B ee_1 T_B$ 为 α、β 固溶体的液相面。曲线 ee_1 是上述两个液相面的交线,当液相的表象点位于 ee_1 线上时,应发生 L→α + β 三相平衡的共晶转变,故 ee_1 为共晶曲沟走向。图 5 - 68（b）为各相区图:$AT_A acc_1 a_1 T_C CA$ 为 α 三元固溶体单相区;$BT_B b_1 d_1 dbT_B B$ 为 β 固溶体的单相区;$aa_1 bb_1 ee_1$ 三棱柱为 L + α + β 三相平衡区;其余则为两相区 L + α,L + β 和 α + β。图 5 - 68（c）为该三元系的冷凝过程在浓度三角形上的投影图,其中 bb_1 为 β 相在由共晶温度 T_e 变到 T_{e1} 时溶解度变化轨迹;aa_1 为 α 相当 T_e 降至 T_{e1} 时溶解度的变化轨迹;dd_1 为 β 相由 A - B 二元系共晶温度冷凝到 B - C 系共晶温度的溶解度曲线投影,cc_1 为 α 相由 AB 系的 e 冷凝至 B - C 系的 e_1 的溶解度曲线投影。由投影图可看出 L→α + β 的浓度三角形移动规律。图 5 - 68（d）为三个不同温度下的水平截面。依据图 5 - 68 就不难对该三元系中不同成分合金的平衡结晶过程进行分析,并得出如下结论:

（1）只有成分点位于投影图上 α、β 单变量线投影曲线之间的合金,才会在冷却过程中通过空间模型中的三相平衡棱柱,发生 L→α + β 两相共晶转变。

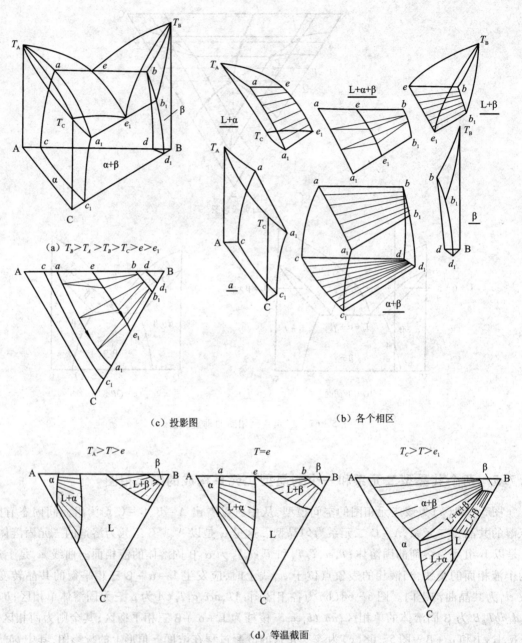

（a）$T_B > T_A > T_B > T_C > e > e_1$

（c）投影图

（b）各个相区

（d）等温截面

图 5-68　两个共晶型二元系和一个匀晶型二元系构成的二元相图

（2）在上述合金中,成分点位于 α 单变量线投影曲线与液相单变量线投影曲线之间者,初生相为 α,凝固终了时的组织为初晶 α + 共晶(α + β);成分点位于液相单变量线投影曲线与 β 单变量线投影曲线之间者,初生相为 β,凝固终了时组织为初晶 β + 共晶(α + β)。成分点位于液相单变量线投影曲线上的合金无初生相,凝固后组织为共晶 α + β。

（3）成分点位于 α 相单变量线投影曲线与曲线 cc_1（溶解度曲面与空间模型底面的交线）

之间的合金,常温下的平衡组织为 $\alpha + \beta_{II}$。同理,成分点位于 β 单变量线投影曲线与曲线 dd_1 之间的合金,常温平衡组织为 $\beta + \alpha_{II}$。

(4)成分点位于曲线 cc_1 与 AC 边之间的合金,常温平衡组织为 α;成分点位于曲线 dd_1、与 B 点之间的合金,常温平衡组织为 β。

5.7.6　包共晶型三元系相图

包共晶转变的反应式为

$$L + \alpha \Leftrightarrow \beta + \gamma$$

从反应相的情况看,这种转变具有包晶转变的性质;从生成相的数目看,这种转变又具有共晶转变的性质。正因如此,才把它叫做包共晶转变。

图 5-69(a)为具有共晶—包晶四相反应的三元系空间模型,其中 A-B 系具有包晶转变,A-C 系也具有包晶转变,B-C 系具有共晶转变,且 $T_A > T_{p1} > T_{p2} > T_B > T_p > T_C > T_e$(其中 T_p 表示四相平衡温度),四边形 $abpc$ 为包共晶转变平面。

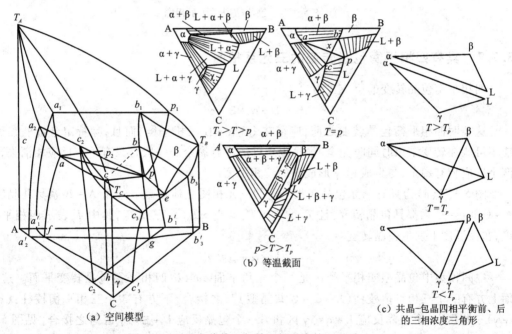

图 5-69　具有共晶-包晶四相反应的三元系

从图 5-69(a)中可看到该三元系在包共晶平面 abpc 上方的两个三相平衡棱柱分别属 $L \rightarrow \alpha + \beta$ 和 $L + \alpha \rightarrow \gamma$ 包晶型;而四相平衡包共晶转变($L_{(p)} + \alpha_{(a)} \rightleftharpoons \beta_{(b)} + \gamma_{(c)}$)后,则存在一个三相平衡共晶转变 $L \rightarrow \beta + \gamma$ 和一个三相平衡区 $\alpha + \beta + \gamma$。图 5-69(b)、(c)都可以进一步说明这点:四相平衡包共晶转变面呈四边形,反应相和生成相成分点的连接线是四边形的两条对角线。

图 5-70(a)为该三元系的冷凝过程的投影图,图 5-70(b)为 a_2-2 垂直截面和它的组织结构变化情况。

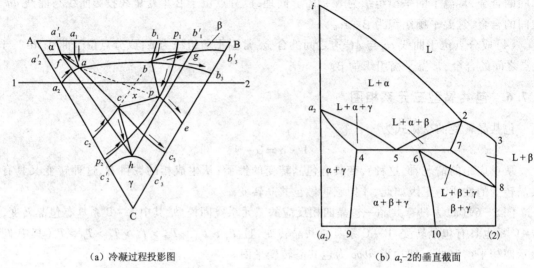

（a）冷凝过程投影图　　　　　　　　　　（b）a_2-2的垂直截面

图 5-70　包共晶型三元系相图

5.7.7　具有四相平衡包晶转变的三元系相图

四相平衡包晶转变的反应式为

$$L + \alpha + \beta \rightarrow \gamma$$

这表明四相平衡包晶转变之前，应存在 $L + \alpha + \beta$ 三相平衡，而且，除特定合金外，三个反应不可能在转变结束时同时完全消失，也不可能都有剩余。一般是只有一个反应相消失，其余两个反应相有剩余，与生成相 γ 形成新的三相平衡。

图 5-71（a）为具有三元包晶四相平衡的三元相图立体模型。这里 A - B 系具共晶转变，A - C 和 B - C 系都具包晶转变，且 $T_A > T_B > T_{e1} > T_p > T_{p2} > T_{p3} > T_C$，其中 T_p 表示四相平衡温度，在该温度下发生包晶转变

$$L + \alpha + \beta \rightleftharpoons \gamma$$

空间模型中包晶型四相平衡区是一个三角平面 abp，称四相平衡包晶转变平面。这个平面上方有一个三相平衡棱柱（L→α + β 共晶型）与之接合，下方有 3 个三相平衡棱柱：（α + β + γ）三相区，一个包晶反应 L + α ⇌ γ 区和另一个包晶反应 L + β ⇌ γ 区与之接合［见图 5-71（b）］。图 5-71（c）为该三元系冷凝过程的投影图。图 5-72 为该三元包晶四相平衡前、后的三相浓度三角形。从这里还可看出三元包晶转变生成相 γ 的成分点在三个反应相成分点连接三角形内。

图 5-73 为该三元系等温截面。当 $T_{e1} > T > T_p$ 时从图 5-73（a）可看到只有一个三相平衡区；而 $T = p$ 时正是四相平衡包晶转变平面［见图 5-73（b）］；当 $p > T > p_2$ 时，从图 5-73（c）可看到则有三个三相平衡区。这进一步说明，四相平衡包晶转变平面上面有一个三相平衡棱柱，下面有三个三相平衡棱柱，因水平截面上的三相平衡区，正是相应温度下三相平衡棱柱的截面。

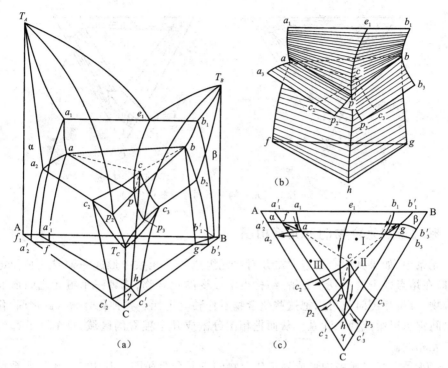

图 5-71 具有三元包晶四相平衡三元系相图的立体模型

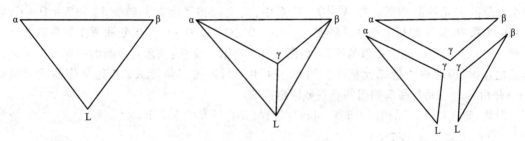

图 5-72 三元包晶四相平衡前、后的三相浓度三角形

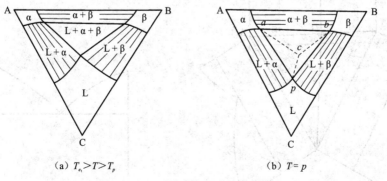

(a) $T_{e_1} > T > T_p$　　　　(b) $T = p$

图 5-73 三元系的一系列等温截面

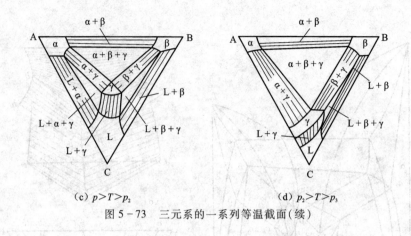

（c）$p>T>p_2$　　　　　　（d）$p_2>T>p_3$

图 5-73　三元系的一系列等温截面（续）

5.7.8　形成稳定化合物的三元系相图

在三元系中，如果其中一对组元或几对组元组成的二元系中形成一种或几种稳定的二元化合物，即在熔点以下既不发生分解，结构也不改变的化合物，或者三个组元之间形成稳定的三元化合物，分析相图时就可以把这些化合物看作独立组元。各种化合物彼此之间、化合物和纯组元之间都可以组成伪二元系。从而把相图分割成几个独立的区域，每个区域都成为比较简单的三元相图。

图 5-74 是一组二元系中形成稳定化合物的三元合金相图。其中 A-B 二元系形成稳定化合物 D，且化合物 D 和另一组元 C 之间形成一个伪二元系。D-C 伪二元系把相图分割成两个简单的三元共晶相图。在 A-D-C 系中，发生四相平衡共晶转变 $L_{E_1} \rightarrow A+D+C$；在 B-D-C 系中，发生四相平衡共晶转变 $L_{E_2} \rightarrow B+D+C$。以 D-C 为成分轴所作的垂直截面是一种与二元共晶相图完全相似的图形，如图 5-75 所示。注意：该垂直截面的一端不是纯金属而是化合物，因此称为伪二元相图。图 5-74 中平行浓度三角形 A-B 边所作的垂直截面 X-X 是由两个三元共晶系相图的垂直截面组成的。

因此，研究该类二元相图及其组织转变过程，完全可参照 5.2 节。

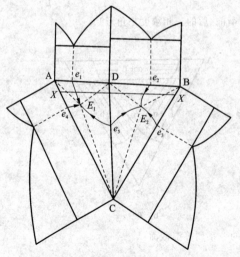

图 5-74　一组二元系中形成稳定化合物的三元合金相图

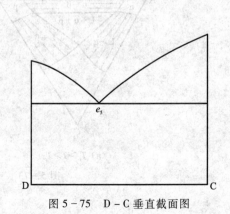

图 5-75　D-C 垂直截面图

如果三元系中 A - B 二组元形成稳定化合物 δ,但 C - δ 之间不具有伪二元系的特征时,如图 5 - 76 所示的三元系,就不能将 A - B - C 划分为两个三元系来讨论合金和冷凝过程。这里 $T_P > T_E$,并且在 T_P 温度时具有共晶一包晶转变

$$L_P + β \rightleftharpoons δ + γ$$

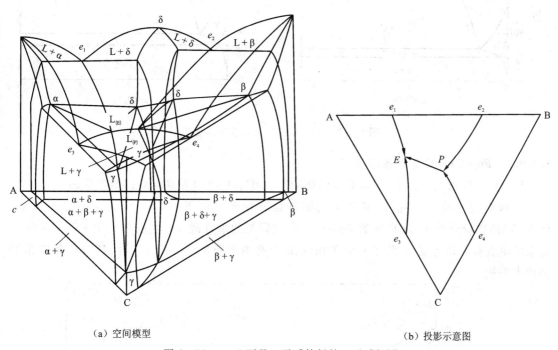

（a）空间模型　　　　　　　　　　　　　　　　　　（b）投影示意图

图 5 - 76　δ - C 不具二元系特征的三元系相图

在 T_E 时具有三元共晶转变

$$L_E \rightleftharpoons α + β + δ$$

图 5 - 76(b) 为该三元系的投影图。

5.7.9　三元相图举例

5.7.9.1　Fe - C - Si 三元系垂直截面

图 5 - 77 是质量分数 $w(Si)$ 为 2.4% 和 4.8% 的 Fe - C - Si 三元系的两个垂直截面图。它们在 Fe - C - Si 浓度三角形中都是平行于 Fe - C 边的。这些垂直截面是研究灰口铸铁组元含量与组织变化规律的重要依据。

这两个垂直截面中有四个单相区:液相 L、铁素体 α、高温铁素体 δ 和奥氏体 γ,还有 7 个两相区和三个三相区。从图中可看到它们和铁碳二元相图有些相似,只是包晶转变(L + δ→γ)、共晶转变(L→γ + C)及共析转变(γ→α + C)等三相平衡区不是水平直线,而是由几条界线所限定的相区。同时,由于加入 Si,包晶点、共晶点和共析点的位置都有所移动,且随着 Si 含量的增加,包晶转变温度降低,共晶转变和共析转变温度升高,γ 相区逐渐缩小。

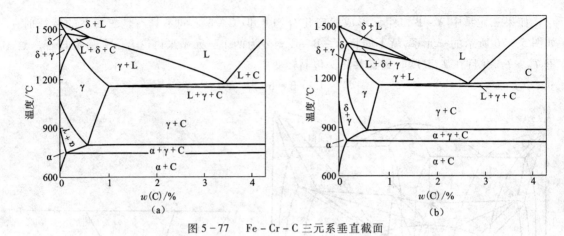

图 5 - 77　Fe - Cr - C 三元系垂直截面

5.7.9.2　Fe - Cr - C 三元系相图

Fe - Cr - C 系三元合金,如铬不锈钢 0Cr13,1Cr13,2Cr13 以及高碳高铬型模具钢 Cr12 等在工业上被广泛地应用。此外,其他常用钢种也有很多是以 Fe - Cr - C 为主的多元合金。图 5 - 78 是质量分数 w_{cr} 为 13% 的 Fe - Cr - C 三元系的垂直截面。它的形状比 Fe - C - Si 三元系的垂直截面稍为复杂,除了 4 个单相区、8 个两相区和 8 个三相区之外,还有三条四相平衡的水平线。

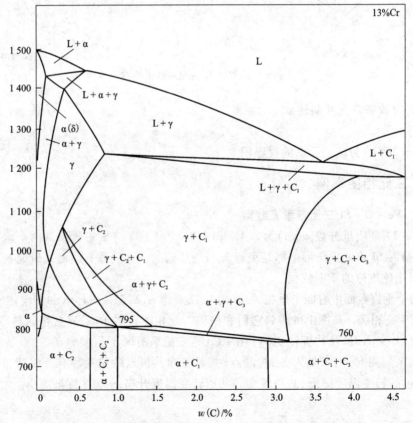

图 5 - 78　质量分数 w_{Cr} 为的 13% Fe - Cr - C 三元系的垂直截面图

4 个单相区是液相 L、铁素体 α、高温铁素体 δ 和奥氏体 γ。图 5 - 78 中 C_l 和 C_2 是以 Cr_7 Cr_3 和 $Cr_{23}C_6$ 为基础、溶有 Fe 原子的碳化物，C_3 是以 Fe_3C 为基础溶有 Cr 原子的合金渗碳体。各个两相平衡区、三相平衡区及四相平衡区内所发生的转变如表 5 - 4 所示。

表 5 - 4　Fe - Cr - C 三元系(质量分数 w_{Cr} 为 13%)垂直截面中各相区在合金冷却时发生的转变

两相平衡区	三相平衡区	四相平衡区
L→α	L + α→γ	L + C_1→γ + C_3
L→γ	L→γ + C_1	γ + C_2→α + C_1
L→C_1	γ→α + C_1	γ + C_1→α + C_3
α→γ	γ + C_1→C_2	—
γ→α	γ→α + C_1	—
γ→C_1	γ + C_1→C_3	—
γ→C_2	α + C_1 + C_2	—
α→C_2	—	—
α→C_1	α + C_1 + C_3	—

图 5 - 79 为 Fe - Cr - C 三元系在 1 150 ℃ 和 850 ℃ 的水平截面，在这两个截面中，Cr 和 C 的含量分别采用不同比例的直角坐标表示。从图中可看到均有 α、γ、C_1、C_2、C_3 等单相区，但 1 150 ℃ 截面图中多了液相区，表明有些合金在该温度下已经熔化。图 5 - 79 中各三相区都是三角形，顶点都与单相区衔接，三相平衡区之间均隔以两相平衡区。

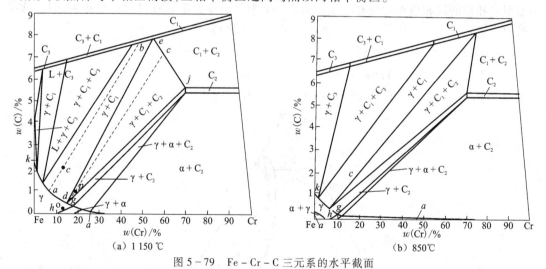

(a) 1 150 ℃　　　　　　　(b) 850 ℃

图 5 - 79　Fe - Cr - C 三元系的水平截面

5.7.9.3　Fe - C - N 三元系水平截面

图 5 - 80 为 Fe - C - N 三元系 565 ℃ 和 600 ℃ 的水平截面。对碳钢渗氮或碳氮共渗处理后渗层进行组织分析时，常使用这些水平截面。图 5 - 80 中 α 表示铁素体，γ 表示奥氏体，C 表示渗碳体，ε 表示 $Fe_{2\sim3}$(N、C)相，γ' 表示 Fe_4(N、c)相，χ 表示碳化物。图 5 - 80(a) 中有一个大三角形，其顶点都与单相区 α、γ'和 C 相接，三条边都与两相区相接。这是四相平衡共析转变平面：γ'⇌α + γ' + C。当钢中质量分数 w(C) 为 0.45% 时(见图中的水平虚线)，并且工件表面氮含量足够高，45 钢在略低于 565 ℃ 的温度下氮化，由表及里各分层相组成依次为 ε、γ' + ε、C + γ'、α + C；在

600℃氮化时,45 钢氮化层各分层的相组成应为 ε、ε + γ'、γ + ε、γ、α + γ、α + C。

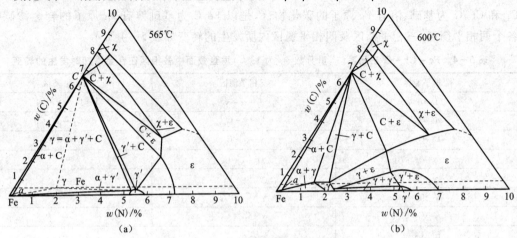

图 5 − 80　Fe − Cr − C 三元系水平截面

5.7.9.4　Al − Cu − Mg 三元系水平截面投影图

图 5 − 81 为 Al − Cu − Mg 三元系液相面投影图的富 Al 部分。图 5 − 81 中细实线为等温 (x℃)线。带箭头的粗实线是液相面交线投影,也是三相平衡转变的液相单变量线投影。其中一条单变量线上标有两个方向相反的箭头,并在曲线中部画有一个黑点(518℃)。说明空间模型中相应的液相面在此处有凸起。图 5 − 81 中每液相面都标有代表初生相的字母,这些字母的含意:

α − Al:以 Al 为溶剂的固溶体;

θ:$CuAl_2$;　　　　　　β:Mg_2Al_3;　　　　　　γ:$Mg_{17}Al_{12}$;

S:$CuMgAl_2$;　　　　　T:$Mg_{32}(A1,Cu)_{49}$;　　　Q:$Cu_3Mg_6A_{12}$。

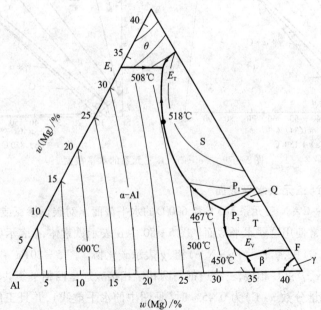

图 5 − 81　Al − Cu − Mg 三元系液相面投影图

第6章 材料的塑性变形与再结晶

在外力作用下,材料将发生变形。外力较小时,发生弹性变形;当外力较大时,将发生塑性变形,即产生不可逆的永久变形;当外力过大时,就会发生断裂。在生产上,塑性变形对许多加工处理工序有重要作用:有的利用材料的塑性变形进行固态成形,如锻造、轧制、拉拔、挤压等;有的因材料发生塑性变形而影响加工工效,如车、铣、钻、刨、磨等;还有的则要尽量避免材料发生塑性变形,如铸造、焊接、热处理等。在使用中,一般都不允许材料发生塑性变形,否则会因此而使构件失效。材料发生塑性变形时,不仅其外形和尺寸发生变化,还会造成其内部显微组织、结构以及有关性能发生变化,使之处于自由能较高的状态。这种状态是不稳定的,经塑性变形后的材料在加热时会发生回复和再结晶。本章将主要介绍材料的塑性变形特征以及各种内外部因素对塑性变形的影响,同时也将讨论塑性变形后的材料在回复、再结晶过程中显微组织、结构和性能的变化规律及微观机制。

6.1 材料的塑性变形

在常温和低温下,单晶体的塑性变形主要通过滑移和孪生方式进行,此外亦有扭折等方式;而在高温下,单晶体的塑性变形还可通过扩散性变形以及晶界滑动和移动等方式发生。

6.1.1 单晶体的塑性变形

6.1.1.1 滑移

滑移是指晶体相邻两部分沿着某一晶面在某个晶向上彼此间做相对的平行滑动。当应力超过晶体的弹性极限后,晶体中就会发生层片之间的相对滑动(即滑移),大量层片间相对滑动的累积就造成晶体的宏观塑性变形。

(1)滑移观察:将预先经过抛光的单晶体试样进行适当拉伸,使之产生一定的塑性变形,不需腐蚀,在光学显微镜下即可看到试样表面有许多平行的细线,通常称为滑移带,它们是相对滑动的晶体层片与试样表面之间的交线,是由于晶体的滑移变形使试样的抛光表面上产生高低不一的台阶所造成的。若用电子显微镜进行高倍分析发现:光学显微镜下观察到的每一条细线是由一系列相互平行的更细的线所组成的,称为滑移线。滑移线之间的距离仅约100个原子间距,而每一条滑移线所对应的滑移量(即台阶高度)可达1 000个原子间距左右,如图6-1所示。对滑移线的观察也表明了晶体塑性变形的不均匀性,滑移只是集中发生在一些晶面上,而滑移带或滑移线之间的晶体层片很少产生变形,只是彼此之间做相对位移而已。

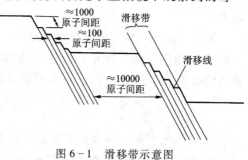

图6-1 滑移带示意图

（2）滑移面和滑移方向：如前所述，晶体的滑移通常沿着一定的晶面和晶向进行，这些晶面和晶向分别称为滑移面和滑移方向。实验表明，晶体中滑移面和滑移方向不是任意的，晶体结构不同，其滑移面和滑移方向也不同。表 6-1 所示为几种常见金属晶体的滑移面和滑移方向。

表 6-1 常见金属晶体中的滑移面和滑移方向

晶体结构	滑 移 面	滑 移 方 向	实 例
面心立方	$\{111\}$	$\langle110\rangle$	$\gamma-Fe$、Cu、Al、Ni、Pb、Au、Ag
体心立方	$\{110\}$	$\langle111\rangle$	$\alpha-Fe$、W、Mo、Nb、Ta、Na
	$\{112\}$		$\alpha-Fe$、W、Mo、Na
	$\{123\}$		$\alpha-Fe$、K、Na
密排六方	$\{1001\}$	$\langle11\bar{2}0\rangle$	Zn、Mg、Ti、Co、Be、Cd
	$\{10\bar{1}0\}$		Mg、Ti、Be、Zr
	$\{10\bar{1}1\}$		Mg、Ti、Zr、Hf

由表可知，在面心立方晶体中，滑移总是在原子密排面 $\{111\}$ 上发生，而且滑移方向为原子排列最紧密的 $\langle110\rangle$ 晶向；在体心立方晶体中，原子的密排程度不如面心立方晶体，它没有原子密排面，故其滑移面可有 $\{110\}$、$\{112\}$ 和 $\{123\}$ 三组，具体的滑移面因材料类型、晶体取向、温度等因素而改变，但滑移方向始终是最密晶向 $\langle111\rangle$；至于密排六方晶体，其滑移方向为最密晶向 $\langle11\bar{2}0\rangle$，而滑移面除 $\{0001\}$ 之外还与其轴比（c/a）有关，当 $c/a<1.633$ 时，则滑移可发生于 $\{10\bar{1}0\}$ 或 $\{10\bar{1}1\}$ 晶面。

一个滑移面和此面上的一个滑移方向合起来则称为一个滑移系。每一个滑移系表示晶体在进行滑移时可能采取的一个空间取向，其中由最密晶面和最密晶向所构成的滑移系称为主滑移系。在其他条件相同时，晶体中的主滑移系数目愈多，滑移过程可能采取的空间取向便愈多，滑移愈容易进行。对于面心立方晶体，有 4 个独立的 $\{111\}$ 晶面，每个 $\{111\}$ 面上有 3 个 $\langle110\rangle$ 晶向，故其主滑移系共有 $4\times3=12$ 个；同理，对于体心立方晶体，其主滑移系也有 $6\times2=12$ 个；而密排六方晶体的主滑移系仅有 $1\times3=3$ 个。由于滑移系数目太少，因此，密排六方晶体的塑性不如面心立方或体心立方晶体的好。

（3）滑移的临界分切应力：晶体的滑移是在切应力作用下进行的，尽管晶体中可能存在的滑移系是很多的，但并非所有的滑移系同时参与滑移，而只有当外力在某一滑移系上的分切应力达到一定临界值时，该滑移系方可以首先发生滑移，此时的分切应力即称为滑移的临界分切应力。

设有一截面积为 A 的圆柱形单晶体，受轴向拉力 F 的作用，ϕ 为滑移面法线与外力 F 的夹角，λ 为滑移方向与外力 F 的夹角（见图 6-2），则外力 F 在滑移方向的分力为 $F\cos\lambda$，而滑移面的面积为 $A/\cos\varphi$。于是，外力在该滑移面和滑移方向所构成滑移系上的分切应力 τ 为

$$\tau = \frac{F}{A}\cos\varphi\cos\lambda \qquad (6-1)$$

式中，F/A 为拉伸时晶体横截面上的正应力 σ。当滑移系上的分切应力达到临界分切应力而晶体开始滑移时，则相应的外加应力 σ 应为晶体的屈服强度 σ_s。于是

$$\tau_c = \sigma_s \cos\varphi\cos\lambda \qquad (6-2)$$

式(6-2)称为施密特(Schmid)定律,其中 $\cos\varphi\cos\lambda$ 称为滑移系对外力的取向因子或施密特因子。取向因子越大,则分切应力越大。显然,对任一给定 φ 角而言,若滑移方向位于 F 与滑移面法线所组成的平面上,即 $\varphi+\lambda=90°$,则沿此滑移方向的分切应力 τ 值较其他 λ 时的大,此时的取向因子 $\cos\varphi\cos\lambda=\cos\varphi\cos(90°-\varphi)=\dfrac{1}{2}\sin2\varphi$。显而易见,当 φ 值为 45°时,取向因子具有最大值 $1/2$,即以最小的拉应力就能达到发生滑移所需的分切应力值。通常,称取向因子大的为软取向,而取向因子小的为硬取向。

综上所述,滑移的临界分切应力是一个真实反映单晶体受力起始屈服的物理量。其数值与晶体的结构、纯度、加工和处理状态、滑移系类型以及温度、变形速度等因素有关。表 6-2 所示为一些金属晶体发生滑移的临界分切应力。

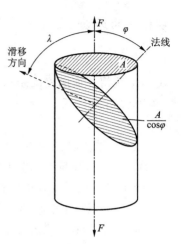

图 6-2　外力在单晶体某滑移系上的分切应力

表 6-2　一些金属晶体发生滑移的临界分切应力

金属	温度/℃	纯度/%	滑移系	临界分切应力/Mpa
Ag	室温	99.99	$\{111\}\langle110\rangle$	0.47
Al	室温	—	$\{111\}\langle110\rangle$	0.79
Cu	室温	99.99	$\{111\}\langle110\rangle$	0.98
Ni	室温	99.8	$\{111\}\langle110\rangle$	5.68
Fe	室温	99.96	$\{111\}\langle111\rangle$	27.44
Nb	室温	—	$\{111\}\langle111\rangle$	33.8
Ti	室温	99.99	$\{10\bar{1}0\}\langle11\bar{2}0\rangle$	13.7
Mg	室温	99.95	$\{0001\}\langle11\bar{2}0\rangle$	0.81
Mg	室温	99.98	$\{0001\}\langle11\bar{2}0\rangle$	0.76
Mg	330	99.98	$\{0001\}\langle11\bar{2}0\rangle$	0.64
Mg	330	99.98	$\{10\bar{1}1\}\langle11\bar{2}0\rangle$	3.92

在第二章中已经指出,晶体滑移是借助位错在其自身滑移面上的滑移而逐步地进行的。当一个位错移动到晶体外表面时,晶体沿其滑移面产生了位移量为一个 b 的滑移,而大量位错沿着相同的滑移面移动到晶体表面就可形成电子显微镜下观察到的滑移线。

晶体的滑移必须在一定的外力作用下才能发生,这说明位错的滑移必须要克服阻力。位错滑移的阻力来自点阵阻力。由于晶体中原子排列的周期性,当位错沿滑移面滑移时,位错中心的能量也要发生周期性的变化,如图 6-3 所示。其中 1 和 2 为等同位置,当位错处于这种平衡位置时,其能量最低,相当于处在能谷中。当位错从位置 1 移动到位置 2 时,需要越过一个势垒,这就是说位错在滑移时会遇到点阵阻力。由于派尔斯(Peierls)和纳巴罗(Nabarro)首先估算了这一阻力,故又称为派—纳力(τ_{P-N})。派—纳力与晶体的结构和原子间作用力等因

素有关,可近似地表示为

$$\tau_{P-N} = \frac{2G}{1-\nu}\exp\left[-\frac{2\pi d}{(1-\nu)b}\right] \qquad (6-3)$$

式中,d 为滑移面的面间距;b 为滑移方向上的原子间距(等于位错的柏氏矢量);G 为切变弹性模量;v 为泊松比。

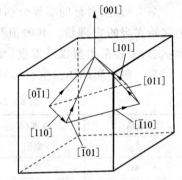

图 6-3 位错滑移时的能量变化

由派-纳力公式可知,当 d 值越大、b 值越小时,则 τ_{P-N} 也越小,因而越容易发生滑移。由于晶体中最密晶面的面间距最大,而最密排方向上的原子间距最小,因此,晶体的滑移面和滑移方向一般是晶体的原子密排面与密排方向。

(4)单滑移、多滑移和交滑移:当只有一个滑移系上的分切应力最大并且达到晶体的临界分切应力时,滑移只沿着一个滑移系进行,即发生单滑移。

当外力轴在晶体的特定取向上,可能会使几个滑移系上的分切应力相等,在同时达到了临界分切应力时,就会发生多滑移。例如,面心立方晶体的滑移面为$\{111\}$,滑移方向为$\langle 110\rangle$,其 4 个$\{111\}$面构成一个四棱锥体。当外加拉力轴为$[001]$时,由图 6-4 可以看出:对于所有的$\{111\}$晶面,φ 角均是相同的;对于$[101]$、$[011]$、$[\bar{1}01]$、$[0\bar{1}1]$晶向,λ 角也是相同的,均为 45°;锥体底面上的$[110]$、$[\bar{1}10]$晶向则均与$[001]$垂直。因此,锥体上共有 4×2 = 8 个滑移系具有相同的取向因子,当达到临界分切应力时,滑移将在 8 个滑移系上同时发生。

图 6-4 面心立方晶体中拉力轴为$[001]$时造成的多滑移

对于具有较多滑移系的晶体而言,除多滑移外,还可发现交滑移现象,即两个或多个滑移面沿着某个共同的滑移方向同时或交替滑移。交滑移的实质是螺型位错在不改变滑移方向的前提下,从一个滑移面转到相交接的另一个滑移面的过程,可见交滑移可以使滑移有更大的灵活性。

6.1.1.2 孪生

孪生是塑性变形的另一种重要形式,它常作为滑移难于进行时的补充。孪生是指在相当大的切应力作用下,晶体沿着一定晶面上的某一特定晶向发生了均匀切变。这一晶面称为孪生面,这一晶向则称为孪生方向。晶体的孪生面与孪生方向的组合,称为孪生系,孪生系又可称为孪生要素。与滑移系类似,孪生系也是由晶体的结构类型所决定。

(1)孪生变形过程:下面以面心立方晶体为例,分析孪生变形时的原子移动情况。实验表明,面心立方晶体孪生变形时,是在$\{111\}$晶面上沿着$\langle 112\rangle$晶向进行的。图 6-5(a)示出了面心立方晶体的一个孪生系,即(111)晶面及其与($\bar{1}$10)晶面的交线$[11\bar{2}]$晶向。为了便于观察孪生时原子的移动情况,设纸面相当于($\bar{1}$10)晶面,(111)晶面则垂直于纸面,而 AB 既代表一层孪生面(111),同时也代表(111)面与纸面的交线$[11\bar{2}]$晶向,如图 6-5(b)所示。当晶体在切应力作用下发生孪生变形时,晶体内局部区域的每层(111)晶面均沿着$[11\bar{2}]$晶向(即 AC′方向)相对移动了一定距离 d,此距离等于$[11\bar{2}]$晶向上原子间距的三分之一。若以图 6-5(b)中的孪生面 AB 为基准面,则其右侧的第一层(111)晶面 CD 沿着$[11\bar{2}]$晶

向的移动量为 $1d$，第二层(111)晶面 EF 的移动量为 $2d$，第三层(111)晶面 GH 的移动量为 $3d$。这表明相邻各层(111)晶面的相对移动量是相等的，切变分布是均匀的。显然，这样的均匀切变并未使晶体的点阵类型发生变化，但却改变了均匀切变区(孪生区)中的晶体取向，变成与其两侧未切变区中的晶体(基体)呈镜面对称关系(孪生面为镜面)。这一变形过程即为孪生。孪晶是指晶体中一组特定晶面沿着特定晶向作均匀切变的孪生区，而孪晶与周围未切变区域的分界面则称为孪晶界。

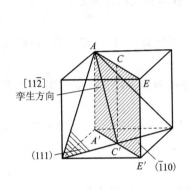

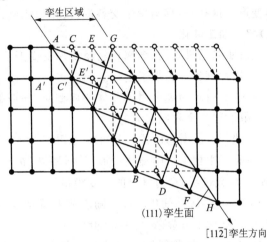

（a）孪生面和孪生方向　　　　　　　（b）孪生变形时原子的移动情况

图 6 - 5　面心立方晶体孪生变形示意图

（2）孪生的特点：根据以上对孪生变形过程的分析，可知孪生具有以下特点，①孪生变形也是在切应力作用下发生的，并通常出现于滑移受阻而引起的应力集中区，因此，孪生所需的临界切应力要比滑移时大得多；②孪生是一种均匀切变，即切变区中每一层原子面相对于孪生面的切变量与该层晶面离开孪生面的距离成正比；③孪晶与未切变的晶体间形成镜面对称的位向关系。

（3）孪晶的形成：在晶体中通过机械变形而产生的孪晶，称为"变形孪晶"或"机械孪晶"，它的特征通常呈透镜状或片状。变形孪晶的形成可分为形核和长大两个阶段。晶体变形时先是以极快的速度萌生出薄片孪晶，常称之为"形核"，然后通过孪晶界扩展来使孪晶增宽。就变形孪晶的萌生而言，一般需要较大的应力，即孪生所需的临界切应力要比滑移大得多。例如测得 Mg 晶体孪生所需的分切应力为 $4.9 \sim 34.3$ MPa，而滑移所需临界分切应力仅为 0.49 MPa。因此，只有在滑移受阻时，切应力才可能累积至孪生所需的数值，导致孪生变形。孪晶通常萌生于晶体中应力高度集中的地方，如晶界等。但是，孪晶在萌生后的长大所需的应力则相对较小。例如，在 Zn 单晶中，孪晶形核时的局部应力必须超过 $10^{-1}G$（G 为切变弹性模量），但成核后，只要应力略超过 $10^{-4}G$ 即可长大。孪晶的长大速度极快，与冲击波的传播速度相当。孪生过程中，由于在极短的时间内有相当数量的能量被释放出来，因而有时可伴随明显的响声。

通常，对于对称性低、滑移系少的密排六方金属如 Mg、Zn、Cd 等，往往容易发生孪生变形。密排六方金属的孪生面为 $\{10\bar{1}2\}$，孪生方向为 $\langle 10\bar{1}1 \rangle$。对具有体心立方晶体结构的金属，当变形温度较低、变形速度极快或由于其他原因的限制使滑移难以进行时，也会通过孪生的方式进行塑性变形;体心立方金属的孪生面为{112},孪生方向为⟨111⟩。面心立方金属由于对称性高、滑移系多而易于滑移,只有在极低温度(4~78 K)下,当滑移极为困难时,孪生才会发生。

与滑移相比,孪生本身对晶体变形量的直接贡献是较小的。例如,密排六方结构的 Zn 晶体单纯依靠孪生变形时,其伸长率仅为 7.2%。但是,由于孪晶的形成改变了晶体的位向,从而使其中某些原处于不利的滑移系转换到有利于发生滑移的位置,可以激发进一步的滑移和晶体变形。这样,滑移与孪生交替进行,相辅相成,可使晶体获得较大的变形量。

6.1.1.3 加工硬化

大量实验结果表明,金属材料经冷加工变形后,其强度、硬度显著提高,而塑性、韧性则急剧下降,这种现象称为加工硬化。

图 6-6 所示为纯金属单晶体的典型应力-应变曲线(亦称为加工硬化曲线),其塑性变形部分是由下述三个阶段组成的:

I 阶段——易滑移阶段。当外加分切应力 τ 达到晶体的临界分切应力 τ_c 后,应力增加幅度不大,便能产生相当大的塑性变形,其斜率 $\theta_I(\theta = d\tau/d\gamma$ 或 $\theta = d\sigma/d\varepsilon)$ 即加工硬化率低,一般 θ_I 为 $10^{-4}G$ 数量级(G 为材料的切变模量)。

II 阶段——线性硬化阶段。随着应变量增加,应力呈线性增大,此段大致呈直线,且斜率较大,加工硬化十分显著,$\theta_{II} \approx G/300$。

III 阶段——抛物线型硬化阶段。随着应变量增加,应力上升缓慢,呈抛物线型,θ_{III} 逐渐减小。

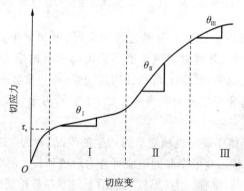

图 6-6 纯金属单晶体的典型应力-应变曲线

各种晶体的实际应力-应变曲线因其晶体结构类型、晶体取向、纯度以及实验温度等因素的不同而有所变化,但总体而言,其基本特征相同,只是各阶段的持续周期不同甚至某一阶段可能不出现。图 6-7 所示为三种典型晶体结构金属单晶体的应力-应变曲线,其中面心立方和体心立方晶体显示出典型的三阶段加工硬化,至于密排六方晶体,其第 I 阶段通常很长,远远超过其他结构的晶体,以致于第 II 阶段还未充分发展时就已断裂。

有关加工硬化的机制已提出了不同的理论,然而,最终的表达形式基本相同,即变形所需应力为位错密度的平方根的线性函数,这已被许多实验所证实。因此,塑性变形过程中位错密度的增加及其对位错滑移的阻碍作用是导致加工硬化的决定性因素。

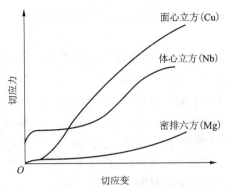

图 6 - 7　三种典型结果金属晶体的应力 - 应变曲线

6.1.2　多晶体的塑性变形

实际使用的材料通常是由多晶体组成的。多晶体中每个晶粒的塑性变形方式与单晶体相同,但由于相邻晶粒之间取向不同以及晶界的存在,因而多晶体的塑性变形既需克服晶界的阻碍,又要求各晶粒的变形相互协调与配合,故多晶体的塑性变形较为复杂,下面分别加以讨论。

6.1.2.1　晶粒位向和晶界的影响

当外力作用于多晶体时,由于晶体的各向异性,位向不同的各个晶粒所受应力并不一致,而作用在各晶粒的滑移系上的分切应力更因晶粒位向不同而相差很大,因此各晶粒并非同时开始变形,其中处于有利取向的晶粒首先发生滑移,处于不利取向的晶粒则未开始滑移。同时,由于不同位向晶粒的滑移系的取向不相同,滑移方向也不相同,故滑移不可能从一个晶粒直接延续到另一晶粒中。但多晶体中的每个晶粒都处于其他晶粒包围之中,它的变形必然与其邻近晶粒相互协调配合,不然就难以进行变形,甚至不能保持晶粒之间的连续性,会出现空隙或裂缝而导致材料的破坏。为了使多晶体中各晶粒之间的变形得到相互协调与配合,每个晶粒不只是在取向最有利的单滑移系上进行滑移,而必须在几个滑移系(其中包括取向并非有利的滑移系)上进行,其形状才能相应地作各种改变。理论分析指出,多晶体塑性变形时要求每个晶粒至少能在 5 个独立的滑移系上进行滑移。这是因为任意变形均可用 ε_{xx}、ε_{yy}、ε_{zz}、ε_{xy}、ε_{yz}、ε_{zx} 6 个应变分量来表示,但塑性变形时,晶体的体积不变(即 $\varepsilon_{xx} + \varepsilon_{yy} + \varepsilon_{zz} = 0$),故只有 5 个独立的应变分量,每个独立的应变分量是由一个独立滑移系来产生的。可见,多晶体的塑性变形是通过各晶粒的多系滑移来保证相互间的协调,即一个多晶体是否能够塑性变形,决定于它是否具备 5 个独立的滑移系来满足各晶粒变形时相互协调的要求。这就与晶体的结构类型有关:滑移系多的面心立方和体心立方晶体能满足这个条件,故它们的多晶体具有很好的塑性;相反,密排六方晶体的滑移系少,晶粒之间的变形协调性很差,所以其多晶体的塑性变形能力低。

在第 2 章中已经述及,晶界上原子排列不规则,点阵畸变严重,而且晶界两侧的晶粒位向不同,滑移方向和滑移面彼此不一致,因此,滑移要从一个晶粒直接延续到下一个晶粒是极其困难的,也就是说,晶界本身对滑移具有阻碍作用。

6.1.2.2　晶界强化

多晶体的变形行为与单晶体相比较,表现出如下两个特点:①多晶体的屈服强度明显高于同样材料的单晶体;②在同一种多晶体材料中,晶粒越细小,屈服强度越高。多晶体变形之所以表现出这样一些特点,是因为晶界的存在对晶体中位错的滑移产生了阻碍作用,即发生了晶界强化。

多晶体中晶界对位错的滑移阻力主要来源于两个方面:①晶界两侧晶粒间的位向差造成的阻力,由于多晶体中不同晶粒的位向不一致,对于一定取向的外力轴,各个晶粒不可能都处于有利取向上,而且各个晶粒的不同滑移系中最有利取向滑移系的取向因子也不可能都是最大值,因此,多晶体的取向因子的平均值就小得多;再者,多晶体的连续性使不同晶粒的变形方向互相制约,不能在自身最有利的取向上滑移,这会进一步降低取向因子,增加外力;此外,多晶体的变形机制不可能是单滑移,而是多滑移,这就需要更大的外力;②晶界本身造成的阻力,与晶粒内部相比,晶界的原子排列是不规则的,所以它的临界分切应力较晶粒内部大得多,而且大多数晶体中总是存在着杂质元素,它们往往偏聚于晶界,甚至形成杂质颗粒或第二相颗粒沉积在晶界上,这些都将成为位错滑移的障碍。

由于晶界对位错滑移的阻碍作用,使得变形过程中位错不能越过晶界而是被堵塞在晶界附近,即在晶界附近产生位错塞积,形成位错塞积群,如图6-8所示。塞积群中的位错数目 n 可表示为

$$n = \frac{k\pi\tau_0 L}{Gb} \qquad (6-4)$$

式中,τ_0 为作用于位错滑移面上的外加分切应力;L 为晶界至位错源的距离;k 为系数(对于螺型位错 $k=1$,刃型位错 $k=1-\nu$)。

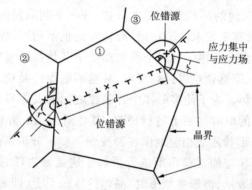

图 6-8 位错在相邻晶粒中的作用示意图

这种在晶界附近形成的位错塞积群会对晶粒内部的位错源产生一反作用力,此反作用力随塞积位错的数目 n 而增大。当 τ' 增大到某一数值时,可使位错源停止开动,从而使晶体显著强化。

当滑移位错受到晶界阻碍作用而于晶界前沿形成塞积群时,可对晶界施加以作用力,使晶界处发生很大的应力集中,并在相邻晶粒中产生一个附加应力场(见图6-8)。当附加应力足够大时,便使得相邻晶粒中位于应力场作用范围内 r 处的位错源动作,产生滑移。

由于晶界数量直接取决于晶粒的大小,因此,晶界对多晶体屈服强度的影响可由晶粒大小直接体现。多晶体的屈服强度 σ_s 与晶粒平均直径 d 之间的关系可用著名的霍尔-佩奇(Hall—Petch)公式表示

$$\sigma_s = \sigma_0 + Kd^{-\frac{1}{2}} \qquad (6-5)$$

式中，σ_0 表示位错在晶粒内滑移的阻力，相当于单晶体的屈服强度；K 表示晶界对变形影响的程度，与晶界结构有关。

式（6-5）表明：多晶体的屈服强度 σ_s 与其晶粒大小成线性关系，晶粒尺寸越小，屈服强度越高。因此，一般在室温使用的结构材料都希望获得细小而均匀的晶粒，因为细晶粒不仅使材料具有较高的强度、硬度，而且也使它具有良好的塑性和韧性，即具有良好的综合力学性能。

6.1.3　单相与多相材料的塑性变形

工程上使用的材料大多为金属材料，其中绝大多数是合金。总的来说，合金的塑性变形方式与纯金属的类似，只是由于合金元素的存在，又具有一些新的特点。按组成相不同，合金主要可分为单相固溶体合金和多相合金，它们的塑性变形又各自具有不同的特点。

6.1.3.1　单相固溶体合金的塑性变形

单相固溶体合金的塑性变形方式与多晶体材料相同，也是以滑移和孪生为主，变形时也同样会受到相邻晶粒的影响。不同的是单相固溶体晶体中存在溶质原子，这种溶质原子无论以置换还是间隙方式溶入基体金属中，都会对金属的塑性变形行为产生影响，其具体表现为塑性变形抗力（强度、硬度）有所提高，这种现象即称为固溶强化。

（1）固溶强化：一般认为，固溶强化是由于溶质原子和位错之间发生交互作用，增加了位错滑移的阻力所致。在第二章中已述及，对于正刃型位错，其滑移面以上的区域为压应力，而滑移面以下的区域为拉应力。若有间隙型溶质原子或比溶剂尺寸大的置换型溶质原子存在，就会与正刃型位错之间发生交互作用而偏聚于其滑移面的下方，反之，比溶剂尺寸小的置换型溶质原子则会与正刃型位错之间发生交互作用而偏聚于其滑移面的上方，形成包围位错线的溶质原子气团，以抵消部分或全部的拉应力或压应力，使位错的能量降低。当位错处于能量较低的状态时，位错趋向稳定而不易运动。这就是说，溶质原子气团对位错有着"钉扎作用"。位错要运动，必须在更大的应力作用下才能挣脱溶质原子气团的钉扎，由此增加了滑移变形的阻力，产生了固溶强化。

影响固溶强化的因素很多，主要有以下几个方面：①固溶体中溶质原子的含量越高，强化作用也越大；②溶质原子与基体金属的原子半径相差越大，强化作用也越大；③间隙型溶质原子比置换型溶质原子具有更大的固溶强化效果，且由于间隙型溶质原子在体心立方晶体中的点阵畸变是非对称性的，故其强化作用大于面心立方晶体的，但间隙原子的固溶度很有限，故实际强化效果也有限；④溶质原子与基体金属的价电子数相差越大，固溶强化作用越显著，即固溶体的屈服强度随合金电子浓度的增加而提高。

（2）屈服现象与应变时效：图 6-9 所示为低碳钢拉伸时的应力-应变曲线。与一般的拉伸应力-应变曲线不同，出现了明显的屈服点。当拉伸试样开始屈服时，应力随即突然下降，并在应力基本恒定情况下继续发生屈服伸长，所以拉伸曲线上出现水平台（通常称为屈服平台）。其中，开始屈服与下降时所对应的应力分别为上、下屈服点。在发生屈服伸长阶段，试样的变形是不均匀的。当应力达到上屈服点时，首先在试样的应力集中处开始塑性变形，并在试样表面产生一个与拉伸轴约成 45°角的变形带——吕德斯（Lüders）带，与此同时，应力降到下屈服点；随后这种变形带沿试样长度方向不断形成与扩展，从而产生拉伸曲线平台的屈服伸长，其中，应力的每一次微小波动，即对应一个新变形带的形成；当屈服扩展到整个试样标距范围时,屈服延伸阶段就告结束。需要指出的是,屈服过程的吕德斯带与滑移带不同,它是由许多晶粒协调变形的结果,即吕德斯带穿过了试样横截面上的每个晶粒,而其中每个晶粒内部则仍按各自的滑移系进行滑移变形。

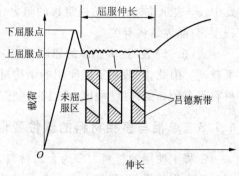

图 6-9　低碳钢的屈服现象

柯垂尔(Cottrell)首先用溶质原子与位错交互作用形成的溶质原子气团(称 Cottrell 气团或柯氏气团)来解释低碳钢拉伸时的屈服现象。他提出位错要从气团中挣脱出来,需要较大的力,这就形成了上屈服点;而一旦从气团中挣脱之后,位错的滑移就比较容易,因此发生应力降低,出现下屈服点和水平台。这就是屈服现象的物理本质。屈服现象最初是在低碳钢中发现的,但后来在许多其他的金属和合金(如 Mo、Ti 和 Al 合金、α 和 β 黄铜以及 Cd、Zn 单晶)中也观察到了屈服现象。

应变时效是与 Cottrell 气团相关的另一种现象。将退火状态的低碳钢试样拉伸到超过屈服点并发生少量塑性变形后卸载,如图 6-10 中的曲线 1;如果立即重新加载进行拉伸,则其应力—应变曲线上不再出现屈服点(曲线 2),此时试样不发生屈服现象;但若将变形后的试样在常温下放置几天(自然时效)或经 200℃ 左右短时加热(人工时效)后再进行拉伸,则屈服现象又复出现,且屈服应力进一步提高(曲线 3),此现象通常称为应变时效。同样,利用 Cottrell 气团能很好地解释低碳钢的应变时效行为。当卸载后立即重新加载,由于位错已经挣脱气团的钉扎,故不出现屈服点;如果卸载后放置较长时间或经短时加热处理,则溶质原子已经通过扩散而重新聚集到位错周围形成了气团,故屈服现象将再次出现。

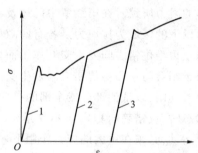

图 6-10　低碳钢的拉伸试验
1—预塑形变形;2—卸载后立即重新加载;
3—卸载后常温放置一段时间或在 200℃ 短时加热后再加载

6.1.3.2　多相合金的塑性变形

多相合金与单相固溶体合金的不同之处是除基体相外,尚有其他相(统称为第二相)存在。由于第二相的数量、尺寸、形状和分布不同,以及第二相的变形特性和它与基体相间结合状况的差异,使得多相合金的塑性变形更加复杂。

根据第二相粒子的尺寸大小可将多相合金分为两大类:第二相粒子尺寸与基体相晶粒尺寸属同一数量级的合金称为聚合型合金;第二相粒子细小而弥散地分布在基体相晶粒中的合金称为弥散分布型合金。这两类合金的塑性变形情况和强化机制有所不同,下面分别予以讨论。

(1)聚合型合金的塑性变形:当组成合金的两相晶粒尺寸属同一数量级,且均为塑性相时,则合金的变形能力取决于两相的体积分数。作为一级近似,可以分别假设合金变形时两相的应变相同和应力相同。于是,合金在一定应变下的平均应力 $\bar{\sigma}$ 和在一定应力下的平均应变 $\bar{\varepsilon}$ 可分别表示为

$$\bar{\sigma} = f_1\sigma_1 + f_2\sigma_2$$
$$\bar{\varepsilon} = f_1\varepsilon_1 + f_2\varepsilon_2 \tag{6-6}$$

式中，f_1 和 f_2 分别为两相的体积分数，且 $f_1 + f_2 = 1$；σ_1 和 σ_2 分别为一定应变时两相的应力；ε_1 和 ε_2 分别为一定应力时两相的应变。

实际上，不论是应力或应变都不可能在两相之间是均匀的，因此，式(6-6)只能作为第二相体积分数影响的定性估算。实验证明，此类合金在发生塑性变形时，滑移往往首先发生在较软的相中；如果较强相的体积分数较少，则强化效果甚微；只有当较强相的体积分数大于 30% 时，才有可能以接近于较软相的应变发生变形，并起到明显的强化作用。

如果聚合型合金两相中一个是塑性相而另一个是脆性相时，则合金在塑性变形过程中所表现出的性能不仅取决于两相的相对数量，而且与脆性相的形状、大小和分布密切相关。表 6-3 所示为碳钢(由塑性相铁素体和脆性相渗碳体构成的两相铁碳合金)中渗碳体的形态与大小对其力学性能的影响，为了和单相铁素体比较，也列入了工业纯铁的数据。

表 6-3　碳钢中渗碳体形态与尺寸对力学性能的影响

力学性能	材料及组织				
	工业纯铁	共析钢（$wc = 0.8\%$，渗碳体呈片状）			过共析钢（$wc = 1.2\%$）
		珠光体（片间距 ≈630 mm）	索氏体（片间距 ≈250 mm）	屈氏体（片间距 ≈100 mm）	网状渗碳体
抗拉强度 σ_b/Mpa	275	780	1 060	1 310	700
伸长率 δ/%	47	15	16	14	4

由表 6-3 可以得到如下重要结论：①当铁素体基体中出现渗碳体，即出现有硬脆的第二相时，与单相的铁素体相比，合金的强度提高，但塑性降低，这是渗碳体阻碍基体中位错滑移的结果。②当渗碳体以片状分布于塑性良好的铁素体基体中形成片层状珠光体时，一方面，由于铁素体的变形受到阻碍，即位错的移动被限制在渗碳体片层之间，渗碳体成了位错运动的阻碍，所以渗碳体片层间距越小，其强度越高；另一方面，由于薄片渗碳体能承受微量的变形，所以合金的塑性基本上不随渗碳体片层厚度发生变化，而维持在一定数值。③当渗碳体以连续网状分布于铁素体晶界上时，切断了铁素体晶粒间的联系，并且使晶粒的变形受阻于相界，导致很大的应力集中，造成过早地断裂，因此强度反而下降，塑性明显降低。

(2)弥散分布型合金的塑性变形：当第二相以细小弥散的粒子形式均匀分布于基体相中时，将会产生显著的强化作用。第二相粒子的强化作用是通过其对位错运动的阻碍作用而表现出来的。通常可将第二相粒子分为"不可变形的"和"可变形的"两类。这两类粒子与位错交互作用的方式不同，其强化的途径也就不同。一般来说，弥散强化型合金中的第二相粒子(借助粉末冶金方法加入的)是属于不可变形的，而沉淀相粒子(通过时效处理从过饱和固溶体中析出)多属可变形的，但当沉淀相粒子在时效过程中长大到一定程度后，也能起着不可变形粒子的作用。

① 不可变形粒子的强化作用：位错绕过第二相粒子是不可变形粒子的强化机制，如图 6-11 所示。当运动位错与不可变形粒子相遇时，将受到粒子的阻碍，使位错线绕着它发生

弯曲。随着外加应力的增加,位错线受阻部分的弯曲程度更大,以致围绕粒子的位错线在左右两边相遇,于是异号位错彼此抵消,形成包围粒子的位错环而留在粒子周围,而位错线的其余部分则越过粒子继续滑移。显然,位错按这种方式滑移时所受到的阻力是很大的。此外,每个留在不可变形粒子周围的位错环与后续的运动位错之间还会发生交互作用,对后续位错的滑移造成阻碍,故继续变形时必须增大应力,从而引起强化。上述位错绕过不可变形粒子的强化机制是由奥罗万(Orowan)首先提出的,故通常称为奥罗万机制,它已被实验所证实。

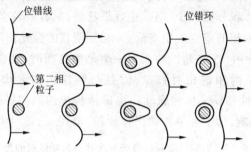

图6-11 位错绕过第二相粒子示意图

根据位错理论可以推导出,迫使位错弯曲并绕过不可变形粒子所需增加的切应力$\Delta\tau$(相当于强化效果)为

$$\Delta\tau = \frac{Gb}{\lambda} \tag{6-7}$$

式中,λ为粒子间距;G为切变弹性模量;b为位错柏氏矢量。

由式(6-7)可知,不可变形粒子的强化效果与粒子间距λ成反比,粒子间距越小,强化效果越明显。因此,减小粒子尺寸(在同样的体积分数时,粒子越小,则粒子间距也越小)或增加粒子的体积分数均会有效地提高合金的强度。

② 可变形粒子的强化作用:当第二相粒子为可变形粒子时,位错将切过粒子并使之随同基体一起变形,如图6-12所示。在这种情况下,强化效果主要决定于粒子本身的性质以及粒子与基体之间的联系,相应的强化机制较为复杂,主要归结为以下几个方面。

a. 位错切过粒子后,在粒子表面产生宽度等于位错柏氏矢量b的台阶,由于出现了新的表面,使总的界面能升高。

b. 当粒子为有序结构时,则位错切过粒子时会破坏滑移面上下原子的有序排列,形成反相畴界,引起能量的升高。

c. 如果粒子和基体相的晶体结构差异很大,它们的派-纳力便不相同,位错在两者之中运动时受到的阻力也不相同,在一定的外力作用下,位错切过这些粒子时,运动速度将发生变化,从而增加变形的阻力。

d. 若粒子与基体相的晶体结构差异较大或至少是点阵常数不同,当位错切过粒子时必然

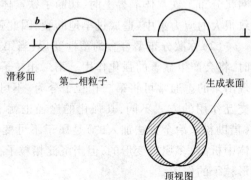

图6-12 位错切过第二相粒子示意图

在其滑移面上引起原子的错排,需要额外作功,对位错运动产生阻碍作用。

e. 由于粒子与基体的比体积差别,而且沉淀粒子与母相之间保持共格或半共格结合,故在粒子周围产生弹性应力场,此应力场与位错会产生交互作用,对位错运动有阻碍。

f. 由于基体与粒子中的滑移面取向不相一致,则位错切过后会产生一割阶,割阶存在会阻碍整个位错线的运动。大量实验表明,位错切过粒子的强化效果随着粒子半径的增加而提高。

总之,上述绕过机制和切过机制可解释多相合金中第二相的强化效应,然而,不管何种强化机制,均受控于第二相粒子本身的性质、尺寸和分布等因素,故合理地控制这些参数,可对沉淀强化型合金和弥散强化型合金的强度在一定范围内进行调整。

6.1.4　塑性变形后材料的组织与性能

塑性变形不仅可以改变材料的外形和尺寸,而且能够使材料的内部组织、结构和各种性能发生变化,下面分别加以叙述。

6.1.4.1　显微组织的变化

塑性变形后,金属材料的显微组织发生明显的改变。除了晶粒内部出现大量的滑移带或孪晶外,随着变形量的逐步增加,原来的等轴晶粒将逐渐沿着变形方向伸长,如图 6 − 13(a)、(b)所示;当变形量很大时,晶粒变得模糊不清,晶粒已难以分辨,呈现出纤维状的条纹[见图 6 − 13(c)],该显微组织称为纤维组织,纤维的分布方向即是材料变形伸展的方向。需要特别指出的是,冷变形金属的组织与所观察试样的截面位置有关,如果沿垂直变形方向截取试样,则截面的显微组织不能真实反映晶粒的变形情况。

（a）30%压缩率

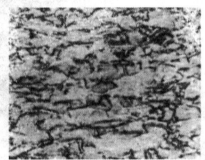
（b）50%压缩率

（c）99%压缩率

图 6 − 13　铜经不同程度冷轧加工后的光学显微组织(300 ×)

6.1.4.2 亚结构的变化

前已指出,晶体的塑性变形是借助位错在应力作用下的运动和不断增殖而实现的。随着变形量的增加,晶体中的位错密度迅速增加,经严重冷变形后,位错密度可从变形前退火状态的 $10^6 \sim 10^8 \mathrm{cm}^{-2}$ 增至 $10^{11} \sim 10^{12} \mathrm{cm}^{-2}$。

变形晶体中的位错组态及其分布等亚结构的变化,可利用透射电子显微镜进行分析来确定。经一定量的塑性变形后,晶体中的位错通过运动与交互作用,开始呈现不均匀分布,并形成位错缠结[见图6-14(a)];进一步增加变形量时,大量位错发生聚集,并由位错缠结发展成胞状亚结构[见图6-14(b)],其中高密度的缠结位错构成胞壁,而胞内的位错密度较低,相邻胞间存在微小位向差;随着变形量的进一步增加,这种胞的数量增多、尺寸减小;如果变形量非常大时,则伴随着纤维组织的出现,其亚结构也将由大量细长条状的形变胞构成[见图6-14(c)]。

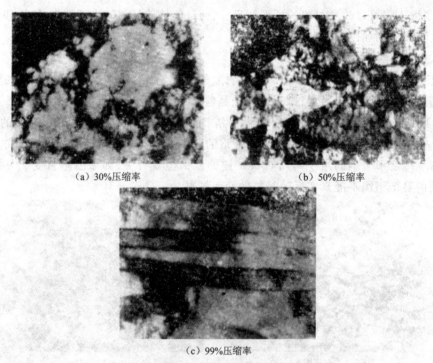

（a）30%压缩率　　　　　　　　　　　　（b）50%压缩率

（c）99%压缩率

图6-14　铜经不同程度冷轧加工后的透射电镜像(30 000×)

实际上,胞状亚结构的形成不仅与变形程度有关,而且还取决于材料层错能。正如第一章中所指出的,面心立方晶体是以密排面{111}按ABCABCABC…的顺序在空间堆垛而成;当晶体中的某个区域中{111}面的正常堆垛顺序出现差错,如少了某一层A晶面,则堆垛顺序成为ABCBCABC…,则形成晶面错排的面缺陷,这种缺陷叫做堆垛层错。虽然堆垛层错的形成几乎不引起点阵畸变,但却破坏了晶体中原子排列的完整性和周期性,使晶体的能量升高,这部分增加的能量称为层错能。一些常见金属材料的层错能如表6-4所示。大量研究表明,对于层错能较高的金属材料(如铝、铁、镍等),容易出现明显的胞状亚结构(见图6-15);而层错能较低的金属材料(如不锈钢、α黄铜等),塑性变形后大量的位错杂乱地排列于晶体中,构成较为均匀分布的复杂网络(见图 6 - 16),故这类材料即使发生大量变形时,出现胞状亚结构的倾向性也较小。

表 6 - 4　一些金属及合金的层错能

金　　属	层错能 $\gamma/J \cdot m^{-2}$	金　　属	层错能 $\gamma/J \cdot m^{-2}$
铝	0.20	铜	0.04
镍	0.25	银	0.02
α 黄铜	0.035	金	0.06
奥氏体不锈钢	0.015	钴	0.02

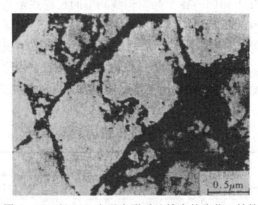

图 6 - 15　经 20% 室温变形后纯铁中的胞状亚结构

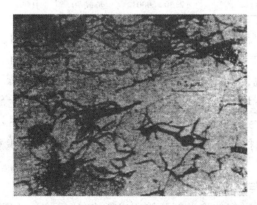

图 6 - 16　经冷轧变形 2% 后不锈钢中的复杂位错网络

6.1.4.3　性能的变化

　　材料在塑性变形过程中,其内部组织与结构发生变化,相应的,力学性能也发生明显的改变,主要表现在强度、硬度显著提高,而塑性、韧性则明显降低,即产生了所谓的加工硬化。加工硬化是金属材料的一项重要特性,可作为强化金属材料的一种有效途径,特别是对那些不能通过热处理强化的材料,如纯金属、单晶合金、奥氏体不锈钢等,主要是借冷加工变形实现强化的。

此外,经塑性变形后的材料,由于点阵畸变,空位和位错等晶体缺陷数量增加,使其物理性能和化学性能也发生一定的变化。如塑性变形通常可使金属的电阻率增高,增加的程度与变形量成正比,但增加的速率因材料而异,差别很大。例如,冷拔变形量为 82% 的纯铜丝的电阻率升高 2%,同样变形量的 H70 黄铜丝的电阻率升高 20%,而冷拔变形率 99% 的钨丝的电阻率可升高 50%。另外,塑性变形后,金属的电阻温度系数下降,磁导率下降,热导率也有所降低,铁磁材料的磁滞损耗及矫顽力增大。由于塑性变形使得金属中的结构缺陷增多,自由焓升高,因而导致金属中的扩散过程加速,金属的化学活性增大,腐蚀速度加快。

6.1.4.4 形变织构

在塑性变形中,随着变形量的增加,各个晶粒的滑移面和滑移方向都要向主变形方向移动,使多晶体中原来位向互不相同的各个晶粒调整到空间位向逐渐趋于一致,这一现象称为择优取向,这种组织状态则称为形变织构。

形变织构随加工变形方式不同主要有两种类型:拔丝时形成的织构称为丝织构,其主要特征为各晶粒的某一晶向大致与拔丝方向相平行;轧板时形成的织构称为板织构,其主要特征为各晶粒的某一晶面和晶向分别趋于同轧面与轧向相平行。几种常见金属的丝织构与板织构如表 6-5 所示。

表 6-5 一些金属及合金中的常见形变织构

晶 体 结 构	金属或合金	丝 织 构	板 织 构
面心立方	Al、Cu、Au、Ni、Cu - Niα 黄铜	$\{111\}\langle100\rangle + \langle111\rangle$	$\{110\}\langle112\rangle + \{112\}\langle111\rangle\{110\}\langle112\rangle$
体心立方	α - Fe、Mo、W 铁素体	$\langle110\rangle$	$\{100\}\langle011\rangle + \{112\}\langle110\rangle + \{111\}\langle112\rangle$
密排六方	Mg、Mg 合金、Zn	$\{21\bar{3}0\}\langle0001\rangle$ 与丝轴成 70°	$\{0001\}\langle10\bar{1}0\rangle\langle0001\rangle$ 与轧制面成 70°

由于织构造成了各向异性,其存在对材料的加工成形性和使用性能都有很大的影响,尤其因为织构不仅出现在冷加工变形的材料中,即使进行了退火处理也仍然存在,故在工业生产中应予以高度重视。一般说,不希望金属板材存在织构,特别是用于深冲压成形的板材,织构会造成其沿各方向变形的不均匀性,使工件的边缘出现高低不平,产生所谓"制耳";但在某些情况下,又有利用织构提高板材性能的例子,如变压器用硅钢片,由于 α - Fe 的 $\langle100\rangle$ 方向最易磁化,故生产中通过适当控制轧制工艺可获得具有 $\{110\}[001]$ 织构和磁化性能优异的硅钢片。

6.1.4.5 冷加工储存能与内应力

塑性变形期间外力所做的功除大部分转化成热之外,还有一小部分以畸变能的形式储存于变形材料的内部,这部分能量叫做冷加工储存能,其大小因变形量、变形方式、变形温度以及材料本身性质而异,占总变形功的百分之几。储存能的具体表现方式为宏观残余应力、微观残余应力及点阵畸变。残余应力是一种内应力,它在变形材料中处于自相平衡状态,其产生是由于材料内部各个区域变形不均匀性以及彼此间的牵制作用所致。按照内应力平衡范围的不同,通常可将其分为三种:

(1)第一类内应力:又称宏观残余应力,它是由工件不同部分的宏观变形不均匀引起的,故其平衡范围包括整个工件。例如,对金属棒施以弯曲载荷(见图 6-17),则上侧受拉而伸长,下侧受到压缩,当超过弹性极限而产生了塑性变形时,外力去除后被伸长的一侧就存在压应力,另一侧则存在拉应力;又如,金属线材经拔丝加工后(见图 6-18),由于拔丝模壁的阻力作用,线材的外表面较心部变形少,故表面受拉应力,而心部受压应力。这类内应力所对应的畸变能不大,仅占总储存能的 0.1% 左右。

图 6-17　金属棒弯曲后的残余应力

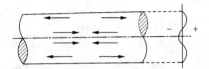

图 6-18　金属拔丝后的残余应力

(2)第二类内应力:又称微观残余应力,它是由晶粒或亚晶粒之间的变形不均匀性产生的,其作用范围与晶粒尺寸相当,即在晶粒或亚晶粒之间保持平衡。这类内应力有时可达到很大的数值,甚至可能造成显微裂纹并导致零件破坏。

(3)第三类内应力:又称点阵畸变,它是由于材料在塑性变形中形成的大量点阵缺陷(如空位、间隙原子、位错等)引起的,其作用范围是几十至几百纳米。变形材料中储存能的绝大部分(80% 以上)用于形成点阵畸变,这将提高变形材料的能量,使之处于热力学不稳定状态,故它有使变形材料重新恢复到自由焓最低的稳定结构状态的自发趋势,并导致塑性变形材料在加热时发生回复及再结晶过程。

材料经塑性变形后的内应力是不可避免的,它将对零件的变形、开裂和应力腐蚀产生影响和危害,故必须及时采取消除措施(如去应力退火处理)。但是,在某些特定条件下,内应力的存在也是有利的。例如,承受交变载荷的零件若用表面滚压和喷丸处理,使零件表面产生压应力的应变层,借以达到强化表面的目的,可使其疲劳寿命成倍提高。

6.2　回复与再结晶

如前所述,材料经塑性变形后,不仅内部组织、结构与性能均发生相应的变化,而且由于空位、位错等晶体缺陷密度的增加以及畸变能的升高,将使变形后的材料处于热力学不稳定的高自由能状态。因此,经塑性变形的材料具有自发恢复到变形前低自由能状态的趋势,即对经过冷变形的材料加热时,会发生回复、再结晶和晶粒长大等过程。了解这些过程发生的规律,对于改善和控制金属材料的组织和性能具有重要的意义。

6.2.1　冷变形金属在加热时的组织与性能变化

冷变形的材料经重新加热进行退火之后,其组织和性能会发生变化。观察在不同加热温度下组织和性能的变化特点可将冷变形材料的退火过程分为回复、再结晶和晶粒长大三个阶段。回复是指新的无畸变晶粒出现之前所产生的亚结构和性能变化的阶段;再结晶是指出现无畸变的等轴新晶粒逐步取代变形晶粒的过程;晶粒长大是指再结晶结束之后晶粒的继续长大。

图 6-19 所示为冷变形金属在退火过程中显微组织的变化。由此可见,在回复阶段,晶

粒的形状和大小与变形态的相同,仍保持着纤维状或扁平状,从光学显微组织上几乎看不出变化;在再结晶阶段,首先是在畸变度大的区域产生新的无畸变晶粒的核心,并逐渐消耗周围的变形基体而长大,直到形变组织完全变成新的、无畸变的细等轴晶粒。在晶粒长大阶段,再结晶完成时所形成的新晶粒互相吞食而长大,从而得到一个在该条件下较为稳定的晶粒尺寸。

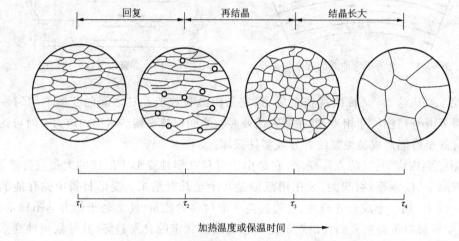

图 6-19　冷变形金属加热时的显微组织变化

图 6-20 所示为冷变形金属在退火过程中的亚结构、性能及能量变化。具体规律如下所述

(1)亚晶粒尺寸:在回复的前期,亚晶粒尺寸变化不大,但在后期,尤其在接近再结晶时,亚晶粒尺寸就显著增大。

(2)强度与硬度:回复阶段的硬度变化很小,约占总变化的 1/5,而再结晶阶段硬度则下降较多。上述变化趋势主要与金属中的位错密度有关,即回复阶段时,变形金属仍保持很高的位错密度,而发生再结晶后,则由于位错密度显著降低,故硬度明显下降。

(3)电阻率:变形金属的电阻率在回复阶段已表现明显的下降趋势。因为电阻率与晶体点阵中的点缺陷(如空位、间隙原子等)密切相关,点缺陷所引起的点阵畸变会使传导电子产生散射,提高电阻率,它的散射作用比位错所引起的更为强烈,因此,回复阶段电阻率的明显下降标志着在此阶段点缺陷浓度明显减小。

(4)密度:变形金属的密度在再结晶阶段发生急剧增高,显然除与前期点缺陷数目减小有关外,主要是在再结晶阶段中位错密度显著降低所致。

(5)内应力:在回复阶段,大部或全部的宏观内应力可以消除,而微观内应力则只有通过再结晶方可全部消除。

(6)储存能的释放:当冷变形金属加热到足以引起应力松弛的温度时,储存能就被释放出来,因此,储存能是冷变形材料在加热时发生回复与再结晶的驱动力。回复阶段时各材料释放的储存能量均较小,再结晶晶粒出现的温度对应于储能释放曲线的高峰处。

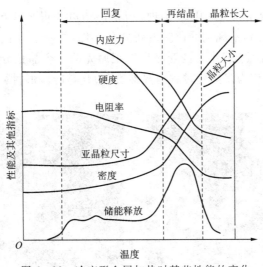

图 6 - 20　冷变形金属加热时某些性能的变化

6.2.2　回复

回复是冷变形材料在退火时发生组织和性能变化的早期阶段,它实质上是一种通过加热使晶体内部的点缺陷和位错发生运动,从而改变缺陷分布和减少缺陷数量的过程。在此阶段,材料性能的回复程度是随温度和时间而变化的。

6.2.2.1　回复机制

回复阶段的加热温度不同,冷变形金属的回复机制各异。

(1)低温回复:加热温度较低($0.1T_m \sim 0.3T_m$)时,回复主要与点缺陷的迁移有关。由于点缺陷迁移所需的热激活能相对较低,因此,冷变形时产生的大量点缺陷(空位和间隙原子等)的迁移在较低温度就可进行。点缺陷可迁移至位错、晶界或晶体表面,并通过空位与间隙原子的复合以及空位聚集形成空位对、空位群和空位片最终崩塌成位错环而消失,从而使点缺陷的浓度显著下降,故对点缺陷很敏感的电阻率此时也明显下降。

(2)中温回复:加热温度较高($0.3T_m \sim 0.5T_m$)时,会发生位错运动和重新分布,回复主要与位错的滑移和交滑移有关。回复的机制为同一滑移面上异号位错相互吸引而合并抵消,位错偶极的两根位错线相消,位错缠结内部位错的重新排列组合,位错缠结集结而发生亚晶规整化。

塑性变形产生的形变胞是由位错缠结和被其包围的低位错密度区构成的,胞间的位向差小(仅为几度),胞的尺寸在 $0.1 \sim 1\mu m$ 之间,胞界处的位错缠结相当宽,所以没有一个明确的界面。退火时,胞内的位错密度降低,位错缠结则不断集结,逐渐形成明晰的二维界面,得到规整、清晰的亚晶,此即亚晶规整化过程。图 6 - 21 所示为变形量 5% 的纯铝多晶体在 200 ℃经不同时间退火后的透射电镜像。可以看出,在冷变形状态,杂乱无章的位错缠结构成形变胞的胞壁[见图 6 - 21(a)];经过 1 h 回复退火后,胞内的位错倾向于移向胞壁,同时位错缠结集结形成稍微规整的排列[见图 6 - 21(b)];回复退火 5 h 后,位错缠结排列基本整齐[见图 6 - 21(c)];回复退火 300 h 后,亚晶内部的位错基本消失,形成明晰的小角度亚晶界[见图 6 - 21(d)]。

（3）高温回复：加热温度高（$\geq 0.5T_m$）时，刃型位错可获得足够热激活条件而发生攀移。位错攀移可使滑移面上排列不规则的位错重新分布，刃型位错沿垂直于滑移面方向排列并形成具有一定取向差的位错墙（即小角度亚晶界），把原先的一个晶粒分割成许多位向不同的亚晶，这种形成亚晶的过程称为多边化过程。显然，多边化是冷变形材料发生高温回复的一个主要标志。

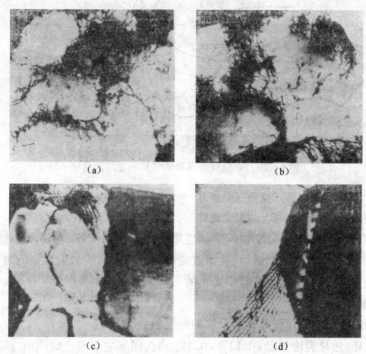

图 6-21　变形量为 5% 的纯铝晶体在 200 ℃ 经不同时间退火后的透射电镜像

冷变形材料在高温回复时发生的多边化过程如图 6-22 所示。多边化发生的条件是塑性变形使晶体点阵发生弯曲；在滑移面上存在同号刃型位错；需加热到较高的温度，使刃型位错能够发生攀移。一般认为，在产生单滑移的单晶体中多边化过程最为典型；而在多晶体中，由于容易发生多系滑移，不同滑移系上的位错往往会缠结在一起，会形成胞状组织，故多晶体的高温回复机制比单晶体更为复杂，但从本质上看也是包含位错的滑移和攀移。

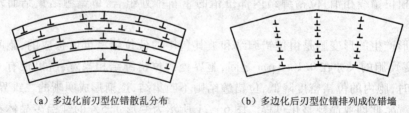

（a）多边化前刃型位错散乱分布　　　　（b）多边化后刃型位错排列成位错墙

图 6-22　多边化前、后刃型位错的排列情况

6.2.2.2　回复退火的应用

回复退火主要用于去除内应力。冷变形金属中存在的内应力通常是有害的。例如，深冲成形的黄铜弹壳放置一段时间后，由于内应力和外界气氛的作用，会发生晶间应力腐蚀开裂，

但深冲后于 260 ℃进行去应力退火后,就不再发生晶间开裂。又如,用冷拔钢丝卷制的弹簧在卷成之后,需在 250～300 ℃退火,以降低内应力并使其定形。一般来说,通过回复退火,可以在工件的硬化基本保持不变的条件下,降低其内应力,以避免工件变形或开裂,并改善工件的耐蚀性。

6.2.3 再结晶

冷变形材料加热到一定温度之后,在原变形组织中重新产生了无畸变的新晶粒,而性能也发生了明显的变化并可恢复到变形前的状况,这个过程即称为再结晶。再结晶的驱动力是变形材料经回复后未被释放的储存能(相当于变形总储存能的 90%),其发生的标志是大角度晶界的形成和迁移。再结晶是一种形核和长大过程,即通过在变形组织的基体上产生新的无畸变再结晶晶核,并逐渐长大形成无畸变的等轴晶粒,从而取代全部变形组织的过程。不过,再结晶过程中没有晶体结构和化学成分的变化,所以,从本质上说再结晶不属于相变,而只是一种组织转变。

6.2.3.1 再结晶机制

冷变形材料的再结晶机制包括再结晶晶核的形成机制及晶核的长大机制。

(1)形核机制:再结晶时,晶核是如何产生的? 透射电子显微镜观察表明,再结晶晶核是通过塑性变形或回复之后的现成界面的移动或亚晶合并而形成的。再结晶晶核的形成方式与塑性变形量和材料本身的层错能密切相关。

当变形量较小时(一般小于 20%),再结晶晶核是通过变形后保留下来的原始晶界的突然弓出而形成的,这种机制称为晶界弓出形核或形变诱导晶界迁移形核。如图 6-23(a)所示,在两相邻晶粒 A 和 B 的晶界上,某个局部区域发生了晶界从位错密度低的晶粒 A 向位错密度高的晶粒 B 的迁移,其扫过的区域即成为无畸变的再结晶晶核。

当变形量较大且层错能较高时,再结晶晶核将通过亚晶合并机制形成。如图 6-23(b)所示,在回复阶段形成的亚晶中,某些亚晶界上的位错通过攀移与滑移逐渐转移到周围其他相邻亚晶界上,从而导致这些亚晶界的消失和亚晶的合并;合并后的亚晶,由于尺寸增大以及亚晶界上位错密度的增加,使相邻亚晶的位向差相应增大,并逐渐转化为大角度晶界,它比小角度晶界具有大得多的迁移率,故可以迅速移动,并在其后留下无畸变的晶体,从而构成再结晶晶核。

当变形量很大且层错能较低时,再结晶晶核是通过独立的亚晶采取弓出迁移、吞并变形基体中的位错而形成的,这种机制称为亚晶吞并形核。如图 6-23(c)所示,在一个位错密度很高的小区域内,通过位错的运动和重新排列,形成了位错密度很低的亚晶,这个亚晶便向周围位错密度高的区域生长。相应的,亚晶界处的位错密度逐渐增大,导致该亚晶与周围变形基体的位向差逐渐加大,最终由小角度亚晶界演变成大角度晶界。大角度晶界一旦形成,就具有比小角度亚晶界大得多的迁移率,因此可突然弓出迁移,吞食周围变形基体中的位错,留下无畸变的晶体,便成为再结晶晶核。

(2)长大机制:再结晶晶核形成之后,它就通过晶界的迁移而向周围畸变区域长大。晶界迁移的驱动力是无畸变的新晶粒本身与周围变形基体之间的能量差,晶界总是向着背离其曲率中心向着畸变区域推进,直到全部形成无畸变的等轴晶粒为止,此时再结晶完成。

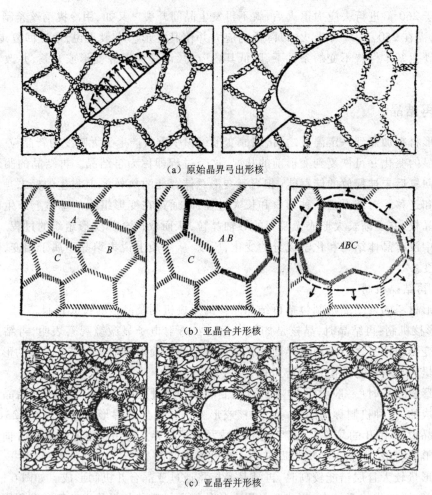

（a）原始晶界弓出形核

（b）亚晶合并形核

（c）亚晶吞并形核

图 6 - 23　三种再结晶形核方式的示意图

6.2.3.2　再结晶温度及其影响因素

由于再结晶可以在一定温度范围内进行，为了便于讨论和比较不同材料加热时发生再结晶的难易程度以及各种因素的影响，需对再结晶温度进行定义。冷变形材料开始发生再结晶的最低温度称为再结晶温度，它可用金相法或硬度法测定，即以显微镜中出现第一颗新晶粒时的温度或以硬度下降50%所对应的温度作为再结晶温度；工业生产中则通常以经过大变形量（70%以上）的冷变形材料经1 h退火能完成再结晶所对应的温度作为再结晶温度。再结晶温度并不是一个物理常数，它不仅因材料不同而改变，同一材料其冷变形程度、原始晶粒度等因素也影响着再结晶温度。

（1）变形量：随着冷变形量的增加，储存能增大，再结晶的驱动力就越大，因此再结晶温度越低（见图 6 - 24），但当变形量增大到一定程度后，再结晶温度就基本上稳定不变了。对工业纯金属，经强烈冷变形后的最低再结晶温度 T_R 等于其熔点 T_m 的0.35~0.5。表 6 - 6 所示为一些工业纯金属的再结晶温度。

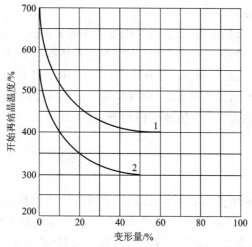

图 6-24　纯铁和纯铝的开始再结晶温度与变形量的关系曲线

1—纯铁;2—纯铝

表 6-6　一些工业纯金属的再结晶温度(经强烈冷变形、退火 1h 后完全再结晶)

金　属	再结晶温度 $T_R/℃$	熔点 $T_m/℃$	T_R/T_m	金　属	再结晶温度 $T_R/℃$	熔点 $T_m/℃$	T_R/T_m
Sn	-4	231.9	—	Cu	200	1083	0.35
Zn	15	419	0.43	Fe	450	1538	0.40
Al	150	660	0.45	Ni	600	1455	0.51
Mg	150	650	0.46	Mo	900	2655	0.41
Ag	200	960	0.39	W	1200	3410	0.40

(2)原始晶粒尺寸:在其他条件相同的情况下,材料的原始晶粒越细小,则变形的抗力越大,冷变形后的储存能较高,再结晶温度则较低。

(3)微量溶质原子:微量溶质原子的存在显著提高再结晶温度,其原因可能是溶质原子与位错及晶界间存在着交互作用,使溶质原子倾向于在位错及晶界处偏聚,对位错的滑移与攀移和晶界的迁移起着阻碍作用,从而不利于再结晶的形核和晶核的长大,阻碍再结晶过程。

(4)第二相粒子:第二相粒子的存在既可能促进再结晶,也可能阻碍再结晶,这主要取决于基体上分散相粒子的大小及其分布。当第二相粒子尺寸较大,间距较宽(一般大于 1μm)时,再结晶核心能在其表面产生,例如,在钢中常见到再结晶核心于 MnO 夹杂物或 Fe_3C 第二相粒子表面上产生;当第二相粒子尺寸很小且又较密集时,则会阻碍再结晶的进行,如在钢中加入 Nb、V 或 Al 形成 NbC、V_4C_3、AlN 等尺寸很小的化合物(一般小于 100nm),它们会抑制再结晶晶核的形成。

(5)再结晶退火工艺参数:加热速度与保温时间等再结晶退火工艺参数对变形材料的再结晶温度有着不同程度的影响。当加热速度过于缓慢时,变形材料在加热过程中有足够的时间进行回复,使点阵畸变程度降低,储存能减小,从而使再结晶的驱动力减小,再结晶温度升高,但是极快速度的加热也会因在各温度下停留时间过短而来不及形核与长大,而致使再结晶度升高;在一定范围内延长保温时间会降低再结晶温度。

6.2.3.3 再结晶退火的应用

冷变形材料经过再结晶退火后,其显微组织发生了明显的改变,由拉长的变形晶粒变为新的等轴晶粒;材料的力学和物理性能也急剧变化,内应力基本消除,加工硬化也可完全消除,性能可以恢复到未变形前的状态。再结晶退火在实际生产中是很有意义的,它可以作为两次冷变形之间的工序,以恢复材料的变形能力;也可以置于整个冷变形之后,来改善显微组织;特别是对于那些不能利用固态相变进行热处理的材料,常采用变形 – 再结晶工艺来提高材料的性能。

6.2.4 晶粒长大

再结晶结束后,材料通常得到细小等轴晶粒,若继续提高加热温度或延长加热时间,将引起晶粒进一步长大。晶粒长大按其特点可分为两类:正常晶粒长大与异常晶粒长大(二次再结晶),前者表现为大多数晶粒几乎同时逐渐均匀长大;而后者则为少数晶粒突发性的不均匀长大。

6.2.4.1 正常晶粒长大

再结晶完成后,新的等轴晶粒已经完全接触,冷加工储存能已经完全释放,但在继续保温或升高温度的情况下,仍然可以继续长大,这种长大是靠大角度晶界的移动并吞食其他晶粒实现的。晶粒长大是一自发过程,在晶粒长大过程中,如果长大的结果是晶粒尺寸分布均匀的,那么这种晶粒长大称为正常晶粒长大。从整个系统而言,正常晶粒长大的驱动力是降低其总界面能。若就个别晶粒长大的微观过程来说,晶粒界面的不同曲率是造成晶界迁移的直接原因。正常晶粒长大时,晶界总是向着曲率中心的方向移动。

6.2.4.2 异常晶粒长大(二次再结晶)

异常晶粒长大又称不连续晶粒长大或二次再结晶,是一种特殊的晶粒长大现象。

冷变形金属在再结晶刚完成时,晶粒是比较细小的。若将再结晶完成后的金属加热超过某一温度,则会有少数几个晶粒突然长大,它们的尺寸可能达到几个厘米,而其他晶粒仍保持细小,最终小晶粒被大晶粒吞并,整个金属中的晶粒都变得十分粗大。图 6 – 25 所示为一种镁合金经变形并加热后的显微组织。

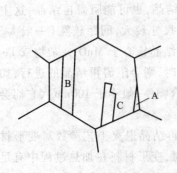

(a)示意图 (b)纯铜的退火孪晶

图 6 – 25 退火孪晶

关于二次再结晶的一般规律可归纳如下：

（1）和正常晶粒长大一样，二次再结晶的驱动力也是来自晶界能的降低，而不是来自储存能。

（2）二次再结晶中形成的大晶粒不是重新形核后长大的，它们是正常再结晶中形成的某些特殊晶粒的继续长大。

（3）这些大晶粒在开始时长大得很慢，只是在长大到某一临界尺寸以后才迅速长大。

（4）要发生二次再结晶，加热温度必须在某一温度以上。通常大的晶粒尺寸是在加热温度刚刚超过这一温度时得到的，当加热温度更高时，得到的二次再结晶晶粒的尺寸反而较小。

6.2.5　再结晶织构与退火孪晶

6.2.5.1　再结晶织构

通常具有变形织构的金属经再结晶后的新晶粒若仍具有择优取向，称为再结晶织构。

再结晶织构与原变形织构之间可存在以下三种情况：①与原有的织构相一致；②原有织构消失而代之以新的织构；③原有织构消失不再形成新的织构。

关于再结晶织构的形成机制，有两种主要的理论：定向生长理论与定向形核理论。

定向生长理论认为：一次再结晶过程中形成了各种位向的晶核，但只有某些具有特殊位向的晶核才可能迅速向变形基体中长大，即形成了再结晶织构。当基体存在变形织构时，其中大多数晶粒取向是相近的，晶粒不易长大，而某些与变形织构呈特殊位向关系的再结晶晶核，其晶界则具有很高的迁移速度，故发生择优生长，并通过逐渐吞食其周围变形基体达到互相接触，形成与原变形织构取向不同的再结晶织构。

定向形核理论认为：当变形量较大的金属组织存在变形织构时，由于各亚晶的位向相近，而使再结晶形核具有择优取向，并经长大形成与原有织构相一致的再结晶织构。

许多研究工作表明，定向生长理论较为接近实际情况，有人还提出了定向形核加择优生长的综合理论更符合实际。表 6-7 所示为一些金属及合金的再结晶织构。

表 6-7　一些金属及合金的再结晶织构

冷拔线材的再结晶织构	
面心立方金属	$\langle 101 \rangle + \langle 100 \rangle$；以及 $\langle 112 \rangle$
体心立方金属	$\langle 110 \rangle$
密排六方金属	
Be	$\langle 11\bar{1}1 \rangle$
Ti，Zr	$\langle 11\bar{2}1 \rangle$
冷拔板材的再结晶织构	
面心立方金属	
Al，Au，Cu，Cu－Ni，Fe－Cu－Ni，Ni－Fe，Th	$\{100\}\langle 001 \rangle$
Ag，Ag－30% Au，Ag－1% Zn，Cu－5% －39% Zn，	
Cu－1% －5% Sn，Cu－0.5% Be，Cu－0.5% Cd，	
Cu－0.05% P，Cu－10% Fe	$\{113\}\langle 21\bar{1} \rangle$

冷拔板材的再结晶织构	
体心立方金属	
Mo	与变形织构相同
Fe,Fe－Si,V	$\{111\}\langle\bar{2}11\rangle$；以及$\{100\}$且$\langle001\rangle$与轧制方向呈
	15°角,经两阶段轧制及退后(高斯法)$\{110\}\langle001\rangle$；
Fe－Si	以及经高温(>1100℃)退火后$\{110\}\langle001\rangle$,$\{100\}$
	$\langle001\rangle$
Ta	$\{111\}\langle2111\rangle$
W<1 800 ℃	与变形织构相同
W>1 800 ℃	$\{001\}$且$\langle\bar{1}10\rangle$与轧制方向呈12°角
密排六方金属	与变形织构相同

6.2.5.2 退火孪晶

某些面心立方金属和合金如铜及铜合金,镍及镍合金和奥氏体不锈钢等冷变形后经再结晶退火后,其晶粒中会出现图6－25所示的退火孪晶,其中的 A、B 代表两种典型的退火孪晶形态:A 为晶界交角处的退火孪晶;B 为贯穿晶粒的完整退火孪晶。

在面心立方晶体中形成退火孪晶需在$\{111\}$面的堆垛次序中发生层错,即由正常堆垛顺序 ABCABC…改变为 AB $\bar{\text{C}}$BACBACBA $\bar{\text{C}}$ABC…如图6－26所示,其中 $\bar{\text{C}}$ 和 $\bar{\text{C}}$ 两面为共格孪晶界面,其间的晶体则构成一退火孪晶带。

ABCBACBACBACABCAB

图6－26 面心立方结构的金属形成退火孪晶时(111)面的堆垛次序

关于退火孪晶的形成机制,一般认为退火孪晶是在晶粒生长过程中形成的。如图6－27所示,当晶粒通过晶界移动而生长时,原子层在晶界角处(111)面上的堆垛顺序偶然错堆,就会出现一共格的孪晶界并随之而在晶界角处形成退火孪晶,这种退火孪晶通过大角度晶界的移动而长大。在长大过程中,如果原子在(111)表面再次发生错堆而恢复原来的堆垛顺序,则又形成第二个共格孪晶界,构成了孪晶带。同样,形成退火孪晶必须满足能量条件,层错能低的晶体容易形成退火孪晶。

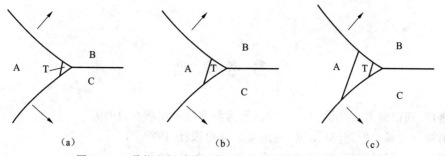

图 6 - 27　晶粒生长时晶界角处退火孪晶的形成及其长大

参考文献

[1] 胡赓祥,钱苗根. 金属学[M]. 上海:上海科学技术出版社,1980.

[2] 刘国勋. 金属学原理[M]. 北京:冶金工业出版社,1980.

[3] 宋维锡. 金属学原理[M]. 北京:冶金工业出版社,1980.

[4] 胡德林. 金属学原理[M]. 西安:西北工业大学出版社,1984.

[5] 卢光熙,侯增寿. 金属学教程[M]. 上海:上海科学技术出版社,1985.

[6] 包永千. 金属学基础[M]. 北京:冶金工业出版社,1986.

[7] Haasen P. Physical Metallurgy(2nd Edition)[M]. London:Cambridge University Press,1986.

[8] 陈进化. 位错与强化[M]. 沈阳:辽宁教育出版社,1991.

[9] Smith W F. Fundations of Materials Science and Engineering[M]. New York:McGraw-Hill-BookCo. ,1992.

[10] 石德珂. 材料科学基础[M]. 北京:机械工业出版社,1995.

[11] 石德珂,沈莲. 材料科学基础[M]. 西安:西安交通大学出版社,1995.

[12] 潘金生,仝健民,田民波. 材料科学基础[M]. 北京:清华大学出版社,1998.

[13] 赵品,谢辅洲,孙文山. 材料科学基础[M]. 哈尔滨:哈尔滨工业大学出版社,1999.

[14] 谢希文,过梅丽. 材料科学基础[M]. 北京:北京航空航天大学出版社,1999.

[15] 余永宁. 金属学原理[M]. 北京:冶金工业出版社,2000.

[16] 刘智恩. 材料科学基础[M]. 西安:西北工业大学出版社,2000.

[17] 李见. 材料科学基础[M]. 北京:冶金工业出版社,2000.

[18] 胡赓祥,蔡珣. 材料科学基础[M]. 上海:上海交通大学出版社,2000.

[19] 马泗春. 材料科学基础[M]. 西安:陕西科学技术出版社,2000.

[20] 徐恒钧. 材料科学基础[M]. 北京:北京工业大学出版社,2001.

[21] 杜丕一,潘颐. 材料科学基础[M]. 北京:中国建材工业出版社,2001.

[22] William D. Callister, Jr. Fundamentals of Materials Science and Engineering(5th Edition)[M]. New York:John Wiley & Sons Inc. ,2001.

[23] 赵品,谢辅洲,孙振国. 材料科学基础教程[M]. 哈尔滨:哈尔滨工业大学出版社,2002.

[24] 张联盟,黄学辉,宋晓岚. 材料科学基础[M]. 武汉:武汉工业大学出版社,2004.

[25] 靳正国,郭瑞松,师春生. 材料科学基础[M]. 天津:天津大学出版社,2005.

[26] 陶杰,姚正军,薛烽. 材料科学基础[M]. 北京:化学工业出版社,2006.